普通高等教育"新工科"系列精品教材

工程数值计算 Python教程

Engineering Numerical Computation with Python

姚传义 编著

U0222802

化学工业出版社

·北京·

内容简介

《工程数值计算 Python 教程》全面介绍了工程设计与计算中常用的数值方法，包括方程求解、插值与回归、数值微分、数值积分、微分方程数值解、最优化方法等，并对 Monte Carlo 方法及智能优化算法进行了介绍。本书理论联系实际，在阐明算法原理的基础上，着重于数值方法的实现，提供了所有方法的完整 Python 实现代码。各章节附有适量的例题与习题，并配有全部习题的答案以及拓展阅读资源。

《工程数值计算 Python 教程》适合于作为理工科各专业数值分析、科学计算、数据处理等相关课程的本科或研究生教材，也可供从事科学计算或工程设计相关的科研人员及工程技术人员参考。

图书在版编目（CIP）数据

工程数值计算 Python 教程 / 姚传义编著 . —北京：
化学工业出版社，2023.8（2025.3 重印）
普通高等教育"新工科"系列精品教材
ISBN 978-7-122-43411-1

Ⅰ.①工…　Ⅱ.①姚…　Ⅲ.①工程数学-数值计算-
应用软件-高等学校-教材　Ⅳ.①O241

中国国家版本馆 CIP 数据核字（2023）第 079519 号

责任编辑：吕　尤　徐雅妮
责任校对：李露洁
装帧设计：刘丽华

出版发行：化学工业出版社
　　　　　（北京市东城区青年湖南街 13 号　邮政编码 100011）
印　　装：河北延风印务有限公司
787mm×1092mm　1/16　印张 17½　字数 435 千字
2025 年 3 月北京第 1 版第 2 次印刷

购书咨询：　010-64518888
售后服务：　010-64518899
网　　址：　http://www.cip.com.cn
凡购买本书，如有缺损质量问题，本社销售中心负责调换。

定　　价：　59.00 元　　　　　　　版权所有　违者必究

前　言

近年来，计算机的广泛应用使计算数学有了很大的发展。计算数学的理论与方法已影响到许多学科，并在生产、管理、教学以及科学研究领域得到了广泛应用，科学计算已经与科学实验、理论研究一起，成为人类认识自然的基本途径。在解决错综复杂的实际问题时，人们通常根据理论与实验结果建立数学模型，而大部分数学模型都是难以得到解析解的，此时需要借助计算机的强大计算功能采用数值法求解。在工程领域，数值计算广泛应用于工业设计、过程开发、最优化分析等领域。因此，掌握计算方法的基本知识，熟练运用计算方法解决实际应用中的数学问题，已经成为理工科大学生的必备技能。袁渭康院士也曾强调：工科学生的计算能力是其创新能力的重要组成部分。

在数值计算的教学中，一直存在两种不同的观点：一种观点强调数值计算方法的理论；而另一种观点则强调应用，认为数值计算过程大都是调用现成的程序库来完成的，并不需要了解太多的数学理论。笔者在编写这本教材时，力求将两种观点融合起来，一方面会简要介绍各种数值方法的理论，但着重于理解，而非数学论证；另一方面重视方法的实现过程，这包括两个含义：一是编程实现各种数值方法，这有助于深入理解理论，二是对调用现成的软件包实现各种数值方法进行了介绍，以便于学生在理论与应用之间进行快速的衔接。

本教材全书共分十章，第一章介绍数值计算的基本概念和误差分析的知识；第二章介绍 Python 语言的基本知识，第三章介绍方程（组）的求解，第四章介绍插值与回归，第五章介绍数值微分与数值积分，第六章介绍常微分方程的数值解，第七章介绍偏微分方程，第八章介绍过程最优化方法，第九章介绍 Monte Carlo 模拟及其应用，第十章介绍智能优化算法，包括遗传算法和粒子群优化算法。

数值分析是一门实用性很强的学科，本书在编写过程中有机融入党的二十大报告提出的推进新型工业化，加快建设制造强国、质量数字中国的精神，力求面向应用，避免过多的数学论证，将重点放在方法的实现及工程应用方面，使学生能真正会用这些方法解决实际问题是本书的重要目标。书中给出了各种数值计算方法的流程图，全部流程图均以N-S结构化流程图即盒图表示，便于理解和阅读，书中还给出了大部分方法的 Python 语言源程序，便于读者自学。本书中的所有源程序均在

Anaconda 3.8平台上运行通过。书中给出了适量的例题和习题，便于读者编程实现和练习。

本书选材丰富，内容精炼，着重于工程应用，内容编排由浅入深，通俗易懂。可作为工科类院校本科生和研究生学习数值计算或计算方法的教材，也可供从事工程类相关专业研究的科技人员参考。

本书是厦门大学本科教材资助项目。在教材编写过程中，得到厦门大学化学化工学院有关老师的大力支持与帮助，在此表示衷心的感谢！

由于编者水平有限，书中难免存在疏漏，希望广大读者批评指正。

编　者

2023 年 3 月

目 录

第一章

绪 论

随着计算机技术与计算数学的发展，用计算机进行科学与工程问题的数值计算，已成为与理论分析、科学实验同样重要的科学研究方法，利用计算机来计算各种数学模型的数值计算方法，已成为现代科学研究与工程技术人员的必备技能。只有掌握了数值计算方法，才能合理地选择、使用或编写计算机程序，从而达到利用计算机来解决实际工程问题的目的。

1.1 数值计算在工程科学中的重要性

数值计算在航空航天、电子工程、化学化工等领域都有广泛应用，以化工学科为例，化工计算是化工设计的基础部分，为生产过程中各种操作参数的调节与控制提供了定量的依据。正常生产中，反应物的配比、各种物料的流量均可通过化工计算确定。然而，实际化工计算中常常碰到一些很难得到精确解或无法直接求解的数学问题，此时需要借助于数值计算方法。

现代科学发展的一个重要标志是模型化。数学模型是对系统某种特征本质进行描述的数学表达式，即用数学式子（如函数式、代数方程、微分方程、积分方程等）来描述（表达、模拟）所研究的客观对象或系统工程在某一方面存在的规律。可以用解析法求解的数学模型是非常有限的，大部分数学模型较为复杂，需利用数值计算方法求其数值解。

1.2 数值计算方法

计算机有很高的运算速度，但它只能依据指令完成加、减、乘、除等算术运算和一些逻辑运算，把对数学模型的解法归纳为有加、减、乘、除等基本运算，并对运算顺序有完整而准确描述的算法称为数值计算方法。

例如，对定积分 $\int_a^b f(x)\mathrm{d}x$，当被积函数 $f(x)$ 比较复杂时往往不能得到解析解，而从积分的几何意义可知，该定积分的解相当于由 $x=a$，$x=b$，$y=0$，$y=f(x)$ 所围成的曲边梯形的面积（图 1-1）。于是可将积分区间划分为多个子区间，对每个子区间利用直线或抛物线代替曲边进行面积计算，各子区间面积的总和即为所求的数值解。

利用数值计算方法来解决自然科学和工程学中的实际问题时，至少应注意两个因素：一是待解决的问题是否有准确而完整的数学模型，二是计算量的大小和计算结果的可靠性。

计算量：数值计算方法往往需要大量的数学运算，只有借助计算机才能完成。也正是在

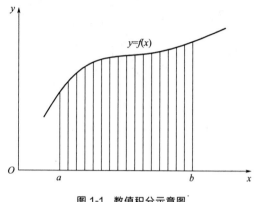

图 1-1　数值积分示意图

计算机实际应用之后，数值计算方法才得到了迅速发展。但即使有了计算机，如果计算量太大，仍然难以实现，所以还必须研究出可行的算法。

可靠性：数值计算方法大都是近似方法，会存在一定的误差。只有误差限定在可允许范围内，其结果才可用。

随着计算机软件科学的发展，人们已为解决实际问题编制了大量的程序或子程序，并且有了能为众多学科所用的程序库。懂得数值计算方法，则可以对现成的各种程序进行选择、修改、移植，或编写新的程序，分析和解决实际问题。

1.3　程序设计

一般在程序设计之前先要对程序结构进行梳理，画出程序流程图。流程图主要有框图与盒图两种形式，盒图也称为 N-S 结构化流程图，如果一个算法可以用 N-S 流程图描述，则说明它是结构化的。表 1-1 列出各种典型程序结构的框图与盒图的比较。

表 1-1　框图与盒图的比较

	框图	盒图
顺序结构	A → B	A / B
选择结构	真 假 P → A B	真 P 假 / A B

框图	盒图

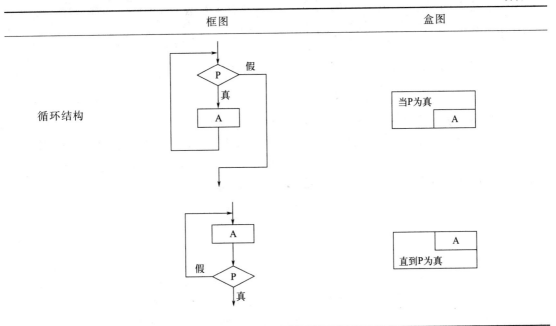

循环结构

利用计算机解决实际工程问题包括如下五个步骤：

① 建立合理而可靠的数学模型。

② 选择数值计算方法。对同一问题，往往有多种数值计算方法可供选择，此时应该选用稳定的数值计算公式或计算过程。例如用简单迭代法求方程的根，对同一问题可以构造几个不同的公式，有的收敛、有的却发散。以简单的线性方程 $10x=10$ 为例，为构造其迭代解法，先将方程改写为 $9x+x=10$，则易于构造两个迭代格式：(1) $x=(10-x)/9$，(2) $x=10-9x$。分别以初值 $x_0=0$ 进行迭代，其结果如下：

迭代格式 (1)　$x=(10-x)/9$　　迭代格式 (2)　$x=10-9x$

$x_0=0$ 　　　　　　　　　　　　$x_0=0$

$x_1=10/9$ 　　　　　　　　　　$x_1=10$

$x_2=80/81$ 　　　　　　　　　$x_2=-80$

　　…　　　　　　　　　　　　　…

很显然，迭代格式 (1) 逐渐收敛于 $x=1$ 的解，而迭代格式 (2) 则发生震荡，并越来越远离方程的解。

在选用计算方法时，要尽量简化计算步骤，以减少运算次数。如计算多项式 (1-1) 的值：

$$P_n(x)=a_0+a_1x+a_2x^2+\cdots+a_nx^n \tag{1-1}$$

如果逐项计算，其过程如下：

$$S_0=a_0 \tag{1-2}$$

$$S_k=a_kx^k\,(k=1,\,2,\,\cdots,\,n) \tag{1-3}$$

$$P_n(x)=\sum_{i=0}^{n}S_i \tag{1-4}$$

所需乘法次数为：$1+2+\cdots+n=\dfrac{1}{2}n(n+1)$，所需加法次数为 n。如采用递推法（又称秦九韶算法）：

$$S_n=a_n \tag{1-5}$$

$$S_k=xS_{k+1}+a_k \qquad (k=n-1, \ n-2, \ \cdots, \ 0) \tag{1-6}$$

$$P_n(x)=S_0 \tag{1-7}$$

则只需 n 次乘法和 n 次加法。

在计算过程中，应避免相近的数相减，不然会使有效数字的位数大大减少。如 $x=1.2323$，$y=1.2322$，两个数都有 5 位有效数字，而 $x-y=0.0001$ 只有一位有效数字，克服的办法是尽可能改变计算方法、变换算式或采用双精度数，如：

$$\sqrt{x+1}-\sqrt{x}=\dfrac{1}{\sqrt{x+1}+\sqrt{x}} \tag{1-8}$$

$$\dfrac{1}{x}-\dfrac{1}{x+1}=\dfrac{1}{x(x+1)} \tag{1-9}$$

当 x 值很大时，采用式（1-8）和式（1-9）右边的式子就避免了两个相近数相减。此外，应尽量避免"大数"吃掉"小数"，除数绝对值远大于被除数等。

③ 程序设计。先编制程序流程图（盒图或框图），然后编写高级语言程序。

④ 机器计算。

⑤ 结果检验。

1.4 误差的来源、表示及传递

1.4.1 误差的来源和分类

数值计算结果与它的真实值之间总存在一定的误差，误差按来源可以分为四类：模型误差、观测误差、截断误差和舍入误差。

模型误差：根据实际问题建立数学模型时，必须经过某种程度的简化，一方面为使具体问题抽象化，使其更具普适性，另一方面便于数学处理，这就造成模型与实际问题的误差，即模型误差。

观测误差：通常数学模型中都包含一些需要实验测定的参数，这些参数存在测定值与真实值之间的误差，此即观测误差。

模型误差与观测误差均与算法无关，不能通过改进算法来降低这些误差。

截断误差：数值计算方法中，常用收敛无穷级数的前几项代替无穷级数，由此引起的误差称截断误差。截断误差与算法有关，常用截断误差限或截断误差的阶来判断某种算法的优劣。

舍入误差：如果算法中有无穷小数或位数很多的数，而计算机的位数是有限的，这种由于计算机位数有限所引起的误差称舍入误差。舍入误差与计算机有关，也与数学表达式有关。采用合理的数学表达式及双精度运算可减小舍入误差。

1.4.2 误差的表示

常用的表示误差的方法有：绝对误差、相对误差、平均误差和标准误差等。

绝对误差　用 x 表示准确值 x^* 的近似值，则绝对误差为：

$$e = x - x^*$$ (1-10)

通常 x^* 是未知的，故 e 的真实值也是不知道的，常根据实际情况估算它的上限，即：

$$|e| = |x - x^*| \leqslant \varepsilon$$ (1-11)

ε 称为 x 的绝对误差限，显然有：

$$x - \varepsilon \leqslant x^* \leqslant x + \varepsilon$$ (1-12)

相对误差　相对误差 e_r 的定义为：

$$e_r = \frac{e}{x} = \frac{x - x^*}{x}$$ (1-13)

同样有 x 的相对误差限：

$$|e_r| = \left|\frac{x - x^*}{x}\right| \leqslant \varepsilon_r$$ (1-14)

平均误差：工程计算中常用有限次实测平均值作为真值的最佳替代值。常用的平均值有算术平均值、均方根平均值、加权平均值、几何平均值、中位平均值等。

算术平均值：

$$\bar{x} = \frac{1}{n}\sum_{i=1}^{n} x_i$$ (1-15)

n 次测量的平均误差为：

$$\delta = \frac{1}{n}\sum_{i=1}^{n} d_i = \frac{1}{n}\sum_{i=1}^{n} |\bar{x} - x_i|$$ (1-16)

标准误差为：

$$\sigma = \sqrt{\frac{1}{n-1}\sum_{i=1}^{n} d_i^2} \quad (n\text{ 为有限数})$$ (1-17)

标准误差也称均方根误差。

1.4.3　误差的传递

(1) 误差在和、差计算中的传递

设 x^*、y^* 的近似值为 x、y，对于：

$$z^* = x^* + y^*$$ (1-18)

则：

$$e_z = e_x + e_y$$ (1-19)

$$|e_z| \leqslant |e_x| + |e_y|$$ (1-20)

即和、差的绝对误差不超过各项绝对误差的和。

相对误差为：

$$e_{rz} = \frac{(x+y) - (x^*+y^*)}{x+y} = \frac{x-x^*}{x} \times \frac{x}{x+y} + \frac{y-y^*}{y} \times \frac{y}{x+y}$$ (1-21)

当 x 与 y 同号时，$\left|\frac{x}{x+y}\right| \leqslant 1$，$\left|\frac{y}{x+y}\right| \leqslant 1$，则：

$$e_{rz} \leqslant |e_{rx}| + |e_{ry}|$$ (1-22)

即和、差的相对误差不超过各项相对误差之和。但当 $x + y \approx 0$ 时，可能有：

$$e_{rz} \gg |e_{rx}| + |e_{ry}|$$ (1-23)

（2）误差在积、商计算中的传递

设 x^*、y^* 均为正数，近似值分别为 x、y，绝对误差为：

$$\mathrm{d}x = x - x^*$$ (1-24)

$$\mathrm{d}y = y - y^*$$ (1-25)

相对误差为：

$$\frac{x - x^*}{x} = \frac{\mathrm{d}x}{x} = \mathrm{d}\ln x$$ (1-26)

$$\frac{y - y^*}{y} = \frac{\mathrm{d}y}{y} = \mathrm{d}\ln y$$ (1-27)

乘积的绝对误差为：

$$\mathrm{d}(xy) = x\,\mathrm{d}y + y\,\mathrm{d}x$$ (1-28)

乘积的相对误差为：

$$\mathrm{d}\ln(xy) = \mathrm{d}(\ln x + \ln y) = \frac{\mathrm{d}x}{x} + \frac{\mathrm{d}y}{y}$$ (1-29)

商的绝对误差：

$$\mathrm{d}(x/y) = \frac{y\,\mathrm{d}x - x\,\mathrm{d}y}{y^2}$$ (1-30)

商的相对误差：

$$\mathrm{d}\ln(x/y) = \mathrm{d}(\ln x - \ln y) = \frac{\mathrm{d}x}{x} - \frac{\mathrm{d}y}{y}$$ (1-31)

可以看出，积、商的相对误差不超过各项相对误差之和，但用绝对值很大的数乘、或用绝对值很小的数除，则会使绝对误差变得很大。

 习题

1.1 有哪些科学研究的方法？结合自己学习经历谈一谈。

1.2 将下面的框图改用盒图描述。

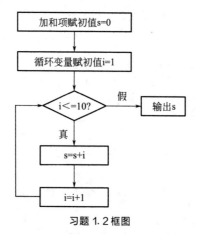

习题 1.2 框图

1.3　将多项式 $f(x)=3x^4+x^2+2x+1$ 改为秦九韶算法形式,计算需要多少次乘法和加法,并与逐项计算法比较。

1.4　误差分为几类? 其中哪些误差可以通过算法设计来改善?

1.5　测定盐水的浓度 5 次,所得结果分别为 8.91、8.86、9.05、9.02、8.93 g/L,5 次测量结果的算术平均值为多少? 平均误差为多少? 标准误差为多少?

微信扫码,立即获取
课后习题详解

第二章

Python 基础

2.1 概述

2.1.1 为什么选择 Python

Python 是近年最受欢迎的编程语言之一，尤其是在数据分析领域，Python 语言获得了广泛应用。Python 语言的主要优点包括：

① 软件质量高。Python 采用简洁的语法，编程模式符合人类的思维习惯，这使得 Python 简单易学，代码具有良好的可读性和可维护性。

② 编程效率高。相对于 C、C++和 Java 等编译型语言，Python 的编程效率提高数倍。完成相同的任务，Python 程序的代码量往往只有 C++或 Java 代码的 1/5 至 1/3。这意味着录入更少的代码、调试更少的代码，在开发完成之后维护更少的代码。同时，Python 是一种解释型语言，无需编译、链接等步骤可直接运行，这也在一定程度上提高了编程效率。

③ 功能强大、应用广泛。Python 通过自行开发的库和大量第三方库拓展其应用范围，Python 已成功应用于网站开发、游戏开发、UI 设计、科学计算等领域。例如，numpy 模块是 Python 的一种开源的数值计算扩展，它是一个免费的、与 Matlab 一样强大的数值计算开发平台。

④ 开源、免费。

当然，除了以上优点以外，Python 也有自己的缺点。作为一种解释型语言，与 C、C++等编译型语言相比，Python 程序的运行速度还不够快。

2.1.2 Python 的安装

Python 是开源软件，可以直接到官网 https://www.python.org 下载安装。鉴于本教材特点，需要经常用到 numpy、scipy、matplotlib 等模块，因此，建议安装 Anaconda，它集成了 Python 及常用的数据分析模块。其下载及安装过程请扫码阅读。

2.1.3 如何运行程序

在安装完成 Anaconda 后，就可以编写 Python 程序并运行了。下面介绍三种 Python 程序的运行方式。

Anaconda 的下载及安装（Windows 系统）

（1）使用系统命令行

在 Windows 系统下 D 盘根目录创建文件夹 testPython，进入该文件夹后，利用"记事本"新建一个文本文件，在其中键入 print（"Hello world!"），注意其中的符号全部为英文符号，关闭文件，将文件名更改为 hello.py。如果你的系统中隐藏了文件的扩展名，那么文件还会包含.txt 扩展名，这时需要在文件管理器中点击菜单"查看"，然后点选"文件扩展名"以显示出扩展名，我们所编写的 Python 程序全部应该以.py 为扩展名。

然后从开始菜单中选择 Anaconda3（64-bit）＞Anaconda Prompt 打开命令行窗口，通过如下命令进入到 testPython 文件夹：

```
(base)C:\Users\cyao>d:
(base)D:\>cd testPython
```

键入如下命令查看文件内容：

```
(base)D:\testPython>type hello.py
print("Hello world!")
```

利用"python 文件名"命令来运行程序：

```
(base)D:\testPython>python hello.py
Hello world!
```

可以看到，程序正确执行打印出了 Hello world!。最后键入 exit 命令并回车退出命令行窗口：

```
(base)D:\testPython>exit
```

（2）使用交互模式

从开始菜单中选择 Anaconda3（64-bit）＞Anaconda Prompt 打开命令行窗口，直接键入 python 并回车，不带任何参数：

```
(base)C:\Users\cyao>python
Python 3.8.8(default,Apr 13 2021,15:08:03)[MSC v.1916 64 bit(AMD64)]::Anaconda,Inc. on
win32
Type "help","copyright","credits" or "license" for more information.
>>>
```

可以看到，在简单提示信息后，系统提示符由"＞"改变为"＞＞＞"，这表示进入了 Python 交互会话模式，在提示符"＞＞＞"后面可以直接输入 Python 语句，回车后直接显示运行结果，如：

```
>>>print("Hello world!")
Hello world!
>>>
```

在交互会话模式中，print 语句并不是必须的，比较如下两行程序的结果相同：

```
>>>print(1+2)
3
```

```
>>>1+2
3
```

但对于字符串，其中可能包含转义字符，是否使用 print 还是存在差别，例如：

```
>>>S='1\t2'
>>>S
'1\t2'
>>>print(S)
1       2
```

如果不使用 print，字符串会以其"原始"字符串形式来显示，但使用 print 时，会将其中的"\t"解读为 Tab 键，从而以更为"友好"的形式显示。

在交互模式下，也可以输入多行复合语句，如 if 测试、for 循环等，但为了标志复合语句的结束，需要增加一个空行：

```
>>>for s in 'abc':
...     print(s)
...
a
b
c
```

注意到，在交互会话中输入多行语句时，提示符会发生变化：从第二行开始提示符从">>>"改变为"..."。在 Python 程序文件中，for 循环后面的空行不是必须的（有也可以，会被直接忽略），但在交互模式中，该空行是必须的，因此不能把 Python 程序文件中的大段代码直接复制到交互会话窗口，可能会报错。例如：

```
>>>for s in 'abs':
...     print(s)
...print('finish')
  File "<stdin>",line 3
    print('finish')
    ^
SyntaxError:invalid syntax
```

在交互模式，代码不会被保存，因此，一般不会在交互模式下执行大段代码。但当你对一段代码产生疑问的时候，交互模式是一个理想的实验场所。例如，在阅读一段程序时，发现有'*'*10，你不明白它的含义，那么在交互模式中试验一下：

```
>>>'*'*10
'**********'
```

根据直接反馈，就明白了它的意思是将字符串'*'重复 10 次。

要退出交互会话模式，输入 exit() 并回车：

```
>>>exit()
(base)C:\Users\cyao>
```

（3）使用集成开发环境

集成开发环境将程序的编辑、运行、调试融为一体，极大地方便了用户使用。集成开发环境有很多，如 Spyder、Eclipse、Jupyter 等都可用于 Python 程序的运行。由于 Anaconda 中已经包含了 Spyder，下面简要介绍 Spyder 的使用。

从开始菜单选择 Anaconda3（64-bit）＞Spyder 启动 Spyder，界面如图 2-1 所示。

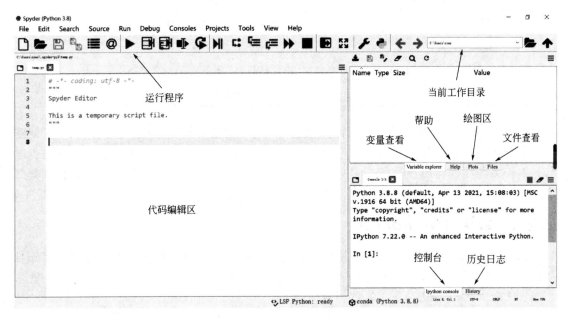

图 2-1　Spyder 运行界面

Spyder 界面包括菜单栏与工具栏，工具栏中右三角图标▶用于运行程序，很常用。代码编辑区是主要的工作区，用于编辑程序代码。控制台用于显示程序运行结果，同时也可作为交互会话区，在其中输入一段程序并回车，它会立刻显示运行结果。

集成开发环境是最常用的运行 Python 程序的场所，它也提供了交互模式窗口。但当需要把程序上传到远程服务器运行时，服务器大多是 Linux 系统的，这时采用命令行模式运行程序就成为一个方便的选择。

2.2　核心数据类型及操作

Python 是一种面向对象的语言，在 Python 中一切皆为对象，所有数据均以对象的形式出现，包括 Python 内置对象以及扩展对象，表 2-1 中列出了常用的 Python 内置对象类型。利用 Python 编程时，应该尽量选择内置对象，这样的程序易于编写、易于阅读、易于维护，同时内置对象具有更高的效率。只有当内置对象确实无法胜任时，才创建自己的数据结构。

表 2-1　Python 中常用的内置对象

对象类型	实例
数字	$10, 3.14, 2+5j$
字符串	'name',"He's"

对象类型	实例
列表	[1,2,[3,'name'],4]
字典	{'name':'John','age':35}
元组	(1,'name',3)
文件	myfile=open('data. txt','r')
集合	set('abc'),{'a','b','c'}
其他类型	占位符 None,布尔型 True、False
编程单元类型	函数、模块、类

在 Python 中没有类型声明，运行的表达式决定了创建和使用的对象类型。但一旦创建了一个对象，它就和操作集合绑定了，例如只能对字符串进行字符串相关的操作，对列表进行列表相关的操作。Python 是动态类型的，系统会自动跟踪对象类型，而不是要求类型声明。

2.2.1 数字 (Numbers)

Python 中包括整数、浮点数、复数、固定精度的十进制数、带分子和分母的有理分数等。Python 中的数字支持一般的数学运算，如加（＋）、减（－）、乘（＊）、除（/）、整除（//）、求余（％）、乘方（＊＊）等，示例如下：

```
In[1]:1+2
Out[1]:3

In[2]:6. 5-4
Out[2]:2. 5

In[3]:4. 5*3
Out[3]:13. 5

In[4]:10/3
Out[4]:3. 3333333333333335

In[5]:10//3
Out[5]:3

In[6]:10%3
Out[6]:1

In[7]:10**3
Out[7]:1000
```

与其他语言一样，Python 使用 e 或 E 表示科学计数，如：

```
In[8]:3. 1e5
Out[8]:310000. 0

In[9]:1E-5
Out[9]:1e-05
```

在 Python 中表示浮点数时，经常出现一些令人惊讶的显示结果，如：

```
In[10]:10.1-9
Out[10]:1.0999999999999996
```

这并非错误的结果，仅仅是因为显示的问题，要获得更为友好的显示结果，可以设置输出的精度，这需要用到 2.2.2 节关于字符串的操作。

虽然 Python 中包含一些简单的内置数学函数，如绝对值（abs）、指数（pow）、圆整（round）等，但对一般的数学运算是远远不够的，为此，Python 提供了公用数学模块 math 和 random。

（1）math 模块

math 模块中包含了丰富的数学函数，要使用 math 模块，首先利用 import 语句导入它，然后以"math. 函数名"的形式调用其中的函数：

```
In[11]:import math
In[11]:math.sqrt(5)
Out[12]:2.23606797749979

In[13]:math.sin(1)
Out[13]:0.8414709848078965

In[14]:math.log10(10)
Out[14]:1.0

In[15]:math.log(10)
Out[15]:2.302585092994046
```

其中，sqrt 为根号、sin 为正弦函数、log10 是以 10 为底的对数、log 是自然对数。

要想查看 math 模块中还有哪些函数，可以使用 Python 内置函数 dir，dir 函数用于显示一个对象的所有属性及方法：

```
In[16]:dir(math)
Out[16]:
['...
'acos',
'acosh',
'asin',
'asinh',
'atan',
...]
```

如果想查找其中某一个函数的功能及用法，可以使用 Python 内置函数 help，它返回一个对象的帮助信息。例如要查找 math.floor 函数的说明：

```
In[17]:help(math.floor)
Help on built-in function floor in module math:

floor(x,/)
    Return the floor of x as an Integral.

    This is the largest integer<=x.
```

可以看到 floor 函数用于向下取整。另外，math 中还包括 ceil（向上取整）、trunc（截断取整），例如：

```
In[18]:math.floor(1.5)
Out[18]:1

In[19]:math.ceil(1.5)
Out[19]:2

In[20]:math.trunc(1.5)
Out[20]:1

In[21]:round(1.5)
Out[21]:2
```

floor 与 trunc 之间有细微的差别，floor 是向下截断，而 trunc 是直接截断小数部分，当其用于负数时可以显示出这个差别：

```
In[22]:math.floor(-1.5)
Out[22]:-2

In[23]:math.trunc(-1.5)
Out[23]:-1
```

需要注意一点：整数除法//对结果是按 floor 取整的，如下例所示：

```
In[24]:-10//3
Out[24]:-4
```

另外，在 math 模块中包含了两个重要的无理数即 π 和 e，分别以 pi 和 e 表示：

```
In[25]:math.pi
Out[25]:3.141592653589793

In[26]:math.e**1.5
Out[26]:4.4816890703380645

In[27]:math.exp(1.5)
Out[27]:4.4816890703380645
```

（2）random 模块

random 模块提供了与随机数相关的许多方法，如 random 方法用于产生 [0，1) 之间的随机小数、randint（a，b）产生介于 [a，b] 之间的随机整数：

```
In[28]:import random

In[29]:random.random()
Out[29]:0.9252794975233299

In[30]:random.random()
Out[30]:0.5595356392703777

In[31]:random.randint(1,10)
Out[31]:8

In[32]:random.randint(1,10)
Out[32]:6
```

注意 randint（a，b）的右边界 b 是包括在内的，这不符合 Python 中的习惯。randrange（start，stop，step）方法也用于产生随机整数，它从 start 开始，stop 为止但不包括 stop，步长为 step 的整数序列中随机抽取一个整数，当 start 缺省时默认从 0 开始，step 缺省时默认步长为 1。例如 randrange（5）从［0，1，2，3，4］中随机抽取一个整数，randrange（1，10，2）从［1，3，5，7，9］中随机抽取一个整数：

```
In[33]:random.randrange(5)
Out[33]:1
In[34]:random.randrange(1,10,2)
Out[34]:7
```

choice（seq）方法用于从序列 seq 中随机抽取一个元素返回，sample（seq，k）从序列或集合 seq 中随机抽取 k 个元素返回，shuffle（L）将列表 L 原位随机打乱返回 None：

```
In[35]:L=[1,2,3,4,5,6]
In[36]:random.choice(L)
Out[36]:6
In[37]:random.sample(L,3)
Out[37]:[1,4,2]
In[38]:L
Out[38]:[1,2,3,4,5,6]
In[39]:random.shuffle(L)
In[40]:L
Out[40]:[1,4,2,6,3,5]
```

另外 random 中还有 uniform 用于产生均匀分布的随机数，gauss 用于产生正态分布的随机数等等。

关于复数、固定精度的浮点数（通过 decimal 模块实现）及有理分数（通过 fractions 模块实现）等在此不做介绍，需要的读者可以参考帮助文档。

2.2.2　字符串（Strings）

字符串用于处理文本信息，在 Python 中不包括单个字符这种类别，你可以使用只包含单个字符的字符串表示。

定义字符串常量可通过将一系列字符用引号包含起来，使用单引号或双引号都可以：

```
In[1]:'Beijing'
Out[1]:'Beijing'
In[2]:"Beijing"
Out[2]:'Beijing'
```

可以看到，用单引号及双引号都得到相同的字符串。字符串常量中单引号与双引号作用相同，这为包含引号的字符串处理提供了方便：比如当字符串中含有单引号时，则在定义字符串时使用双引号，反之亦然：

```
In[3]:"I'm sorry"
Out[3]:"I'm sorry"
```

```
In[4]:'He said,"Do not treat me that way. "'
Out[4]:'He said,"Do not treat me that way. "'
```

如果字符串中既包含单引号也包含双引号，则可以采用三引号（三个单引号或三个双引号均可）来定义字符串常量：

```
In[5]:'''He said,"Don't treat me that way. "'''
Out[5]:'He said,"Don\'t treat me that way. "'
```

当使用三引号时，字符串可以随意跨行，这为处理多行文本块提供了方便：

```
In[6]:S='''
 ...:He said,
 ...:"Don't treat me that way. "
 ...:'''
In[7]:S
Out[7]:'\nHe said,\n"Don\'t treat me that way. "\n'
In[8]:print(S)

He said,
"Don't treat me that way. "
```

Python 把三引号之内的所有文本收集到一个单独的字符串中，其中可以包括单引号和双引号且不需要转义，在每一行的结尾增加换行符。

字符串中有一些常用的转义符号，如'\ n'表示换行符、'\ t'表示制表符 Tab 等：

```
In[9]:S='a\nb\tc'
In[10]:S
Out[10]:'a\nb\tc'
In[11]:print(S)
a
b    c
```

转义字符全部以'\ +字母'的形式表示，这种转义机制让我们能够在字符串中嵌入不容易通过键盘输入的字符，但转义机制的存在也为字符串处理带来了一些复杂性，比如要用字符串表示一个文件路径为 C 盘根目录中 new 文件夹内的 text. txt 文件，使用下面的字符串是错误的：

```
In[12]:S='C:\new\text.txt'
In[13]:S
Out[13]:'C:\new\text.txt'
In[14]:print(S)
C:
ew    ext.txt
```

因为其中的'\ n'、'\ t'会被解读为换行符和制表符，从而造成错误。要解决这个问题，一个方案是在转义符号中反斜线的前面增加一个反斜线抑制转义：

```
In[15]:S1='C:\\new\\text.txt'
In[16]:print(S1)
C:\new\text.txt
```

另一个方案则是使用 raw 字符串，在字符串定义中第一个引号的前面加上 r 或 R，表示这是一个 raw 字符串，它会关闭转义机制：

```
In[17]:S2=r'C:\new\text.txt'
In[18]:print(S2)
C:\new\text.txt
```

(1) 序列操作

字符串可以看作单个字符的序列，序列中的元素存在一个从左到右的顺序，可依据其相对位置即索引对其进行读写。其他类型的序列还包括后面将介绍的列表和元组。

对序列的一些操作具有通用性，比如可以利用内置函数 len 得到序列长度：

```
In[19]:len('Beijing')
Out[19]:7
```

序列对象支持'+'和'*'操作：

```
In[20]:'Hello '+'Beijing'
Out[20]:'Hello Beijing'

In[21]:'Beijing'*3
Out[21]:'BeijingBeijingBeijing'
```

两个序列相加（'+'）表示连接，序列只能与整数相乘（'*'），表示重复整数倍，如果该整数小于等于 0，则得到空序列：

```
In[22]:'Beijing'*0
Out[22]:''

In[23]:'Beijing'*-2
Out[23]:''
```

从这里可以看到，一个操作的实际意义取决于对象的类型。比如，同样是加号（'+'），对于数字表示加法，对于字符串则表示连接。这在 Python 中是很普遍的现象，这种多态的特性为 Python 代码带来很大的简洁性和灵活性。

序列类型可以按位置或称索引得到序列中的部分元素，只需在序列名称后面的方括号中写出索引值：

```
In[24]:S='Beijing'
In[25]:S[0]
Out[25]:'B'

In[26]:S[1]
Out[26]:'e'
```

索引是从 0 开始的：第一个元素的索引为 0，第二个元素的索引为 1，依此类推。

在 Python 中支持反向索引，即倒数第几个，如 -1 表示倒数第一个，即最后一个元素：

```
In[27]:S[-1]
Out[27]:'g'

In[28]:S[-2]
Out[28]:'n'
```

其实，负的索引号是通过与序列长度相加得到的，如下面两个操作是等效的：

```
In[29]:S[-1]
Out[29]:'g'

In[30]:S[len(S)-1]
Out[30]:'g'
```

序列支持切片或称分片（slice）操作，可以一次性从序列中提取多个元素。其常用的格式为 X[start：stop]，表示从 X 中取出索引从 start 开始直到 stop 但不包括 stop 的内容。例如：

```
In[31]:S[1:3]
Out[31]:'ei'

In[32]:S[1:-1]
Out[32]:'eijin'
```

要强调一点：这里的 stop 是不包括在内的。因此 S[1：3] 表示 S 中索引为 1 和 2 的两个字符。start 默认值为 0，这表示当 start 为 0 时可以省略不写，例如下面两种写法是等价的：

```
In[33]:S[0:3]
Out[33]:'Bei'

In[34]:S[:3]
Out[34]:'Bei'
```

类似的，stop 的默认值为序列长度：

```
In[35]:S[3:7]
Out[35]:'jing'

In[36]:S[3:]
Out[36]:'jing'

In[37]:S[:]
Out[37]:'Beijing'
```

在切片索引中，还可以给出第三个参数，用以指定步长。因此，切片索引的完整形式为 X[start：stop：step]，表示取出 X 中从 start 开始到 stop 但不包括 stop，每隔 step 个元素取出一个构成新的序列。step 的默认值为 1 即依次取出相邻的每个元素，而 step＝2 表示每隔一个元素取出一个：

```
In[38]:S[1:6:2]
Out[38]:'ejn'

In[39]:S[::2]
Out[39]:'Biig'
```

步长 step 的值可以为负数，表示从右向左取，如 S [:: -1] 将得到与 S 逆序的新字符串：

```
In[40]:S[::-1]
Out[40]:'gnijieB'
```

显然，当 step 为负数时，如果要设置 start 和 stop 的值，则 start 应该大于 stop，否则将得到一个空序列：

```
In[41]:S[6:1:-2]
Out[41]:'gii'

In[42]:S[1:6:-1]
Out[42]:''
```

对序列类型而言，用索引或切片引用序列时，超出边界的索引将引发错误：

```
In[43]:S[7]
Traceback(most recent call last):
  File "<ipython-input-30-ff2632e1d951>",line 1,in<module>
    S[7]
IndexError:string index out of range
```

因为 S 字符串长度为 7，其索引从 0 到 6，S [7] 超出了索引的边界。

另外，字符串属于不可变对象，它不可原位修改，因此利用索引或切片对字符串的一部分进行赋值将引发错误：

```
In[44]:S[0]='N'
Traceback(most recent call last):
  File "<ipython-input-32-a3ca19cbb63b>",line 1,in<module>
    S[0]='N'
TypeError:'str' object does not support item assignment
```

在 Python 中，任何一个对象都存在一个称为可变性的属性，在核心对象类型中，数字、字符串和元组是不可变的，而列表和字典是可变的。由于字符串是不可变的，这意味着一个字符串一旦创建，它就无法原地改变。如果你想改变字符串，你可以构建一个新字符串并把它赋值给同一个变量：

```
In[45]:S='Nan'+S[3:]

In[46]:S
Out[46]:'Nanjing'
```

看上去，这样的操作实现了字符串的改变，但在系统内存中，'Beijing'和'Nanjing'其实是两个不同的对象。对于旧的对象，你不需要理会，系统会自动为你清理。关于对象的可变性，后续还会详细讨论。

（2）字符串方法

字符串有大量独有的方法以实现复杂的文本处理任务，可通过 dir（str）查看字符串方法列表，这里仅介绍几个常用方法。

① find 方法　用于查找子字符串在原字符串中的位置，返回子字符串的索引（即子字符串中第一个字符的索引），如果未找到则返回−1：

```
In[47]:S='Beijing'
In[48]:S.find('jing')
Out[48]:3
In[49]:S.find('Nan')
Out[49]:-1
```

② replace 方法　用于全局查找及替换，并返回替换后新的字符串：

```
In[50]:S1=S.replace('Bei','Nan')
In[51]:S1
Out[51]:'Nanjing'
In[52]:S
Out[52]:'Beijing'
```

由于字符串是不可变的，因此替换操作不会修改原字符串，而是将替换产生的新字符串返回，如果需要保存新字符串，则将它赋值给一个变量名即可。

③ upper 方法　用于将字符串转换为大写；lower 方法　则转换为小写：

```
In[53]:'Beijing'.upper()
Out[53]:'BEIJING'
In[54]:'NANJING'.lower()
Out[54]:'nanjing'
```

④ split 方法　用于将字符串按指定字符进行分割；join 方法　用于多个字符串的连接：

```
In[55]:'Whatever is worth doing is worth doing well'.split(' ')
Out[55]:['Whatever','is','worth','doing','is','worth','doing','well']
In[56]:' '.join(['aaa','bbb','ccc'])
Out[56]:'aaa bbb ccc'
```

⑤ isalpha 方法　用于判断字符串是否全部为字母；isnumeric 方法　用于判断字符串是否全部为数字：

```
In[57]:'Beijing'.isalpha()
Out[57]:True
In[58]:'Beijing'.isnumeric()
```

```
Out[58]:False
In[59]:'123'.isnumeric()
Out[59]:True
```

　　⑥ format 方法　用于字符串的格式化，它提供了非常强大的功能，在 print 语句中广泛使用以设置结果的输出格式。format 方法使用主体字符串作为模板，接受任意多个参数，在主体字符串中使用花括号（大括号）来指定参数替换的位置：

```
In[60]:'The result is{}'.format(2.5)
Out[60]:'The result is 2.5'
```

　　上面的例子中，format 的参数会插入到字符串中' {} '的位置。如果有多个参数，可以在花括号中明确指定参数的序号：

```
In[61]:'{0}+{1}={2}'.format(1,2,3)
Out[61]:'1+2=3'
In[62]:'{1}+{0}={2}'.format(1,2,3)
Out[62]:'2+1=3'
```

　　如果 format 的参数是依次插入到字符串中各个花括号的位置，大部分情况都是如此，这时序号可以省略，系统会自动计算：

```
In[63]:'{}+{}={}'.format(1,2,3)
Out[63]:'1+2=3'
```

　　字符串中' {} '的数目少于右侧括号中参数数目是允许的，但' {} '的数目多于括号中参数数目是不允许的，这意味着对不存在的对象进行引用：

```
In[64]:'The first two numbers is{}and{}'.format(1,2,3)
Out[64]:'The first two numbers is 1 and 2'
In[65]:'The first four numbers is{},{},{}and{}'.format(1,2,3)
Traceback(most recent call last):
  File "<ipython-input-63-cc62c4c250c6>",line 1,in<module>
    'The first four numbers is{},{},{}and{}'.format(1,2,3)
IndexError:Replacement index 3 out of range for positional args tuple
```

　　可以在花括号中用关键字而非位置指定要替换的内容：

```
In[66]:'{a}and{b}'.format(a=1,b=2)
Out[66]:'1 and 2'
```

　　关键字参数有助于提高程序的可读性，但要注意，花括号中的关键字只是一个符号，在 format 的参数列表中必须对其进行赋值，不能把关键字与程序中的变量名混淆，比如下面的写法会引发错误：

```
In[67]:a=1

In[68]:b=2

In[69]:'{a}and{b}'. format(a,b)
Traceback(most recent call last):

  File "<ipython-input-67-a07694ece9ac>",line 1,in<module>
    '{a}and{b}'. format(a,b)

KeyError:'a'
```

正确的写法为：

```
In[70]:'{a}and{b}'. format(a=a,b=b)
Out[70]:'1 and 2'
```

右侧括号里对关键字进行了赋值，'a＝a'中左侧的'a'表示前面字符串中的关键字，而等号右侧的'a'表示程序中的变量 a。关于函数的位置参数及关键字参数在后续 2.4 函数一节还会详细说明。

在花括号中可以设置显示格式，在'｛｝'中的序号或关键字后面跟': '，然后指定显示宽度、对齐方式（＜、＞、·分别表示左对齐、右对齐、居中对齐）、以及显示方式（d 为整数、s 为字符串、f 为浮点数、e 为浮点指数等）等等，下面是一些实例：

```
In[71]:'{:<8d}'. format(123)
Out[71]:'123      '

In[72]:'{:>10s}:{:<6. 2f}'. format('price',12. 34)
Out[72]:'     price:12. 34 '

In[73]:'{:e},{:.2e},{:. 6f}'. format(3. 14159, 3. 14159, 3. 14159)
Out[73]:'3. 141590e+00, 3. 14e+00, 3. 141590'
```

利用这种格式化字符串，可以令输出结果更为友好，避免显示浮点数时可能出现的"奇怪"现象：

```
In[74]:print(10. 1-9)
1. 0999999999999996

In[75]:print('{:. 2f}'. format(10. 1-9))
1. 10
```

（3）f 字符串

f 字符串也称格式化字符串常量（formatted string literals），是 Python3. 6引入的一种字符串格式化方法，它可以替代强大的 str. format 方法，使操作更加简便。在字符串前加前缀'f'或'F'就构成了 f 字符串，此时字符串中的花括号内可以直接嵌入各种对象、表达式、函数调用等，在程序运行时会执行表达式，并将结果替换到花括号的位置。例如：

```
In[76]:f'The result is{2}'
Out[76]:'The result is 2'
```

```
In[77]:a,b=1,2
In[78]:f'{a}+{b}={a+b}'
Out[78]:'1+2=3'
In[79]:name='Fred'
In[80]:f"He said he's name is{name.upper()}"
Out[80]:"He said he's name is FRED"
```

从这些实例可以看出，f 字符串比 str.format 方法要更加简单和直观。类似地，在花括号内也可以设置显示格式，只需要在表达式后面跟': '，然后指定显示宽度、对齐方式以及显示方式等即可，例如：

```
In[81]:f'{30:<8d}'
Out[81]:'30      '
In[82]:f"{'price':>10s}:{12.34/2:<6.2f}"
Out[82]:'     price:6.17 '
```

虽然字符串有大量操作方法，但有时仍嫌不够，Python 中还提供了 re 模块，可使用正则表达式的强大功能实现搜索、分割、替换等操作，感兴趣的读者请参考帮助文档。

2.2.3 列表（Lists）

列表是任意对象的有序集合，将不同对象包含在方括号中即构建了一个列表：

```
In[1]:L1=[1,2,3]
In[2]:L1
Out[2]:[1,2,3]
```

列表与其他语言中的数组有些相似，但功能更为强大，它不要求其中所有元素都是同一种数据类型：

```
In[3]:L2=[4,5.2,'age']
In[4]:L2
Out[4]:[4,5.2,'age']
```

上面的列表 L2 中包含整数、浮点数及字符串，这在 Python 中是行得通的。

列表属于序列类型的一种，因此上一节介绍的序列操作也适用于列表，如'+'进行列表的连接，与整数'*'表示重复，以及索引和切片操作等，示例如下：

```
In[5]:L1+L2
Out[5]:[1,2,3,4,5.2,'age']
In[6]:L1*3
Out[6]:[1,2,3,1,2,3,1,2,3]
In[7]:L1[0]
Out[7]:1
In[8]:L2[1:3]
```

```
Out[8]:[5.2,'age']
In[9]:len(L2)
Out[9]:3
```

但列表是可变对象，这一点与字符串不同，列表可以通过索引或切片进行赋值：

```
In[10]:L1[0]=10
In[11]:L1
Out[11]:[10,2,3]
In[12]:L2[1:]=[5,6,7]
In[13]:L2
Out[13]:[4,5,6,7]
```

可以看到，通过索引对 L1 [0] 赋值，立刻改变了列表 L1；通过切片赋值，原位改变了 L2 的内容及长度。但需要特别强调，如果赋值内容是一个空列表，则索引和切片赋值的处理是不同的：索引赋值会在该索引位置插入一个空列表；而切片赋值会将切片对应的子列表删除，不插入任何东西，即使切片只包含一个元素也是如此。

```
In[14]:L1[0]=[]
In[15]:L1
Out[15]:[[],2,3]
In[16]:L2[:1]=[]
In[17]:L2
Out[17]:[5,6,7]
```

(1) 列表方法

通过 dir（list）可以查看列表的方法，下面简单介绍几种常用的方法：

① append 方法　用于在列表的最后添加元素：

```
In[18]:L1.append(8)
In[19]:L1
Out[19]:[[],2,3,8]
```

② pop 方法　移除给定索引的一项，并将这一项元素返回：

```
In[20]:L1.pop(2)
Out[20]:3
In[21]:L1
Out[21]:[[],2,8]
```

③ insert 方法　在指定索引位置插入元素：

```
In[22]:L1.insert(1,100)
In[23]:L1
Out[23]:[[],100,2,8]
```

④ remove 方法　按值删除元素：

```
In[24]:L1.remove([])

In[25]:L1
Out[25]:[100,2,8]
```

⑤ sort 方法　用于排序，默认为升序，可设置关键字参数 reverse＝True 进行降序排列：

```
In[26]:L1.sort()

In[27]:L1
Out[27]:[2,8,100]

In[28]:L1.sort(reverse=True)

In[29]:L1
Out[29]:[100,8,2]
```

⑥ reverse 方法　将所有元素的顺序翻转：

```
In[30]:L1.reverse()

In[31]:L1
Out[31]:[2,8,100]
```

从上面可以看出，由于列表是可变对象，大部分列表方法都会原位改变列表，而不是返回修改后的列表，这一点要特别小心，比如，下面的赋值语句将会丢失对列表的引用：

```
In[32]:L1=L1.reverse()

In[33]:L1

In[34]:print(L1)
None
```

由于 L1.reverse（）会原位改变 L1，返回 None，但赋值语句将 None 又赋给 L1，从而造成了列表的丢失。

(2) 列表解析

列表支持任意的嵌套，从而可以实现矩阵：

```
In[35]:L=[[1,2,3],[4,5,6],[7,8,9]]

In[36]:L
Out[36]:[[1,2,3],[4,5,6],[7,8,9]]
```

但引用矩阵中一个特定元素时，不能采用 L [I，J] 的形式，而应是 L [I] [J]：

```
In[37]:L[1,2]
Traceback(most recent call last):
......

In[38]:L[1][2]
Out[38]:6
```

要取出矩阵中的一行，很容易实现：

```
In[39]:L[1]
Out[39]:[4,5,6]
```

但要取出矩阵中的一列就比较麻烦，此时可以使用列表解析表达式（list comprehension expression）。列表解析通过对序列中的每一项应用一个表达式来构建一个新的列表，它与 for 循环密切相关，例如下面利用列表解析依次从列表 [1，2，3，4] 中取出每一项进行平方而构建新的列表：

```
In[40]:res=[x**2 for x in[1,2,3,4]]
In[41]:res
Out[41]:[1,4,9,16]
```

上面的列表解析表达式与一个 for 循环的结果相同：

```
In[42]:res=[]
In[43]:for i in[1,2,3,4]:
    ...:    res.append(i**2)
    ...:
In[44]:res
Out[44]:[1,4,9,16]
```

但与 for 循环相比，列表解析代码简单，而且具有处理速度上的优势。

利用列表解析从 L 矩阵中取出第 1 列可以通过如下方法实现：

```
In[45]:col1=[row[1]for row in L]
In[46]:col1
Out[46]:[2,5,8]
```

实际应用中的列表解析可以更复杂，例如下面的列表解析把搜集到的每一个元素都加 1：

```
In[47]:[row[1]+1 for row in L]
Out[47]:[3,6,9]
```

下面的列表解析利用一个 if 语句过滤掉结果中的奇数：

```
In[48]:[row[1]for row in L if row[1]%2==0]
Out[48]:[2,8]
```

2.2.4　字典（Dictionaries）

字典编写在花括号内，以一系列'键':'值对的形式写出，项与项之间用逗号隔开，例如：

```
In[1]:D={'name':'John','age':35}
In[2]:D
Out[2]:{'name':'John','age':35}
```

上面创建了一个字典，它包括两个键'name'和'age'及相对应的值'John'和 35。

在列表中，每个元素与索引一一对应，通过索引来操作各个元素；而在字典中，每个值与键（可以理解为名字）一一对应，通过键来操纵各个值。字典是一种映射，其中的每一对映射不存在从左到右的顺序关系，因此字典不是序列，它只是简单地将键映射到值。字典是 Python 核心对象中唯一的一种映射类型，也具有可变性，可以随需求增大或减小。

通过键对字典的值进行操作也是通过方括号中包含键的方式进行：

```
In[3]:D['name']
Out[3]:'John'

In[4]:D['age']+=1

In[5]:D
Out[5]:{'name':'John','age':36}
```

除了在花括号中输入键值对来创建字典外，还可以先建立一个空字典，然后每次以一个键来填充它：

```
In[6]:D={}

In[7]:D['name']='Bob'

In[8]:D['age']=40

In[9]:D
Out[9]:{'name':'Bob','age':40}
```

注意到，在对 D ['name'] 进行赋值时，字典 D 是空字典，其中并没有'name'这个键，对字典中不存在的键进行赋值会直接创建该键，这一点与列表不同，在列表中对界限外的索引赋值会引发一个错误。同时也要注意，虽然对字典中不存在的键赋值是允许的，但引用一个不存在的键仍然会抛出异常：

```
In[10]:D['ID']
Traceback(most recent call last):
  File "<ipython-input-4-b79a6d3eb60a>",line 1,in<module>
    D['ID']
KeyError:'ID'
```

(1) 字典方法

① keys 方法   用于获取字典中所有的键：

```
In[11]:D.keys()
Out[11]:dict_keys(['name','age'])
```

其中 dict _ keys 是一个可迭代对象，可以用 list 将其转换为一个列表：

```
In[12]:list(D.keys())
Out[12]:['name','age']
```

实际应用中，可迭代对象经常与 for 循环联合使用，例如：

```
In[13]:for key in D.keys():print(key)
name
age
```

② values 方法　用于获取字典中所有的值：

```
In[14]:D.values()
Out[14]:dict_values(['Bob',40])
```

③ items 方法　用于获取字典中所有的键值对，其中的每一个键值对都包含在元组中：

```
In[15]:for key,value in D.items():print(key,'->',value)
name->Bob
age->40
```

④ get（key，default＝None）方法　从字典中取出键 key 所对应的值，如果 key 不存在，则返回默认值 default：

```
In[16]:D.get('name')
Out[16]:'Bob'
In[17]:D.get('ID','not exist')
Out[17]:'not exist'
```

虽然看上去 D.get（'name'）与 D ['name'] 的效果相同，但 get 方法提供了更为友好的方式。很多时候，我们并不知道某一个键在字典中是否存在，直接引用一个不存在的键会引发异常，而 get 方法可以避免此类异常。比如，要用字典来统计一个列表中每一个字符串出现的次数，可以先建立一个空字典，然后依次取出列表中每个字符串，查看该字符串在字典中是否存在，如果存在则其值加 1，否则添加该键并将其值设置为 1，程序如下：

```
L=['a','b','a','c','a','c']
D={}
for string in L:
    if string in D:
        D[string]+=1
    else:
        D[string]=1
print(D)
```

运行结果为：

```
{'a':3,'b':1,'c':2}
```

使用 get 方法并将默认值设置为 0 即可简化上面的程序，并得到完全相同的结果：

```
L=['a','b','a','c','a','c']
D={}
for string in L:D[string]=D.get(string,0)+1
print(D)
```

运行结果为：

```
{'a':3,'b':1,'c':2}
```

⑤ pop 方法　从字典中删除一个键并返回它的值：

```
In[18]:D
Out[18]:{'a':3,'b':1,'c':2}

In[19]:D.pop('b')
Out[19]:1

In[20]:D
Out[20]:{'a':3,'c':2}
```

字典的 pop 方法与列表的 pop 方法非常相似，但列表是指定索引，而字典是指定键。

字典中的键都是唯一的，并没有顺序的概念，在内存中字典是以哈希表的形式存储的，其搜索速度非常快，利用字典的键找到一个值比利用列表的索引找到一个值的速度要快，而且容量越大字典的速度优势越明显。

2.2.5　元组（Tuples）

将一系列以逗号隔开的对象包含在圆括号内，就构成了一个元组：

```
In[1]:T=(1,2,'name',3.14)

In[2]:T
Out[2]:(1,2,'name',3.14)
```

元组属于序列类型，关于序列的通用操作也适用于元组，如索引与切片、加法与乘法等：

```
In[3]:len(T)
Out[3]:4

In[4]:T[1]
Out[4]:2

In[5]:T[2:]
Out[5]:('name',3.14)

In[6]:T+(5,6)
Out[6]:(1,2,'name',3.14,5,6)

In[7]:T*2
Out[7]:(1,2,'name',3.14,1,2,'name',3.14)
```

从形式上，元组与列表很像，它们都是各种对象的有序集合，只是元组用圆括号，而列表用方括号，但是元组是不可变对象，因此利用索引或切片赋值来改变元组的一部分是不允许的：

```
In[8]:T[0]=10
Traceback(most recent call last):
  File "<ipython-input-8-ba4a50d256d6>",line 1,in<module>
```

```
  T[0]=10
TypeError:'tuple' object does not support item assignment
```

另外，由于圆括号很容易被视为表达式的一部分，因此，用下面的语句创建只包含一个对象的元组是行不通的：

```
In[9]:T=(2)
In[10]:T
Out[10]:2
```

由于圆括号被视为表达式内容，因此 T＝（2）与 T＝2 是完全等价的，最终得到的 T 只是一个整数，而非元组。为了明确圆括号内是元组，而不是表达式，在这个单一对象的后面加一个逗号就可以了：

```
In[11]:T=(2,)
In[12]:T
Out[12]:(2,)
```

在后面章节中会看到，有时一些函数要求以元组形式传递参数，如果该元组只包含一个对象，则需要加上逗号，否则会抛出异常。

元组只包含两个方法，index 和 count，用于查找一个元素的索引及对元素进行计数：

```
In[13]:T=(1,2,3,2,1)
In[14]:T.index(2)
Out[14]:1
In[15]:T.count(2)
Out[15]:2
In[16]:T.index(4)
Traceback(most recent call last):
......
```

从上面的示例中可以看到，如果一个元素在元组中出现多次，index 方法只返回第一次出现的索引；如果元素不在元组内，则 index 方法会抛出异常。

虽然元组不像列表那样常用，但其不可变特性保证了完备性，特别是用于传递对象时，其不可变性保证了传递对象不会在其他地方被改变。

2.2.6 文件（Files）

文件类型是 Python 代码与电脑上外部文件进行交互的主要接口。要创建一个文件对象，需调用内置的 open 函数并以字符串的形式传递给它一个外部的文件名以及一个处理模式的字符串。比如要建立一个文本输出文件：

```
In[1]:f=open('data.txt','w')
In[2]:f.write('Hello\n')
Out[2]:6
In[3]:f.write('world\n')
```

```
Out[3]:6
In[4]:f.close()
```

　　这样在当前工作目录中建立了 data.txt 文件，并向它写入文本，'w'表示以"写"的方式打开。如果要打开电脑上其他位置的文件，则文件名要采用完整的路径，不然则是在当前文件夹中操作。write 方法的返回值为写入字符串的长度。

　　下面重新以'r'模式打开（这也是默认方式，因此可以省略）data.txt 文件，读出文件内容，将其赋值给一个字符串，然后显示它：

```
In[5]:f=open('data.txt','r')
In[6]:text=f.read()
In[7]:text
Out[7]:'Hello\nworld\n'
In[8]:print(text)
Hello
world

In[9]:f.close()
```

　　文件中的内容是以字符串形式读入的，即使其中储存的是其他类型，比如整数，它仍然以字符串形式读入。同样地，要将数字写入文件，Python 不会自动把对象转换为字符串，你应该使用格式化的字符串。

　　一旦你利用 open 函数建立了一个文件对象，你就可以完成读出或写入的操作，在操作完成后，要采用 close 方法将文件关闭，以终止与外部文件的连接。

2.2.7　集合（Sets）

　　集合是不可变对象的无序集合，集合支持数学中集合理论相对应的操作，一个项在集合中只能出现一次，不管将它添加多少次。集合可使用花括号中包含对象的常量形式创建，也可以使用 set 函数创建：

```
In[1]:X={1,2,'name',3.14}
In[2]:X
Out[2]:{1,2,3.14,'name'}
In[3]:Y=set([1,2,3,4])
In[4]:Y
Out[4]:{1,2,3,4}
```

　　集合中的元素是无序的，它不属于序列，不支持索引和切片这样的操作；集合也不存在键与值的映射关系，它也不属于映射；集合自成一体，它只是一个不可变对象的收集器。集合支持一般的数学集合操作，如集合的并（'|'而不能用'+'）、交（'&'）、差（'-'）等：

```
In[5]:X | Y
Out[5]:{1,2,3,3.14,4,'name'}
In[6]:X&Y
```

```
Out[6]:{1,2}

In[7]:X-Y
Out[7]:{3.14,'name'}

In[8]:X+Y
Traceback(most recent call last):
......
TypeError:unsupported operand type(s)for+:'set' and 'set'
```

集合的 add 方法用于插入一项、remove 方法用于删除一项、intersection 方法用于求交集（等同于'&'）、union 方法用于求并集（等同于'|'）：

```
In[9]:X.add(5)

In[10]:X
Out[10]:{1,2,3.14,5,'name'}

In[11]:X.add(5)

In[12]:X
Out[12]:{1,2,3.14,5,'name'}

In[13]:X.remove('name')

In[14]:X
Out[14]:{1,2,3.14,5}

In[15]:X.intersection(Y)
Out[15]:{1,2}

In[16]:X.union(Y)
Out[16]:{1,2,3,3.14,4,5}
```

从上面的例子可以看到，集合可根据需要增加或减小，因此集合是可变对象，但集合内的元素是不可变对象，这意味着列表和字典不能放到集合中，同时集合也不能嵌套。如果要将一个集合存储到另一个集合中，可以调用 frozenset，它将集合变得不可修改，然后就可以嵌套到其他集合中了。

集合不仅具有数学上集合的用途，还有一些特殊用途，比如：由于项在集合中只能出现一次，则 set 可用于把重复项从其他容器中过滤掉，只需将其他容器转换为 set 再转换回来即可：

```
In[17]:L=[1,2,1,3,2,4,5]

In[18]:set(L)
Out[18]:{1,2,3,4,5}

In[19]:L=list(set(L))

In[20]:L
Out[20]:[1,2,3,4,5]
```

2.2.8 其他核心类型

其他核心类型还有布尔值 True、False 以及占位符 None（主要用于对象初始化）等：

```
In[1]:x=10
In[2]:y=5
In[3]:x>y
Out[3]:True
In[4]:x<y
Out[4]:False
In[5]:z=None
In[6]:z
In[7]:print(z)
None
```

True 和 False 在表达式中出现，可以解读为 1 和 0。例如要从两个数中取出较大者，可以使用下面的语句，它避免了使用判断（if）语句：

```
In[8]:(x>=y)*x+(x<y)*y
Out[8]:10
```

2.2.9 动态类型简介

在 Python 中不要求声明对象的类型，动态类型是 Python 语言灵活性的根源。在 Python 中，变量不会有类型的信息或约束，类型的概念是存在于对象中而不是变量名中。变量原本是通用的，它只是在一个特定的时间点，简单地引用了一个特定的对象而已。当变量出现在表达式中，它会马上被当前引用的对象所代替，无论这个对象是什么类型。此外，所有的变量必须在其使用前明确地赋值，使用未赋值的变量会产生错误。

这种动态类型与 C 语言的类型有明显不同。例如，当执行：

```
In[1]:a=2
```

Python 会执行三个不同的步骤去完成这个请求：①创建一个整数对象 2；②创建一个变量 a，如果它还没有创建的话；③将变量 a 与整数对象 2 相连接。变量和对象保存在内存中的不同地方，并通过连接相关联。变量总是连接到对象，并且绝不会连接到其他变量上，但是，更大的对象可能连接到其他的对象（例如，一个列表对象能够连接到它所包含的对象）。

Python 中从变量到对象的连接称作引用。引用是一种关系，在内存中以指针形式实现。下面的语句在 Python 中是行得通的：

```
In[1]:a=2
In[2]:a='name'
```

但在 C 语言中则是不合法的：a 的类型似乎从整数变成了字符串。在 Python 中类型只属于对象，而不是变量名。前面的例子只是把 a 修改为对不同对象的引用而已。因为变量没有类型，因此也就不存在改变 a 的类型一说，它只是让变量引用了不同类型的对象。

另一方面，对象知道自己的类型。每个对象都包含一个头部信息，其中标记了这个对象的类型。

需要强调：Python 中的类型是与对象关联的，而不是和变量关联。在典型的代码中，一个给定的变量往往只会引用一种类型的对象，但这并不是必须的，这使 Python 代码更加灵活。

在 Python 中，每当一个变量名被赋予了一个新对象，之前那个对象占用的空间就会被回收（如果它没有被其他的变量名或对象所引用的话）。这种自动回收对象的技术叫作垃圾收集。在系统内部，Python 是这样来实现垃圾收集功能的：它在每个对象中保持了一个计数器，计数器记录了指向该对象的引用数目，一旦这个计数器被设置为零，这个对象的内存空间就会自动回收。因此，任意一个对象都有两个头部信息：类型及引用计数器。垃圾收集的一大好处就是：在脚本中可以任意使用对象，而不需要考虑释放内存空间，因为 Python 会自动清理，与 C 或 C++这样的底层语言相比省去了大量的基础代码。

看下面的两条语句：

```
In[3]:a=2
In[4]:b=a
```

第二行创建变量 b，等号右端的 a 会自动替换为 a 所引用的对象 2，于是 b 也成为这个对象的一个引用。实际的效果就是变量 a 和 b 都引用了相同的对象（即指向了相同的内存区域），这在 Python 中叫作共享引用。

如果执行下面的语句：

```
In[3]:a=2
In[4]:b=a
In[5]:a=a+2
In[6]:a
Out[6]:4
In[7]:b
Out[7]:2
```

可以看到，虽然 b＝a 让两个变量引用了同一个对象，但 a＝a＋2 将 a 指向一个完全不同的对象（整数 4 是表达式的计算结果）。这并不会改变 b，事实上，没有办法改变对象 2 的值：整数是不可变的，因此没有方法在原位修改它。

认识这种现象的一种方法就是，在 Python 中，变量总是一个指向对象的指针，而不是可改变的内存区域的标签。给一个变量赋一个新的值，并不是替换了原始对象，而是让这个变量去引用完全不同的一个新对象。实际的效果就是：对一个变量赋值，只会影响那个被赋值的变量。

但对于可改变的对象，比如列表，当采用索引进行赋值时，确实会改变这个列表对象，而不是生成一个新的列表对象。对于这种可改变对象，共享引用时的确需要加倍小心，因为利用一个变量名对可改变对象的修改会影响到其他变量。例如：

```
In[8]:L1=[1,2,3]
In[9]:L2=L1
```

```
In[10]:L1[0]=10
In[11]:L1
Out[11]:[10,2,3]
In[12]:L2
Out[12]:[10,2,3]
```

可见对 L1［0］的修改也改变了 L2 列表的内容。如果这不是你想要的效果，那就需要 Python 拷贝对象，而不是创建引用。有很多拷贝列表的方法，包括列表的 copy 方法及标准库的 copy 模块，但最常用的方法是从头到尾的切片：

```
In[13]:L1=[1,2,3]
In[14]:L2=L1[:]
In[15]:L1[0]=10
In[16]:L1
Out[16]:[10,2,3]
In[17]:L2
Out[17]:[1,2,3]
```

这里对 L1 的修改不会影响到 L2，因为 L2 引用的是 L1 所引用对象的一个拷贝，即两个变量指向了不同的内存区域。

注意：只要是采用切片为变量赋值，即使是从头到尾的整个列表的切片，Python 也会进行复制，而不是创建共享引用。

但这种切片技术不能用于字典和集合，复制字典和集合应该使用 X. copy（）方法调用。另外，标准库中的 copy 模块有一个通用的复制任意对象类型的调用，包括浅复制及深复制，请参考帮助文档。

2.3　Python 语句

程序是由语句构成的，表 2-2 列出了 Python 中常用的部分语句。

表 2-2　Python 常用语句

语句	功能	实例
赋值	创建引用值	a,b=1,2
函数调用	执行函数	print('The result is ',res)
if/elif/else	选择	if x>y: 　　print(x)
for/else	序列循环	for x in [1,2,3,4]: 　　print(x)
while/else	当型循环	while x<y: 　　x=x+1

续表

语句	功能	实例
pass	空占位符	while True： 　pass
break	**退出循环**	while Ture： 　if x<0：break
continue	继续循环	while Ture： 　if x>5：continue
global	声明全局变量	def fun()： 　global x
del	删除引用	del x

在 Python 代码中，语句的缩进很重要，相同层次的语句缩进必须相同。但缩进没有绝对的标准，只要保持相同层次的语句缩进相同即可。常见的是每层四个空格或一个制表符，但不能在同一段 Python 代码中混合使用制表符和空格，这会引发错误。

通常情况下，Python 代码中一行一个语句，但如果要在一行中包含多条语句，这也是可行的，只需在每条语句之间用分号'；'相隔，但不提倡这样的做法，它会破坏程序的可读性。

Python 语句可以横跨多行，实现跨行语句最方便的方法是使用括号，圆括号、方括号、花括号都可以，任何括在这些括号里的程序代码都可横跨好几行，语句将一直运行，直到遇到含有闭合括号的那一行。例如，包含连续几行列表的常量：

```
mlist=[111,
       222,
       333]
```

花括号包含的字典也一样可以横跨数行，圆括号可以处理元组、函数调用和表达式：

```
D={'name':'John',
   'age':30}
T=(1,
   2,
   3)
print(D,
      T)
a=1+2*(3+4.5-
       6.7)
```

连续行的缩进是无所谓的，但为了程序的可读性，那几行也应该对齐。

对于一个表达式而言，增加一个圆括号并不会造成什么影响，但它方便了程序语句横跨多行：

```
X= (A+B+
    C+D)
```

这种技巧也适用于复合语句。不管在什么地方需要写一个大型的表达式，只要把它括在括号里，就可以在下一行接着写：

```
if(A==1 and
    B==2 and
    C==3):
        print('spam'*3)
```

还有一个比较老的方法可以让语句横跨多行。上一行以反斜线结束，则可在下一行继续：

```
X=A+B+\
    C+D
```

这种方法在 Python 中仍然有效，但不提倡使用这种方法：维护反斜线很困难，而采用括号的方法，不但简单，而且程序的可读性更好。

虽然嵌套的代码块通常都会缩进，但有一个特例：复合语句的主体可以出现在首行冒号之后，如：

```
if x>y:print(x)
```

这样就能编辑单行 if 语句、单行循环等。不过，只有当复合语句本身不包含任何复合语句的时候，才能这样做。也就是说，只有简单语句可以跟在冒号后面，比如赋值操作、打印、函数调用等。较复杂的语句仍然必须单独放在自己的行里，复合语句的附带部分（如 if 的 else 部分）也必须在自己的行里。

一个很重要而且很常见的单行复合语句是中断循环的单行 if 语句，例如：

```
while Ture:
    reply=input('Enter text:')
    if reply=='stop':break
    print(reply.upper())
```

上面的程序从用户那里读取一行并用大写字母打印，直到用户输入'stop'为止。其中的 if 语句写在一行中，代码更加紧凑，且可读性好，这在 Python 中是常见的方式。

Python 中'#'表示注释，Python 会忽略'#'后面的内容（除非它出现在字符串常量中），因此可以在'#'之后插入一些阅读程序的提示信息。

2.3.1 赋值语句

赋值语句是最基本的程序语句，它在变量名与对象之间建立连接。在 Python 中，赋值语句的形式如表 2-3 所示。

表 2-3 赋值语句形式

赋值操作	解释
a＝1	基本形式
a,b＝1,2	元组赋值运算

续表

赋值操作	解释
[a,b]=[1,2]	列表赋值运算
a,b,c,d='name'	序列赋值运算
a, * b='name'	扩展序列解包
a=b=1	多目标赋值运算
a+ =5	增强赋值运算

赋值运算的基本形式将一个变量名与一个对象连接，这是最常见的形式，仅仅使用基本形式也可以完成所有工作，但其他形式有时可能更加方便。

(1) 序列赋值

元组赋值和列表赋值其实是序列赋值的特例，对一般的序列赋值，只要等号左侧是一个变量名序列，而右侧是一个对象序列，Python 就会从左到右逐个匹配赋值，并不需要等号两端的序列是同一种类型。如：

```
In[4]:[a,b,c,d]='name'
In[5]:a,b,c,d
Out[5]:('n','a','m','e')
In[6]:a,b,c=[1,2,3]
In[7]:a,b,c
Out[7]:(1,2,3)
```

采用这种序列赋值，使交换两个变量的值将变得非常容易：

```
In[8]:a,b=1,2
In[9]:a,b
Out[9]:(1,2)
In[10]:a,b=b,a
In[11]:a,b
Out[11]:(2,1)
```

如果采用简单赋值语句，则需要借助一个中间变量，如 tmp＝a，a＝b，b＝tmp 的形式。

可以想见，在序列赋值中，左侧变量名的数目必须与右侧对象的数目相等，否则会引发错误：

```
In[12]:a,b,c='name'
Traceback(most recent call last):
  File "<ipython-input-12-7e05a2617af4>",line 1,in<module>
    a,b,c='name'
ValueError:too many values to unpack(expected 3)
```

(2) 扩展序列解包

相比于序列赋值，扩展序列解包提供了更通用也更稳健的赋值方式，它使用一个带 * 号的变量名以收集未赋值给其他变量的对象列表，例如：

```
In[13]:a,b,*c='name'
In[14]:a,b,c
Out[14]:('n','a',['m','e'])
```

上面的操作中，a、b分别匹配'n'、'a'，而c匹配剩下的内容。通过这种扩展序列解包赋值，等号左侧的变量名数目可以与右侧的对象数目不同。实际上，带 * 号的变量名可以出现在变量名列表的任何位置，当它出现在变量名序列的最前面，b匹配最后一项，a匹配除最后一项之外的所有内容：

```
In[15]:*a,b=[1,2,3,4]
In[16]:a,b
Out[16]:([1,2,3],4)
```

当带 * 号的变量名出现在中间，a和c分别匹配第一项和最后一项，b匹配二者之间的所有内容：

```
In[17]:a,*b,c=[1,2,3,4]
In[18]:a,b,c
Out[18]:(1,[2,3],4)
```

另外，不管带 * 号的变量名出现在哪里，它所匹配的内容都将以列表的形式赋值：

```
In[19]:a,*b=(1,2,3)
In[20]:a,b
Out[20]:(1,[2,3])
In[21]:a,*b='name'
In[22]:a,b
Out[22]:('n',['a','m','e'])
```

即使它所匹配的内容只包含一个对象，甚至为空，该变量仍然被赋值为一个列表：

```
In[23]:a,b,*c=1,2,3
In[24]:a,b,c
Out[24]:(1,2,[3])
In[25]:a,b,*c=1,2
In[26]:a,b,c
Out[26]:(1,2,[])
```

由于带 * 号的变量名是收集"剩余"的所有内容，因此，在变量名序列中出现两个带 * 号的变量则会引起歧义，因而抛出异常：

```
In[27]:a,*b,c,*d=1,2,3,4
  File "<ipython-input-27-600d33c5c786>",line 1
    a,*b,c,*d=1,2,3,4
    ^
SyntaxError:two starred expressions in assignment
```

同时带 * 号的变量名只能出现在列表或元组当中，它单独出现也将引发异常：

```
In[28]:*a=1,2,3
  File "<ipython-input-28-afef1d838c08>",line 1
  ......
SyntaxError:starred assignment target must be in a list or tuple
```

但将它包含在只有一个元素的元组或只有一个元素的列表中都是合法的：

```
In[29]:*a,=1,2,3

In[30]:a
Out[30]:[1,2,3]

In[31]:[*a]=1,2,3

In[32]:a
Out[32]:[1,2,3]
```

扩展的序列解包赋值只是一种便利形式，完全可以利用切片赋值的形式替换它：

```
In[38]:L=[1,2,3]

In[39]:a,*b=L

In[40]:a,b
Out[40]:(1,[2,3])

In[41]:c,d=L[0],L[1:]

In[42]:c,d
Out[42]:(1,[2,3])
```

(3) 多目标赋值

多目标赋值将一个对象同时赋值给多个变量，如：

```
In[43]:a=b=c=1

In[44]:a,b,c
Out[44]:(1,1,1)
```

这种形式相当于下面的三个赋值语句，但更为简单也更易读：

```
In[45]:c=1
In[46]:b=c
In[47]:a=b
```

由于在多目标赋值语句中只有一个对象，很自然地，多个变量将共享引用同一个对象。如果该对象是一个不可变对象，这不会带来什么问题；但对于可变对象的共享引用，一个变量名原位修改了对象会对其他变量造成影响：

```
In[48]:a=b=[]
In[49]:a.append(1)
In[50]:a,b
Out[50]:([1],[1])
```

如果采用元组赋值，可以避免这个问题：

```
In[51]:a,b=[],[]
In[52]:a.append(1)
In[53]:a,b
Out[53]:([1],[])
```

（4）增强赋值

增强赋值语句是从 C 语言借鉴而来的，它将一个二元操作符与等号写在一起，如 x＋＝y，从运行结果来看，它等价于 x＝x＋y。但增强赋值语句往往具有效率上的优势。许多二元操作符都具有增强赋值形式，包括数学运算符和集合运算符，如：x＋＝y，x-＝y，x＊＝y，x／＝y，x＊＊＝y，x％＝y，x∥＝y，x&＝y，x∣＝y 等。例如：

```
In[55]:x=10
In[56]:x%=3
In[57]:x
Out[57]:1
In[58]:y={1,2,3}
In[59]:y&={1,2}
In[60]:y
Out[60]:{1,2}
```

2.3.2 函数调用及打印语句

程序中经常调用一些函数或方法完成特定的工作，其格式为函数/方法名后跟圆括号，括号中包含零或多个参数。如果要保存函数的返回值，则函数调用往往出现在赋值语句中：

```
In[1]:a=-1.5
In[2]:b=abs(a)
In[3]:b
Out[3]:1.5
```

有些函数/方法完成一些可变对象的修改，并不返回有意义的结果，例如列表的 append、sort、reverse 等方法进行列表的原位修改，返回 None。这时函数调用应该出现在一个单独语句中，赋值可能会出现意想不到的结果：

```
In[10]:L=[1,2]
```

```
In[11]:L.append(3)
In[12]:print(L)
[1,2,3]
In[13]:L=L.append(4)
In[14]:print(L)
None
```

在 Python 中，打印语句是通过调用内置函数 print 来实现的，其调用格式为：

```
print([object,...][,sep=' '][,end='\n'][,file=sys.stdout])
```

其中方括号中的项是可选的，可以省略。print 函数把若干对象以 sep 为分隔符、end 为结尾打印到 file 中，sep 的默认值为空格，end 的默认值为换行符，file 的默认值 sys.stdout 即为显示器输出。

sep、end 和 file 如果不采用默认值，那么必须采用关键字参数的格式给定，即采用'name=value'的格式，对于这种关键字参数其顺序是无所谓的：

```
In[16]:a=1
In[17]:b=3.14
In[18]:c='name'
In[19]:print(a,b,c,end='\n...END...',sep=',')
1,3.14,name
...END...
```

2.3.3 if 语句

if 语句根据测试结果选取要执行的操作，其一般形式如下：

```
if test1:
    statements1
elif test2:
    statements2
else:
    statements3
```

其含义是：如果 test1 为真，则执行 statements1；如果 test2 为真，则执行 statements2，否则执行 statements3。其中 elif 和 else 子句都是可选的，另外，elif 也可以有更多个，执行更多的测试。

```
x,y=10,5
if x>y:
    print(x)
else:
    print(y)
```

if 语句是我们遇到的第一种复合语句，其首行以冒号结束，后接缩进语句。全部复合语句如 while、for 等都采用相同的格式。与 C 语言不同，缩进的语句块并不包含在花括号中，而是通过缩进组织在一起，缩进相同的语句处于相同的层级。if 语句中的 elif 和 else 分句是 if 的一部分，也是其本身语句块的首行，同样以冒号结束。

在 C 语言中还包括 switch/case 语句执行多路分支操作，但在 Python 中不包含 switch 语句，要实现多路分支操作，可以使用 if 语句替代，例如：

```
choice='math'
if choice=='math':
    print(85)
elif choice=='phys':
    print(90)
elif choice=='chem':
    print(88)
else:
    print('Bad choice')
```

上面的程序根据 choice 当中的科目来打印不同的成绩，当 choice 不是'math'、'phys'或'chem'时，打印错误信息。这种利用 if 语句实现多路分支的操作，可读性良好，但程序略显冗长。如果采用字典操作也可实现多路分支：

```
choice='math'
grade={'math':85,'phys':90,'chem':88}
print(grade.get(choice,'bad choice'))
```

上面的程序利用字典的键找到相应的值进行打印，如果 choice 不在字典的键中，则利用 get 函数的默认值返回错误信息。显然利用字典的方法比 if 语句以及 C 语言中的 switch 语句都更为简短。

(1) 真值测试

if 语句后面跟一个测试表达式，常用的测试条件有比较测试、相等测试及成员测试等。Python 中的比较运算符包括：大于（＞）、大于等于（＞＝）、小于（＜）、小于等于（＜＝）、等于（＝＝）及不等于（！＝），例如：

```
x=10
if x>-5:
    print('x>-5')
if x ! =0:
    print('x is not zero')
```

要注意比较运算符中的'＝＝'是用于测试两个对象的值是否相等，Python 中还有'is'运算用于测试两个对象是否为同一对象，二者之间有细微的差别：

```
In[46]:L1=L2=[1,2,3]

In[47]:L1==L2,L1 is L2
Out[47]:(True,True)

In[48]:L2=L1.copy()

In[49]:L1==L2,L1 is L2
Out[49]:(True,False)
```

开始创建了 L1 与 L2 共享引用同一个列表对象 [1, 2, 3]，它们引用的是同一个对象，因而'=='及'is'都返回 True；但当 L2 引用了 L1 的一个拷贝，此时二者引用的是两个对象，但它们的值相等，因此'=='返回 True，而'is'返回 False。

成员测试通过'in'运算符实现：

```
In[50]:a=1
In[51]:a in [1,2,3]
Out[51]:True
In[52]:D={'name':'John','age':30}
In[53]:a in D
Out[53]:False
In[54]:a='name'
In[55]:a in D
Out[55]:True
```

在 Python 中，对象具有真/假属性，换句话说，任何一个对象，或者为真，或者为假。Python 规定除 0 以外的数字及任何非空对象为真；数字 0、空对象及占位符 None 为假。既然对象都有真假，那么完全可以在测试表达式中直接测试对象，比如要测试整数 x 是否不为 0，可以写为 if x:，而不必写为 if x! =0;。例如：

```
x=0
if x:
    print('x is not 0')
else:
    print('x is 0')
```

在 Python 代码中，这种直接测试对象的模式应用非常普遍。

(2) 布尔运算

有时在测试语句中会混合多种测试条件，这时需要用到布尔运算符。在 Python 中有三种布尔运算符：and（并）、or（或）、not（非）。注意在 Python 中用的是单词，而不是 C 语言中的 &&、||、!。

在 Python 的布尔运算操作中，not 一定会返回布尔值，但 and 和 or 却未必，它们有可能返回对象，毕竟对象本身具有真/假属性。对 or 而言，执行"或"操作，只要有一个对象为真结果即为真。因此 Python 会由左至右求算操作对象，只要发现一个真值，然后就停止，并返回这个为真的对象，这叫做短路计算，因为已经得到结果，就可以让剩余部分短路（终止），这显然有助于提高运行效率。如果全部为假，则必然会测试到最后一个对象，这时会返回最后一个为假的对象。对 and 而言，也是从左向右计算，只要找到一个假对象就可以结束了，于是返回该假对象。如果全部为真，则会返回最后一个真对象。下面是一些实例：

```
In[62]:3 or 5,5 or 3
Out[62]:(3,5)
In[63]:3 and 5,5 and 3
Out[63]:(5,3)
```

```
In[64]:[] or 3
Out[64]:3
In[65]:[] and 3
Out[65]:[]
In[66]:[] or {}
Out[66]:{}
In[67]:[] and {}
Out[67]:[]
```

注意：or 返回第一个真对象或最后一个假对象；and 返回第一个假对象或最后一个真对象。当然，如果 and/or 运算的对象本身就是布尔型，它就会返回 True 或 False：

```
In[68]:2>1 and 3>2
Out[68]:True
```

Python 的这种设计对条件判断来说，没有任何影响，但在有些情况下，对编写代码有利。比如在 Python 中经常见到如下这样的代码：

```
X=A or B or C or None
```

它的意思就是从 A、B、C 中取出第一个为真的对象并赋值给 X，如果全部为假，则 X ＝None。这在 Python 中行得通是因为 or 总是返回两个对象之一。这是 Python 中很常见的编写代码的手法，'X＝A or default'实现：当 A 为真，X＝A，否则，X 取默认值 default。

另外，了解短路计算也很重要，这意味着布尔运算符右侧的表达式可能不被执行，或许其中包含函数要执行重要的工作，比如：

```
if f1() or f2():...
```

这种情况下，如果想要确保两个函数调用一定发生，要在 or 之前调用它们：

```
tmp1,tmp2=f1(),f2()
if tmp1 or tmp2:...
```

(3) if/else 的三元表达式

考虑下面的语句：

```
if X:
    A=Y
else:
    A=Z
```

在这个例子中，缩进块都很简单，占用 4 行似乎太浪费了。这时可以采用下面的格式：

```
A=Y if X else Z
```

三元表达式 Y if X else Z 表示的含义是：当 X 为真结果为 Y，否则结果为 Z。利用三元表达式，只需要 1 行代码，结果与上面的 4 行代码是相同的。

2.3.4 while 循环

while 语句是 Python 中常用的迭代结构，只要顶端测试条件为真，就重复执行循环体（通常为缩进的代码块），直到测试为假，跳出循环，执行后面的语句。在 Python 中 while 循环的一般格式为：

```
while test1:
    statements1
    if test2:break
    if test3:continue
else:
    statements2
```

break 和 continue 语句只会出现在循环体中（包括 while 或 for 循环），通常会进一步嵌套在 if 语句中，根据某些条件来采取相应的操作：break 用于跳出循环，continue 用于跳到循环的首行测试位置（即省略循环体中位于 continue 语句下面的内容，直接进入下一次循环）。例如，下面的程序从 L 列表中找 lookfor，找到后打印'Found'并退出循环：

```
L=[1,2,3,4,5]
lookfor=3
while L:
    first=L.pop(0)
    if first==lookfor:
        print('Found')
        break
```

运行结果为：

```
Found
```

对上面的程序，如果 L 中并不包含 lookfor 会是什么结果呢？比如设置 lookfor=10，运行程序会发现，它不会输出任何东西。这可能不是我们想要的结果，我们希望它在找不到的情况下输出一个提示信息。这种问题可以采用标志位解决，比如设置 flag 记录有没有找到 lookfor，在 while 循环结束后，检验 flag，如果没找到则打印提示信息，程序如下：

```
L=[1,2,3,4,5]
lookfor=10
flag=False
while L:
    first=L.pop(0)
    if first==lookfor:
        print('Found')
        flag=True
        break
if not flag:
    print('Not found')
```

这样虽然行得通，但略显麻烦，其实仔细观察就会发现：一旦找到 lookfor，则 while 循环必是从 break 跳出的。于是 Python 中增加了 else 子句，其功能为：如果循环不是从 break

跳出的，则执行 else 子句；如果循环从 break 跳出，则忽略 else 子句。利用 else 子句，上面的程序可以得到简化：

```
L=[1,2,3,4,5]
lookfor=10
while L:
    first=L.pop(0)
    if first==lookfor:
        print('Found')
        break
else:print('Not found')
```

运行结果为：

```
Not found
```

循环语句中的 else 分句是 Python 特有的，它让你可以捕捉循环的另一条出路，而不需要设定和检查标志位。

pass 语句也可以出现在 while 循环体中，但 pass 不执行任何运算，只起占位作用。比如 while 循环体暂时先不编写，但其循环体为空是一个语法错误，于是先写个 pass：

```
while test:
    pass
```

这里 pass 的含义是：先占个位，以后再来编写。它主要是为了避免语法错误。

2.3.5 for 循环

for 循环是一个通用的序列迭代器：可以遍历任何序列对象内的元素。其格式为：

```
for target in object:
    statements1
else:
    statements2
```

在 Python 中运行 for 循环时，会一个一个将序列对象中的元素赋值给 target，然后执行循环体 statements1（通常为缩进的代码块）。break 语句和 continue 语句也可以应用在 for 循环中，用以跳出循环或跳至下一轮循环。else 子句也与 while 循环中相同：即当循环结束并非从 break 语句跳出，则执行 else 子句。例如，要打印列表中的全部对象：

```
L=[1,2,3,4]
for x in L:
    print(x)
print('Value of x after iteration:',x)
```

运行结果为：

```
1
2
3
```

```
4
Value of x after iteration:  4
```

for 语句中的循环变量 target 可能是新的，即在前面的程序中从未出现过的，它没有什么特别的，在循环过程中，target 会不断被赋值为序列中的一个个对象。在循环结束时，target 还引用着跳出循环时所引用的对象，通常是序列中最后一个元素，除非从 break 跳出。

for 语句中的循环变量可以是元组，例如：

```
L=[('a',1),('b',2),('c',3)]
for name,value in L:
    print(name,'->',value)
```

运行结果为：

```
a->1
b->2
c->3
```

看上去循环变量包括两个变量名，但在 Python 中会将逗号隔开的元素自动解读为元组，当然写为 for (name，value) in L 也是一样的。对于这种情况，在每一轮循环的开始，执行一次元组赋值运算，比如第一次循环执行 name，value= ('a', 1)，以后依此类推。

在 Python 中提供了多种迭代器函数，它们经常与 for 循环一起使用，以方便序列对象的遍历及操作，包括 range、zip、map、filter、enumerate 等，下面做一简单介绍。

(1) range 函数

如果要利用 for 循环遍历列表并对列表进行修改，比如列表中所有元素执行加 1 操作，那么下面的程序并不能达到这个目的：

```
L=[1,2,3,4]
for x in L:x+=1
print('L:',L)
print('x:',x)
```

运行结果为：

```
L:  [1,2,3,4]
x:  5
```

很显然 L 并没有发生变化。其原因是在 for 循环主体中的 x+=1 语句，实际只是对循环变量进行修改，并不会影响到 L。那么使用索引来遍历列表是一个解决方案：

```
L=[1,2,3,4]
for index in [0,1,2,3]:L[index]+=1
print('L:',L)
```

运行结果为：

```
L:  [2,3,4,5]
```

这样 L 就按我们的期望发生了改变。但当列表比较长时，写出其全部索引的列表显然是很费事的，此时利用 range 函数就很方便，range 函数格式为：

```
range(start,stop,step)
```

它产生从 start 开始，到 stop 为止但不包括 stop，以 step 为步长的整数序列。其中 start 可以缺省，默认值为 0；step 也可以缺省，默认值为 1。在交互模式键入 range（10）并回车：

```
In[4]:range(10)
Out[4]:range(0,10)
```

可以看到其输出是 range（0，10），而不是一个整数序列。这是由于 range 函数实际产生的是一个可迭代对象或称迭代器，对于迭代器的内部原理这里并不做深入探究，在功能上迭代器可理解为一个列表，但比列表更为高效且节省内存空间，如果想看到迭代器的实际内容，可通过 list 强制将其转化为一个列表：

```
In[5]:list(range(10))
Out[5]:[0,1,2,3,4,5,6,7,8,9]
```

range 函数也可以产生包含负数、递减及不同步长的整数序列，一些实例如下：

```
In[6]:list(range(0,10,2))
Out[6]:[0,2,4,6,8]
In[7]:list(range(-5,5))
Out[7]:[-5,-4,-3,-2,-1,0,1,2,3,4]
In[8]:list(range(5,0,-1))
Out[8]:[5,4,3,2,1]
```

利用 range 函数要产生任意列表 L 的索引就很容易了，只需要 range（len（L））即可。例如：

```
L=[1,2,3,4]
for index in range(len(L)):L[index]+=1
print('L:',L)
```

运行结果为：

```
L: [2,3,4,5]
```

虽然在 Python 程序中经常见到 for 与 range 的组合使用，但应注意：for 循环中应该尽量使用对象进行迭代，而不是索引，因为直接迭代对象更为高效，只将索引迭代作为最后的选择。下面的例 2-1 比较了对象迭代及索引迭代的效率，其中用到了 time 模块计算时间，关于 time 模块的常用方法，请扫码阅读。

Python 内置 time
模块简介

【例 2-1】 生成 10^6 个随机小数，将其平方值存到一个列表中，分别用对象迭代和索引迭代实现，并比较其运行时间。

解 编写程序如下

```
from random import random
import time
n=1000000
L=[random() for x in range(n)]
L1,L2=[],[]
#iteration by index
start=time.time()
for i in range(n):L1.append(L[i]**2)
t1=time.time()-start
#iteration by object
start=time.time()
for x in L:L2.append(x**2)
t2=time.time()-start
print('time needed by index:',t1)
print('time needed by object:',t2)
print('time saved:',(t1-t2)/t1)
```

运行结果为：

```
time needed by index:  0.3330190181732178
time needed by object:  0.2830162048339844
time saved:  0.15015002330354824
```

可以看到，对象迭代的效率要高于索引迭代。同时要注意：不同设备上的输出结果会有所不同。

（2）zip 函数

如果要同时遍历两个或多个列表，并对其相对应的元素执行操作，比如对应元素相加转存到另一列表，可以采用索引迭代：

```
L1=[1,2,3,4]
L2=[5,6,7,8]
L3=[9,10,11,12]
L=[]
for index in range(len(L1)):L.append(L1[index]+L2[index]+L3[index])
print(L)
```

但由于索引迭代效率较低，这并不是一个好的解决方法。为了采用对象迭代，可以使用 Python 中的内置函数 zip。

zip 函数用于将多个序列对象中的相同索引的元素取出构成一个元组，返回这些元组的迭代器，例如：

```
In[18]:L1,L2=[1,2,3],[4,5,6]
In[19]:list(zip(L1,L2))
```

```
Out[19]:[(1,4),(2,5),(3,6)]
In[20]:L,T=[1,2,3],'abc'
In[21]:list(zip(L,T))
Out[21]:[(1,'a'),(2,'b'),(3,'c')]
```

另外，zip 允许传递进来的序列对象具有不同的长度，最终返回的迭代器长度与最短的那个序列长度是一样的：

```
In[23]:list(zip(L1,L2,'abcd'))
Out[23]:[(1,4,'a'),(2,5,'b'),(3,6,'c')]
```

利用 zip 函数对三个列表的对应元素相加，就可以避免索引迭代：

```
L1=[1,2,3,4]
L2=[5,6,7,8]
L3=[9,10,11,12]
L=[]
for x,y,z in zip(L1,L2,L3):L.append(x+y+z)
print(L)
```

运行结果为：

```
[15,18,21,24]
```

(3) map 函数

与 zip 函数相似，map 函数也返回一个迭代器，其格式为：

```
map(func,iterables)
```

map 函数取出可迭代对象 iterables 中的每一项执行函数 func，返回结果的迭代器，如：

```
def square(x):return x**2
L=[1,2,3,4]
for x in map(square,L):print(x,end=',')
```

运行结果为：

```
1,4,9,16,
```

程序中，先定义了一个计算平方的函数 square，map（square，L）函数取出 L 中的每个元素，分别调用 square 函数，返回结果所构成的迭代器，其中 end=','是为了抑制换行。

当 map 函数中的可迭代对象有多个时，map 将取出每一个对象的对应元素（即相同索引的元素）构成元组送给 func 函数。显然，当这些个可迭代对象长度不同时，map 返回的迭代器长度会与最短的对象相同。例如，下面的程序用于计算两个列表中对应元素的欧几里得距离：

```
import math
def distance(x,y):return math.sqrt(x*x+y*y)
L1,L2=[1,2,3,4],[5,6,7,8,9,10]
for d in map(distance,L1,L2):print(f'{d:.4f}',end=',')
```

运行结果为：

```
5.0990,6.3246,7.6158,8.9443,
```

可以看到 map 返回迭代器长度与 L1 是相同的。

（4）filter 函数

filter 函数与 map 函数相似，其格式为：

```
filter(func,iterables)
```

filter 函数也将函数 func 作用于可迭代对象中的每个元素，然后过滤掉结果中的假对象，只保留真对象的序列以迭代器形式返回，例如要取出 range（-5，5）中大于 0 的数字序列：

```
In[2]:def positive(x):return x if x>0 else 0
In[3]:list(filter(positive,range(-5,5)))
Out[3]:[1,2,3,4]
```

（5）enumerate 函数

enumerate 函数将一个序列中每一个元素的索引与元素本身构成一个元组，返回该元组的一个迭代器：

```
In[21]:list(enumerate('name'))
Out[21]:[(0,'n'),(1,'a'),(2,'m'),(3,'e')]
```

有时在利用 for 循环遍历一个序列对象时，在循环体中既需要读取元素又需要读取索引，这时使用 enumerate 函数可以避免使用速率较慢的索引迭代，例如：

```
In[24]:L=[10,11,12,13]
In[25]:for index,value in enumerate(L):print(index,'->',value)
0->10
1->11
2->12
3->13
```

利用下面的索引迭代也可以输出相同结果，但效率更低：

```
In[26]:for i in range(len(L)):print(i,'->',L[i])
0->10
1->11
2->12
3->13
```

在 Python 中，文件对象也是一个迭代器，它会按行读取文件，通过与 for 循环结合可以读取全部文件内容。前面介绍过利用文件对象的 read 方法读取文件，它会将整个文件内容加载到内存，当文件很大时，会对内存造成负担。而使用 for 循环结合文件迭代器的方式按行读取，不会带来内存的问题，而且效率也更高。例如从 data.txt 文件中读取内容并打印：

```
In[33]:for line in open('data.txt'):print(line,end='')
Hello
world
```

从上面的实例可以看出，Python 中包含许多迭代器，如 range、zip、map、filter、enu-merate、文件迭代器等，其实还有很多，如前面介绍过的字典方法如 keys、values、items 都是迭代器。迭代器可视为序列的一般化，将它们与 for 循环结合对序列进行遍历是一种非常高效的方法。

2.4　函数

函数将一些语句集合在一起，有利于重复利用。定义函数的基本格式为：

```
def func_name(arg1,arg2,...):
    statements
    return value
```

def 语句用于创建一个函数对象并将其赋值给一个函数名 func_name，函数名后面的括号内包含 0 个或多个变量名（通常称为形参）。函数主体通常为缩进的代码块（或者在冒号后边只有简单的一句），往往都包含一条 return 语句，return 语句可以出现在函数主体的任何位置，其后面的表达式给出函数返回的对象。return 语句是可选的，如果未提供，则函数自动返回 None 对象。例如：

```
def add(x,y):
    return x+y
print(add(1,2))
print(add(3.14,2.2))
print(add('Hello ','world'))
```

运行结果为：

```
3
5.34
Hello world
```

上面的程序中定义了一个加法函数，在三次调用中，add 函数会根据所传入对象类型执行相应的加法操作并返回结果。

def 语句是实时执行的，只有当程序执行到 def 语句时才创建这个函数，并将其赋值给函数名。def 语句可以出现在程序中不同的地方，包括嵌套在复合语句中或其他函数体之内，例如将 def 语句嵌套在 if 语句中实现不同的函数定义，这是合法的：

```
if test:
    def func():
        ......
else:
    def func():
        ......
```

另外，函数名与普通变量名也没有多大区别，只是它引用一个函数对象而已，如果将函数赋值给一个不同的变量名，并通过该变量名进行调用，也是完全可行的：

```
In[3]:jia=add
In[4]:jia(1,2)
Out[4]:3
```

即使内置函数也是如此，虽然我们通常不会这样做：

```
In[5]:out=print
In[6]:out('Hello world')
Hello world
```

2.4.1　作用域

当在程序中出现变量名时，Python 创建、改变或查找变量名都是在所谓的命名空间中进行的，作用域指的就是这个命名空间。代码中变量名被赋值的位置决定了这个变量将存在于哪个命名空间，也就是它可见的范围。函数为程序增加一个额外的命名空间层：在默认情况下，一个函数的所有变量名都是与函数的命名空间相关联的。这意味着：一个在 def 内定义的变量名能够被 def 内代码使用，不能在函数的外部引用它；一个在 def 内的变量名可以与 def 外的变量重名，但它们的命名空间不同，是完全不同的两个变量。

下面的代码在主程序中定义了一个全局变量 a＝1，它是全局可见的；在函数 func 内部又定义了一个本地变量 a＝2，它只在函数内可见：

```
a=1
def func():
    a=2
    print('Inside func,a=',a)
func()
print('Global,a=',a)
```

运行结果为：

```
Inside func,a=2
Global,a=1
```

虽然两个变量名都是 a，但它们是不同的两个变量，作用域会将它们区分开。函数所增加的作用域有利于防止程序中变量名的冲突，有助于函数成为更加独立、通用的程序单元。

在一个文件中编写程序时，所有代码都位于文件的顶层，文件定义了全局作用域，其中的变量名或者存在于全局作用域，或者是 Python 内置预先定义好的（如 print）。函数提供了嵌套的作用域即本地作用域，使其内部使用的变量名本地化，以便函数内的变量名不会与函数外的变量名产生冲突。

（1）LEGB 法则

Python 中解析变量名遵循 LEGB 法则，即当函数中使用变量名时，Python 先后搜索 4个作用域，先是本地作用域 L（Local），然后是外围作用域 E（Enclosing），再然后是全局作用域 G（Global），最后是内置作用域 B（Builtin），并且在第一处能够找到这个变量名的地方停下来。其中外围作用域是指当存在嵌套函数时外围函数的作用域，由于嵌套函数并不常用，当不存在嵌套函数时，作用域法则就简化为 LGB 法则。

例如在一个文件中键入下面的代码：

```
#全局作用域
x=1

def func(y):
    #本地作用域
    z=x+y
    return z

print(func(5))
```

运行结果为：

```
6
```

在这一段程序中，本地变量有 y、z，全局变量有 x、func，内置变量有 print。在函数内部引用变量 x 时，由于在本地作用域找不到，于是寻找全局作用域得到 x=1。在全局作用域出现 print 语句时，由于在全局作用域找不到 print，于是进入内置作用域得到打印函数。

虽然在函数 func 内部引用外部变量 x 没有问题，但如果像下面这样改变 x 的值，则是一个语法错误：

```
def func(y):
    #本地作用域
    x=x+y
    return x
```

由于在 func 内部对 x 进行赋值，这表示 x 是一个本地变量，但等号右端引用了一个未赋值的本地变量 x，这违反了变量使用前必须先赋值的语法规则。如果想在函数内对外部变量进行修改，那么必须在函数内使用 global 语句（或 nonlocal 语句）声明。

（2）global 语句

global 语句用于在函数内部声明一个或多个变量名为全局变量。global 语句包含关键字 global，其后是一个或多个由逗号分开的变量名。对于 global 声明的全局变量，可以在函数内部对其进行赋值及修改：

```
x=1

def func():
    global x
    x=2

func()
print(x)
```

运行结果为：

```
2
```

虽然使用 global 声明可以在函数内对外部变量进行修改，但这样做是非常危险的，程序也很难维护，因此在编程序时应该尽量避免使用 global 语句。

对于嵌套函数，nonlocal 语句将变量名的作用域声明为外部空间（即外围函数作用域），由于它并不常用，这里不作介绍，请参考帮助文档。

2.4.2　参数

函数在定义时可能包含若干个参数（形参），在函数调用时，调用者所提供的对象（实参）会通过隐性赋值的方式传递给作为参数的本地变量名，被传递的对象从来不会自动进行拷贝。例如：

```
x=1
L=[1,2,3]
def change(a,b):
    a+=1
    b[0]=10
    print(f'Inside:a={a},b={b}')
change(x,L)
print(f'Outside:x={x},L={L}')
```

运行结果为：

```
Inside:a=2,b=[10,2,3]
Outside:x=1,L=[10,2,3]
```

在上面的程序中，当调用函数 change 时，隐性执行赋值'a，b＝x，L'，其结果是函数内的本地变量 a 与全局变量 x 共享引用整数对象 1，本地变量 b 与全局变量 L 共享引用列表[1，2，3]。当在函数内对本地变量进行修改时，由于 a 引用的是一个不可变对象，因此'a＋＝1'的结果是 a 指向一个新的对象 2，而全局变量 x 仍然指向 1，因此如果传递的是不可变对象，函数内对参数的修改不会影响到外部变量。但对于可变对象，如果在函数内进行了原位修改，如'b［0］＝10'将列表原位修改为［10，2，3］，由于全局变量 L 与本地变量 b 共享引用同一个列表，因此全局变量 L 也会被修改。

从结果来看，Python 中参数传递机制与 C 语言非常相似：不可变参数通过"值"进行传递。像整数、字符串和元组这样的对象是通过引用而不是拷贝进行传递的，但因为它不可能在原位改变，实际的效果就很像创建了一份拷贝；可变对象通过"指针"进行传递。像列表和字典这样的对象也是通过引用进行传递的，它可以在函数内部原位修改，类似于 C 语言中的数组。

如果不想在函数内部修改传递给它的对象，那么，可以创建一个明确的拷贝，比如对于列表，可以在传参时利用切片：

```
func(L[:])
```

另外，列表及字典都有 copy 方法，例如对于列表 L 及字典 D，均可以使用下面的方式传参：

```
func(L.copy(),D.copy())
```

Python 中提供了丰富的参数匹配方式，无论是在定义函数时，还是在调用函数时，而且各种不同的匹配模式还可以混合使用，为用户提供了灵活多变的选择。

（1）位置参数

最基本的参数匹配模式是按照位置从左到右进行匹配，例如：

```
In[4]:def f(x,y,z):print(x,y,z,sep=',')
In[5]:f(1,2,3)
1,2,3
```

函数调用时，按照从左到右的顺序匹配，将 1 赋值给 x、2 赋值给 y、3 赋值给 z。显然，对于这种位置参数，调用时的参数数目必须与函数定义头部的参数数目完全相同，否则将会报错。

（2）默认参数与关键字参数

在 Python 中，函数定义时可以使用 name＝value 形式的参数，称为默认参数，例如：

```
In[6]:def f(x,y=2,z=3):print(x,y,z,sep=',')
```

其中 y 和 z 为默认参数，y 的默认值为 2、z 的默认值为 3。在调用时，位置参数 x 必须提供，但默认参数是可选的：如果调用者未提供则采用默认值，如果调用者提供了则调用者优先采用调用者提供的值。例如：

```
In[7]:f(1)
1,2,3
In[8]:f(1,10)
1,10,3
In[9]:f(1,10,11)
1,10,11
```

在 Python 中规定：如果函数定义时混合使用了位置参数和默认参数，那么所有位置参数必须排在默认参数的前面。

在函数调用时，也可以使用 name＝value 形式的参数，此时称为关键字参数。对关键字参数，我们并不陌生，例如 print 函数中通过设置 end 参数的值（如 end＝''）可以修改打印语句的结束符号。关键字参数明确指定对象传递给哪一个形参，它允许通过变量名进行匹配，而不是通过位置，例如：

```
In[11]:f(z=3,x=1,y=2)
1,2,3
```

在这次调用中，明确指定形参 z 与对象 3 匹配、x 与 1 匹配、y 与 2 匹配。显然，使用关键字参数时，它们之间的顺序不再重要了。

函数调用时也可以混合使用位置参数和关键字参数，但 Python 规定：位置参数必须位于关键字参数的前面。Python 会先基于位置进行匹配，然后再按关键字进行匹配，例如：

```
In[12]:f(1,z=3,y=2)
1,2,3
```

在这次调用中，首先按位置匹配，将 1 赋值给 x，然后再对 y 和 z 按关键字匹配。同时要正确理解"首先按位置匹配"的含义，例如下面的调用将会引发错误：

```
In[14]:f(3,x=1,y=2)
Traceback(most recent call last):

  File "<ipython-input-14-30231805c03e>",line 1,in<module>
    f(3,x=1,y=2)

TypeError:f()got multiple values for argument 'x'
```

因为第一个参数 3 只能与 x 匹配，后面又通过关键字为 x 赋值，造成多次赋值。

关键字参数在 Python 程序中广泛使用，它具有两个优势：一是增加程序的可读性，实际程序中变量名往往具有明确含义，像 func ('name'='John', 'age'=30) 这样的调用显然比 func ('John', 30) 更容易看懂其含义。二是与默认参数结合，可以跳过一些默认参数，而只对特定默认参数传参，例如：

```
In[15]:f(1,z=10)
1,2,10
```

对于 name=value 形式的参数，当出现在函数定义的头部，它为可选参数提供默认值；当出现在函数调用中，它意味着通过关键字进行参数匹配。无论哪种情况，这都不是一个赋值语句，它只是一个特定的语法，用以改变默认的参数匹配机制。

(3) 任意参数

在定义函数时，也许我们无法预测调用者会传入多少个参数，那么可以利用带'*'或'**'的变量名以收集任意多的参数。在函数调用时，也可以使用带'*'或'**'的变量名以解包任意数量的参数。

在函数定义头部，利用带'*'变量名收集所有无法匹配的位置参数，将它们收集到一个元组中，例如：

```
In[3]:def f(*args):print('args:',args)
In[4]:f()
args:()
In[5]:f(1)
args:(1,)
In[6]:f(1,2,3)
args:(1,2,3)
```

函数定义中的带'*'参数与赋值语句中的扩展序列解包很相似，它们都使用带'*'变量名，功能也很相似，但二者还是存在明显的区别：赋值语句中带'*'变量名收集"其他"对象，因此它不能单独出现，最少要写为只包含一个元素的元组（或列表）形式，但函数定义中带'*'参数可以单独出现；另外，赋值语句中扩展序列解包将对象收集到一个列表，而函数定义中带'*'参数将对象收集到一个元组中。

在函数定义头部带'**'参数用于收集无法匹配的关键字参数，并将它们存入一个字典当中，例如：

```
In[7]:def f(**kwargs):print('kwargs:',kwargs)
In[8]:f(x=1,y=2)
kwargs:{'x':1,'y':2}
```

定义函数时，可以混合使用不同类型的参数，例如：

```
In[9]:def f(x,*args,**kwargs):print('x:',x,'args:',args,'kwargs:',kwargs)
In[10]:f(1,2,3,a=4,b=5)
x:1 args:(2,3) kwargs:{'a':4,'b':5}
```

其中 1 按位置与 x 匹配，2 和 3 无法匹配收集到 args 元组中，后面的关键字参数收集到 kwargs 字典中。

当带'*'参数出现在函数调用中，它会解包参数的集合，例如下面的函数定义中包含 3 个形参，我们可以利用一个元组同时传递这 3 个参数：

```
In[14]:def f(a,b,c):print(f'a:{a},b:{b},c:{c}')
In[15]:args=(1,2,3)
In[16]:f(*args)
a:1,b:2,c:3
```

类似地，函数调用中带'**'参数会解包一个字典，将其中的'key：value'对解包为'key＝value'形式的关键字参数，例如：

```
In[17]:kwargs={'a':1,'b':2,'c':3}
In[18]:f(**kwargs)
a:1,b:2,c:3
```

（4）强制关键字（keyword-only）参数

Python 还包括一种强制关键字参数，在函数定义头部，出现在带'*'参数之后、带'**'参数（如果有的话）之前的参数为强制关键字参数。在调用时，强制关键字参数必须通过关键字参数形式进行传参。如果想让一个函数既可接受任意数目的参数，也接受可能的配置选项，那么强制关键字参数是有用的，像 print 函数中的 sep、end、file 参数即为强制关键字参数。

例如，下面的函数 kwonly 中，z 为强制关键字参数：

```
In[22]:def kwonly(x,*y,z):print(f'x:{x},y:{y},z:{z}')
In[23]:kwonly(1,2,z=3)
x:1,y:(2,),z:3
In[24]:kwonly(x=1,z=3)
x:1,y:(),z:3
In[25]:kwonly(1,2,3)
Traceback(most recent call last):
……
TypeError:kwonly()missing 1 required keyword-only argument:'z'
```

调用 kwonly 时，x 可利用位置或关键字形式传参，y 收集额外的位置参数，z 必须按关键字进行传参。

也可以在函数定义头部的参数列表中使用一个单独的'*'，它表示两层意思：①由于'*'后没有变量名，因此该函数不接受无法匹配的位置参数；②'*'后面的参数为强制关键字参数。例如：

```
In[26]:def kwonly(x,*,y):print(f'x:{x},y:{y}')
In[27]:kwonly(1,y=2)
x:1,y:2
In[28]:kwonly(y=2,x=1)
x:1,y:2
In[29]:kwonly(1,2,y=3)
Traceback(most recent call last):
……
TypeError:kwonly() takes 1 positional argument but 2 positional arguments(and 1 key-
word-only argument)were given
```

调用 kwonly 时，x 可以按位置或关键字进行传参，y 则必须按关键字传递参数，同时调用中不能包含未匹配的位置参数。

对于强制关键字参数，函数定义时仍然可以提供默认值，这样函数调用时该参数就成为可选的，但如果为它提供值，则必须用关键字参数形式提供。

(5) 排序规则

如果在函数定义时，混合使用了各种类型的参数，则它们必须严格按照下面的顺序出现：位置参数、默认参数、带'*'参数或单独的'*'、强制关键字参数、带'**'参数。而在函数调用时各类参数按下面的顺序：位置参数、关键字参数、带'*'参数、带'**'参数，而强制关键字参数可以出现在带'*'参数之前或之后，也可以包含在带'**'参数之中，但不能出现在带'**'参数之后。例如：

```
In[30]:def f(a,*b,c=6,**d):print(f'a:{a},b:{b},c:{c},d:{d}')
In[31]:f(1,*(2,3),**{'x':4,'y':5})
a:1,b:(2,3),c:6,d:{'x':4,'y':5}
In[32]:f(1,*(2,3),c=7,**{'x':4,'y':5})
a:1,b:(2,3),c:7,d:{'x':4,'y':5}
In[33]:f(1,c=7,*(2,3),**{'x':4,'y':5})
a:1,b:(2,3),c:7,d:{'x':4,'y':5}
In[34]:f(1,*(2,3),**{'x':4,'y':5,'c':7})
a:1,b:(2,3),c:7,d:{'x':4,'y':5}
```

显然，当各种不同类型参数混合出现时，情况会有些复杂。但幸好，复杂的参数类型都是可选的，在我们日常编程序时，最常用的是位置参数、默认参数及关键字参数。但在阅读一些库函数时，经常会碰到带'*'和'**'参数。

2.4.3 递归函数

Python支持递归函数，即直接或间接地调用自身以进行循环的函数。例如，求一个列表中所有数字的和就可以通过一个递归函数实现：

```
def list_sum(L):
    if not L:return 0
    else:return L[0]+list_sum(L[1:])
L=[1,2,3,4,5]
print(list_sum(L))
```

运行结果为：

```
15
```

由于列表L的和可以分解为L[0]与列表L[1:]的和，这样的分解过程一层一层地进行，直到列表为空，此时空列表的和为0。

对于这个简单的求和问题，完全可以用一个for循环实现：

```
def list_sum(L):
    sum_value=0
    for x in L:sum_value+=x
    return sum_value
```

与for循环过程相比，递归过程需要在每次调用函数时开辟新的命名空间并保留中间状态，因此递归过程不是一个高效过程，可以用循环代替时，尽量避免使用递归。但有些问题，很难用循环过程直接求解，但通过问题分解却很容易用递归过程实现，例如著名的汉诺塔问题：有三座塔A、B、C，其中A塔上有 n 个大小不等的盘子，大的在下、小的在上。现在要把这 n 个盘子从A塔转移到B塔，可以借助C塔，但每次只能移动一个盘子，同时三个塔都必须遵守汉诺塔规则，即大盘在下、小盘在上。问当 $n=64$ 时该如何移动？

先来分析简单的情况：当 $n=1$ 时，直接从A塔移到B塔即可；当 $n=2$ 时，先把小盘从A塔移至C塔，再把大盘从A塔移至B塔，最后将小盘从C塔移至B塔。可以想见，随着 n 的增加，过程将变得异常复杂。

但换一种思路：当 $n=1$ 时，从A移至B即可；当 n>1 时，只需按照汉诺塔规则将上面的 $n-1$ 个盘子从A移至C（借助于B），然后将最下面的盘子从A移至B，最后再将 n-1 个盘子从C移至B（借助于A）即可。这个过程有点类似于科学归纳法，其递归实现过程如下，其中利用打印语句表示移动过程：

```
def hanoi(n,A,B,C):
    if n==1:
        print(A,'->',B)
    else:
        hanoi(n-1,A,C,B)
        hanoi(1,A,B,C)
        hanoi(n-1,C,B,A)
```

在交互模式中调用 hanoi 函数以打印出 $n=3$ 时的移动过程：

```
In[42]:hanoi(3,'A','B','C')
A->B
A->C
B->C
A->B
C->A
C->B
A->B
```

可以验证，上面的结果是正确的。请不要轻易尝试 $n=64$ 的情况，否则你可能只有通过'Ctrl＋C'来终止程序运行了。

利用递归过程往往可以将复杂问题简化，大大提高编程的效率，但一定要注意，递归过程并不是一个高效的解决方案，可以用其他方法替代时，尽量避免使用递归。

【例 2-2】 最大子序和问题。一个整数序列，如 $A=[2，-5，4，-2，8，-1]$，找出其中连续子序列的最大和并输出。

解 要找出连续子序列的最大和，显然，任何一个连续子序列的和都有可能成为这个最大值。为了构建所有的连续子序列，先截取前 $i+1$ 个元素即 $A[0]\cdots A[i]$ 作为基序列 D，然后列出所有以 $A[i]$ 为结尾的子序列。假设 A 的长度为 n，分别针对 $i=0\sim n-1$ 列出所有的连续子序列如表 2-4 所示。

表 2-4   序列 A 中所包含的所有连续子序列

行号	基序列 D	以 D 中最后一个元素为结尾的连续子序列
$i=0$	$A[0]$	$A[0]$
$i=1$	$A[0]A[1]$	$A[0]A[1],A[1]$
$i=2$	$A[0]A[1]A[2]$	$A[0]A[1]A[2],A[1]A[2],A[2]$
...		
$i=n-1$	$A[0]A[1]\cdots A[n-1]A[n-1]$	$A[0]A[1]\cdots A[n-1],A[1]\cdots A[n-1],\cdots,A[n-2]A[n-1],A[n-1]$

表 2-4 中包含了所有可能的连续子序列。以 $s(D)$ 表示一行中子序列的最大和，即以 D 中最后一个元素为结尾的子序列的最大和，再比较每一行对应 $s(D)$ 的大小，即 $s(A[0])$、$s(A[0]A[1])$、$\cdots$、$s(A[0]A[1]\cdots A[n-1]A[n-1])$，其中的最大值即为要求的最大子序和。

仔细观察表 2-4 可以发现，任意第 i 行都包括 $i+1$ 个子序列，其前面 i 个子序列都可以通过 $i-1$ 行的子序列在结尾增加 $A[i]$ 得到，最后再补充一个单元素序列 $A[i]$。因此，第 i 行的最大和或者等于上一行的最大和与 $A[i]$ 的加和，或者为 $A[i]$ 本身的值，取二者之中大的即可。于是得到递推公式：$s(D)=\max(s(D[:-1])+D[-1],D[-1])$，当 D 的长度为 1 时，$s(D)=D[0]$。

下面，在 maxSubArray_1 函数中给出了递归算法，在 maxSubArray_2 函数给出动态规划算法，程序如下：

```
def maxSubArray_1(D):
    def s (D):
            if len(D)==1:return D[0]
            else:return max(s(D[:-1])+D[-1],D[-1])
    n=len(D)
    sub=[[]]*n
    for i in range(n):sub[i]=s(D[:i+1])
    return max(sub)
def maxSubArray_2(D):
    n= len(D)
    s= [[]]*n
    s[0]=D[0]
    for i in range(1,len(D)):s[i]=max(s[i-1]+D[i],D[i])
    return max(s)
A= [2,-5,4,-2,8,-1]
print('maxSubArray_1:',maxSubArray_1(A))
print('maxSubArray_2:',maxSubArray_2(A))
```

运行结果为：

```
maxSubArray_1:10
maxSubArray_2:10
```

大家可以自行比较两种算法的效率，可以发现，当 A 序列比较长时，动态规划算法的效率远远高于递归算法。

2.4.4 匿名函数 lambda

除了 def 语句之外，Python 还提供了一种生成函数对象的表达式形式，称为 lambda。这个表达式创建并返回一个函数，但未将这个函数赋值给一个变量名。所以，lambda 常被称为匿名函数，它常常以一种行内进行函数定义的形式使用。

lambda 的一般形式是关键字 lambda 后跟一个或多个参数，后面是一个冒号，之后是一个表达式：

```
lambda argument1,argument2,…,argumentN:expression using arguments
```

例如像下面定义的简单函数 func：

```
In[43]:def func(x,y,z):return x+y+z

In[44]:func(1,2,3)
Out[44]:6
```

完全可以利用 lambda 表达式代替 func，如果需要多次调用，可将 lambda 表达式赋值给一个变量名，然后通过这个变量名调用该函数：

```
In[45]:f=lambda x,y,z:x+y+z

In[46]:f(1,2,3)
Out[46]:6
```

这里 f 被赋值为一个 lambda 表达式创建的函数对象。

默认参数也可以在 lambda 参数中使用：

```
In[47]:f=lambda x,y=2,z=3:x+y+z

In[48]:f(1)
Out[48]:6

In[49]:f(1,4)
Out[49]:8
```

lambda 表达式所返回的函数对象与 def 创建的函数对象一样，但它有特定的用途：

① lambda 是一个表达式，而不是一个语句。因此，lambda 能够出现在 def 不允许出现的地方，比如在一个列表常量中或者函数调用的参数中。此外，作为一个表达式，lambda 返回了一个值，可以选择性地赋值给一个变量名。相反，def 语句总是得在头部将一个新的函数赋值给一个变量名，而不是将这个函数作为结果返回。

② lambda 的主体是一个单独的表达式，而不是一个代码块。其主体简单得就像放在 def 主体的 return 语句中的代码一样。因为它仅限于表达式，lambda 通常要比 def 功能小：你只能在 lambda 主体中封闭有限的逻辑，连 if 这样的语句都不能使用（但 if/else 三元表达式是可以的）。lambda 是一个为编写简单的函数而设计的，而 def 用来处理更大的任务。

lambda 起到了一种函数速写的作用，允许在使用的代码内嵌入一个函数的定义。它是可选的，你总是可以使用 def 来替代它们，但当函数很简单时，lambda 更为简洁。

2.4.5 函数的其他主题

(1) 函数作为参数传递

在 Python 中函数就是一个对象，它可以像数字或字符串一样传递给其他函数作为参数，只需要将函数名写到参数位置即可，例如：

```
def f1(x):return x**2+1

def f2(x):return x**3-1

def f(fun,x):print(fun(x))

a=1
print(f'f1({a})=',end='')
f(f1,a)
print(f'f2({a})=',end='')
f(f2,a)
```

运行结果为：

```
f1(1)=2
f2(1)=0
```

上面的代码中定义了两个多项式函数 f1 和 f2，然后定义 f 函数用于打印 fun（x）的结果，其第一个参数为函数名。在主程序中两次调用 f 函数，分别为 fun 传递 f1 和 f2，从而打印 f1（a）与 f2（a）的值。

(2) 调用文件中的函数

函数主要是为了可以重复使用，我们可能编写了一个函数将它存到一个文件中，当我们需要再次使用该函数时，并不需要将它拷贝到新的程序中（虽然也可以这样做），只需要在新程序中导入它即可。比如我们编写了一个函数计算圆的面积，在主程序中调用该函数以打印半径为 1 的圆的面积：

```
import math
def area(r):
    return math.pi*r*r
print('Area of circle with r=1:',area(1))
```

运行结果为：

```
Area of circle with r=1:3.141592653589793
```

将该程序存到文件 calc_circle_area.py 文件中。然后建立 test.py 文件，在其中调用 calc_circle_area.py 文件中的 area 函数计算半径为 2 的圆的面积，首先要导入文件：

```
import calc_circle_area as cca
```

由于文件名较长，给它重命名为 cca。注意到文件名后缀'.py'是不包括在内的。然后用'.'运算符调用其函数：

```
a=cca.area(2)
print(f'Area of circle with r=2:{a}')
```

运行结果为：

```
Area of circle with r=1:3.141592653589793
Area of circle with r=2:12.566370614359172
```

可以看到，虽然它正确输出了"r=2"的圆的面积，但却多了一行。这是因为程序运行 import 语句时，会将导入文件运行一遍。这不是我们想要看到的，我们只想导入文件中的函数，并不希望它运行文件中的代码。为了避免这种情况，需要将 calc_circle_area.py 文件稍做修改，将其主程序代码包在 if 语句中：

```
import math
def area(r):
    return math.pi*r*r
if __name__=='__main__':
    print('Area of circle with r=1:',area(1))
```

其中 if __name__=='__main__'的含义是：当程序以主程序运行时，则执行下面的语句。这样，当你打开 calc_circle_area.py 文件运行时，它能正常输出 r=1 的圆的面积；当它被其他文件 import 时，if 语句中的代码将不再执行。重新运行 test.py 文件，输出结果为：

```
Reloaded modules:calc_circle_area
Area of circle with r=2:12.566370614359172
```

也可以使用 from/import 语句直接导入 area 函数，此时 test. py 代码为：

```
from calc_circle_area import area
a=area(2)
print(f'Area of circle with r=2:{a}')
```

当 calc_circle_area. py 文件与 test. py 文件在同一文件夹中，上面的操作是没有问题的，因为当前工作目录在 Python 的默认搜索路径中。要查看默认搜索路径可以使用下面的代码：

```
In[1]:import sys
In[2]:sys.path
Out[2]:
['C:\ProgramData\Anaconda3\python38. zip',
 'C:\ProgramData\Anaconda3\DLLs',
 'C:\ProgramData\Anaconda3\lib',
 'C:\ProgramData\Anaconda3',
 '',
 'C:\ProgramData\Anaconda3\lib\site-packages',
 ……
```

其中的空字符串即表示当前工作目录。

通常将自编的一些工具函数打包到一个文件夹中，比如建立一个文件夹 mytools，并将 calc_circle_area. py 文件拷贝进去。这时要导入的函数文件并不在当前工作目录，要让 Python 找到它有很多种方法，一种比较简单的方法是将 mytools 文件夹存到一个默认搜索路径当中，比如'...\ Anaconda3 \ lib'文件夹下面，这时导入函数时需要指定子文件夹 mytools 和文件名，文件夹与文件名之间仍然采用'.'运算符（注意不是'\ '），test. py 文件代码如下：

```
import mytools.calc_circle_area as cca
a=cca.area(2)
print(f'Area of circle with r=2:{a}')
```

运行结果为：

```
Area of circle with r=2:12.566370614359172
```

（3）函数的帮助信息

通常我们编写的函数比较复杂，可能包含多种参数，当我们再次使用它时，可能已经忘了这个函数是怎么实现的，以及若干参数的含义。因此，在编写函数时保存必要的帮助信息是一个好习惯。

在 Python 中通常将帮助信息包装在函数定义行下面的三引号中，帮助信息中应包括函数功能、各参数的数据类型及含义、返回值说明等等。例如对于 calc_circle_area. py 文件，在 spyder 中打开该文件，当我们在定义行下面键入三引号并回车时，它会自动为你填充帮助信息模板：

```
import math
def area(r):
```

```
    """
    Parameters
    ----------
    r:TYPE
        DESCRIPTION.

    Returns
    -------
    TYPE
        DESCRIPTION.

    """
    return math.pi*r*r
if __name__=='__main__':
    print('Area of circle with r=1:',area(1))
```

可以看到，帮助信息中已经包括了参数及返回值，你只需要填入具体的说明即可。通常函数的帮助信息都应该包括这些内容，但由于 area 函数极其简单，我们只在三引号中输入一句话即可：

```
import math
def area(r):
    """
    返回半径为 r 的圆的面积
    """
    return math.pi*r*r
if __name__=='__main__':
    print('Area of circle with r=1:',area(1))
```

仍然保存文件在 mytools 文件夹下，回到 test.py 文件中，在交互模式下利用 help 打开 area 函数的帮助信息：

```
In[4]:help(cca.area)
Help on function area in module mytools.calc_circle_area:

area(r)
    返回半径为 r 的圆的面积
```

通过保留帮助信息，我们自编的函数也可以像库函数一样，随时查看其"使用说明"，易于重复使用。避免再次用到时，还要费力地搞清其逻辑过程及实现细节。

2.5 异常处理

当 Python 程序运行中遇到无法处理的问题就会引发异常，如果异常没有得到处理，Python 会启动默认的异常处理行为：停止程序，打印错误信息。

对于编写计算程序而言，出现异常是再正常不过的事，尤其是在程序调试阶段，我们会一次次地运行程序，让错误出现，然后根据错误信息修改代码，直到程序给出正确的结果。但对于应用软件而言，就是另一回事了，比如你在玩游戏，程序突然退出，这样的用户体验就太糟糕了。因此，稍微了解一下 Python 中的异常处理，有助于编写更加友好的程序。

spyder 会自动分析代码并给出警告或错误信息，相关示例请扫码阅读。

spyder 错误提示

2.5.1 默认异常处理器

在程序中键入如下代码：

```
import math
def seek_sqrt(x):
    return math.sqrt(x)
L=[5,'abc']
for x in L:print(seek_sqrt(x))
```

运行结果为：

```
2.23606797749979
Traceback(most recent call last):
  File "C:\Users\apple\untitled0.py",line 14,in<module>
    for x in L:print(seek_sqrt(x))
  File "C:\Users\apple\untitled0.py",line 11,in seek_sqrt
    return math.sqrt(x)
TypeError:must be real number,not str
```

在主程序中，对 L 中的每个元素，调用 seek_sqrt 函数计算其平方根，然后打印输出。由于 L[0] 是一个整数，程序输出了其平方根，但 L[1] 是一个字符串，它无法求平方根，因此抛出了 TypeError 异常。该异常是发生在函数内，由于没有对它进行处理，异常会回溯至程序顶层，启用默认的异常处理器：打印标准出错信息，然后终止程序。如果你不接受这种默认的异常处理方式，那么就应该捕捉异常并做处理。

2.5.2 try 语句捕捉异常

将可能发生异常的语句打包在 try 语句的代码块中进行"试"运行，那么一旦发生异常，异常可由 try 语句捕捉，然后根据情况进行处理。try 语句格式为：

```
try:
    statements1
except name:
    statements2
except:
    statements3
else:
    statements4
finally:
    statements5
```

其中，statements1 为主要的程序代码，它可能会引发异常；except 子句可以对异常做出处理，statements2 是指当异常 name 出现时要执行的动作。except 子句可以有多行，分别针对不同的异常给出不同的处理方式，也可以将多个异常以元组形式写在 name 的位置而进行统一处理；except 后面为空，表示对上面 except（如果有的话）列出异常之外的所有异常都进行 statements3 的处理；else 子句是指当 statements1 没有发生异常时要执行 statements4；finally 子句指无论 statements 是否发生异常都要执行 statements5。

　　try 语句中包含多种不同的子句，如果它们同时出现，必须按照 try-except-else-finally 的顺序出现，但这些子句是可选的，它们很少同时出现，比较常见的形式是 try/except/else 或 try/finally。

　　对于上面的例子，可以利用 try 语句捕捉 TypeError 异常，利用 except 子句做出处理，然后程序就可以从错误中恢复：

```
import math
def seek_sqrt(x):
    return math.sqrt(x)
L=[5,'abc']
try:
    for x in L:print(seek_sqrt(x))
except TypeError:
    print('Type Error occured')
print('continuing')
```

　　运行结果为：

```
2.23606797749979
Type Error occured
continuing
```

　　由于在 except 语句中对异常进行了处理（打印异常信息），程序就从异常中恢复，继续执行 try 语句块后面的代码，打印了 continuing。

　　finally 子句用于指定无论异常是否发生，都一定要执行的清理动作（比如关闭文件等）。它经常以 try/finally 的形式出现，但要注意一点：finally 并未对异常做出处理。也就是说，一旦 try 语句块发生异常，则执行完 finally 子句中的代码后，异常仍然会回溯至程序顶层，调用默认异常处理器，终止程序，try 语句后面的代码将不会执行。如果 try 语句块未发生异常，则执行完 finally 子句代码后，程序会继续运行后续的代码。比如：

```
import math
def seek_sqrt(x):
    return math.sqrt(x)
L=[5,'abc']
print('first time')
try:
    print(seek_sqrt(L[0]))
finally:
    print('finally run')
print('continuing')

print('second time')
try:
    print(seek_sqrt(L[1]))
finally:
```

```
    print('finally run')
print('continuing')
```

运行结果为：

```
first time
2.23606797749979
finally run
continuing
second time
finally run
Traceback(most recent call last):
  File "C:\Users\apple\untitled0.py",line 23,in<module>
    print(seek_sqrt(L[1]))
  File "C:\Users\apple\untitled0.py",line 11,in seek_sqrt
    return math.sqrt(x)
TypeError:must be real number,not str
```

第一次调用函数未发生异常，因此执行 finally 后，继续运行后面的代码，打印 continuing。但第二次调用函数发生了异常，先执行 finally 后，抛出异常，终止程序。

2.5.3　with/as 环境管理协议

with/as（其中 as 子句可选）通常作为 try/finally 模式的一个替代方案，它用于支持环境管理协议的对象，比如文件对象。因此将打开文件的操作包含在 with 语句块中：

```
with open(filename)as myfile:
    for line in myfile:print(line)
    ……
```

这里调用 open 打开 filename 会返回一个文件对象，赋值给变量名 myfile，然后可以利用一般的文件工具对其进行操作，比如利用文件迭代器逐行读取。在 with 语句执行后，环境管理机制会保证 myfile 所引用的文件对象会自动关闭，即使在 for 循环中引发了异常也仍然会关闭文件。关于环境管理协议更详细的内容请参考帮助文档。

另外，raise 语句用于显式地触发异常；assert 语句用于断言后面的条件测试为真，一旦为假则抛出 AssertionError 异常。

2.6　常用模块简介

对于模块我们并不陌生，如前面介绍过的 math、random 等模块，其实在 Python 中，每一个文件即是模块。要导入一个模块通常有两种方式：

```
import module as othername
from module import variable
```

前一种方式导入整个模块 module，并将其赋值给 othername（可以理解为，给模块一个别名），其中 as 是可选的。后一种方式从模块 module 中导入变量名 variable（属性或方法）。

2.6.1 numpy 模块

numpy 是用于科学计算的工具包，它提供了多维数组对象、矩阵对象及各种快速操作的方法。numpy 模块的核心是多维数组对象或称 numpy 数组（ndarray），它是包含同类型数据的数组，特别适合于操作大量数据。因而 numpy 已成为多种数据科学工具包如 scipy、pandas、scikit-learn、pytorch、tensorflow 等的基础包。

（1）numpy 数组的创建

要使用 numpy 模块，先导入：

```
In[1]:import numpy as np
```

导入 numpy 模块并赋值给变量名 np，这是广泛采用的方式。

要创建 numpy 数组，最基本的方法是利用 array 方法，并将 Python 列表或元组作为参数传递进去：

```
In[2]:a=np.array([1,2,3])
In[3]:type(a)
Out[3]:numpy.ndarray
In[4]:a
Out[4]:array([1,2,3])
```

注意，array 最多只接受两个位置参数，因此，下面的赋值方法将引发异常：

```
In[8]:b=np.array(1,2,3)
Traceback(most recent call last):
  File "<ipython-input-8-4fcd644c723c>",line 1,in<module>
    b=np.array(1,2,3)
TypeError:array()takes from 1 to 2 positional arguments but 3 were given
```

创建 numpy 数组的时候可以显式指定其数据类型，通过第二个参数以位置参数或关键字参数指定：

```
In[9]:b=np.array([[1,2,3],[4,5,6]],dtype=float)
In[10]:b
Out[10]:
array([[1.,2.,3.],
       [4.,5.,6.]])
```

其中 float 等价于 float64，为 64 位双精度浮点数。

numpy 数组具有多种属性，如 ndim 是数组的维度；shape 是元组表示的各维长度，（m，n）即 m 行 n 列；size 是数组中所有元素的数目；dtype 是数据类型等：

```
In[11]:b.ndim
Out[11]:2
In[12]:b.shape
```

```
Out[12]:(2,3)
In[13]:b.size
Out[13]:6
In[14]:b.dtype
Out[14]:dtype('float64')
```

函数 zeros、ones、empty 创建指定形状的全 0 数组、全 1 数组、空数组，其中 empty 不进行初始化，其中的值是随机的，取决于内存状态。利用这三个函数创建 numpy 数组时，默认数据类型为 float64：

```
In[17]:np.zeros((2,3))
Out[17]:
array([[0.,0.,0.],
       [0.,0.,0.]])
In[18]:np.ones((2,3),dtype=int)
Out[18]:
array([[1,1,1],
       [1,1,1]])
In[19]:np.empty((2,4),dtype=int)
Out[19]:
array([[37552262,        0,126636832,        0],
       [       5,       40,        5,       75]])
```

另外，函数 zeros_like、ones_like、empty_like 用于按指定数组的形状及类型产生全 0 数组、全 1 数组、空数组：

```
In[21]:np.zeros_like(a)
Out[21]:array([0,0,0])
In[22]:np.ones_like(b)
Out[22]:
array([[1.,1.,1.],
       [1.,1.,1.]])
```

函数 arange 用于产生序列，与 Python 中的 range 相似，但 arange 可用于浮点数：

```
In[23]:np.arange(0,2,0.3)
Out[23]:array([0.,0.3,0.6,0.9,1.2,1.5,1.8])
```

函数 linspace 用于产生指定数目的序列，参数 num 用于指定数据个数，endpoint 指定是否包括右边界（默认值为 True）：

```
In[25]:np.linspace(0,2,num=6,endpoint=True)
Out[25]:array([0.,0.4,0.8,1.2,1.6,2.])
```

（2）numpy 数组基本运算

两个 numpy 数组之间的算术运算都是按对应元素之间的运算来进行的：

```
In[27]:a=np.array([1,2,3])

In[28]:b=np.array([4,5,6])

In[29]:a+b
Out[29]:array([5,7,9])

In[30]:a*b
Out[30]:array([4,10,18])

In[31]:a**b
Out[31]:array([1,32,729],dtype=int32)
```

这种按元素对应位置进行计算的方法，原则上要求两个数组形状完全相同。当两个数组形状不同时，numpy提出了广播机制：对形状不同的两个对象，只要二者相容，就可以通过广播机制进行"拉伸"，使二者扩张为相同形状，然后进行计算。所谓两个数组相容是指：两个数组在任一维度上的长度或者相同，或者有一个长度为1。然后对于长度为1的维度拉伸至与另一数组该维度长度相等。

按照广播机制，标量可以与任何形状的数组进行算术运算，因为标量可视为在任一维度上长度为1，只需要将它扩张为与另一数组形状相同的数组即可（该数组中每一个值都等于标量值）：

```
In[33]:a+5
Out[33]:array([6,7,8])

In[34]:a*3
Out[34]:array([3,6,9])

In[35]:a**2
Out[35]:array([1,4,9],dtype=int32)
```

形状为（m，n）的二维数组与形状为（n，）的一维数组相容，其结果形状为（m，n）：

```
In[36]:c=np.array([[1,2,3],[4,5,6]])

In[37]:c+a
Out[37]:
array([[2,4,6],
       [5,7,9]])
```

因为一维数组a可视为形状（1，3），c的形状为（2，3），则将a的行数进行拉伸成为（2，3）的数组与c进行相加。

形状为（m，1）的二维数组与形状为（n，）的一维数组相容，结果为（m，n）的数组：

```
In[38]:d=np.array([[1],[2]])

In[39]:a*d
Out[39]:
array([[1,2,3],
       [2,4,6]])
```

总之，如果两个数组维度不同，则小的数组先在缺少的维度上补充1，然后从右向左比较每个维度上的长度，只要相同或有一个为1，二者就是相容的。当数组维度较大时也是如此，例如：

  4 维数组 A，形状为：3，1，4，1；

  3 维数组 B，形状为：2，1，5；

  A 与 B 相容，其结果形状为（3，2，4，5）。

如果要进行矩阵相乘（矩阵内积）而非对应元素相乘，可以使用" @ " 符号或 dot 方法：

```
In[40]:a=np.array([[1,2],[3,4]])
In[41]:b=np.array([[5,6],[7,8]])
In[42]:a*b
Out[42]:
array([[5,12],
       [21,32]])
In[43]:a@b
Out[43]:
array([[19,22],
       [43,50]])
In[44]:np.dot(a,b)
Out[44]:
array([[19,22],
       [43,50]])
```

numpy 中提供了许多一元操作，例如求数组所有元素的和、最小值、最大值等：

```
In[45]:a.sum()
Out[45]:10
In[46]:a.min()
Out[46]:1
In[47]:a.max()
Out[47]:4
```

还可以指定轴（axis）参数来按行或按列进行操作：

```
In[48]:a.sum(axis=0)
Out[48]:array([4,6])
In[49]:a.sum(axis=1)
Out[49]:array([3,7])
In[50]:a.min(axis=0)
Out[50]:array([1,2])
In[51]:a.max(axis=1)
Out[51]:array([2,4])
```

函数 argmin 和 argmax 求最小值及最大值对应的索引：

```
In[52]:a.argmin()
Out[52]:0
In[53]:a.argmax(axis=0)
Out[53]:array([1,1],dtype=int64)
```

（3）通用函数（universal function）

numpy 中提供了大量的数学函数，如 sqrt、exp、sin 等，它们被称为通用函数（ufunc），对数组中每个元素执行函数运算，返回数组：

```
In[56]:np.sqrt(a)
Out[56]:
array([[1.        ,1.41421356],
       [1.73205081,2.        ]])
In[57]:np.sin(a)
Out[57]:
array([[0.84147098,0.90929743],
       [0.14112001,-0.7568025]])
In[58]:np.exp(a)
Out[58]:
array([[2.71828183,  7.3890561],
       [20.08553692,54.59815003]])
```

（4）索引与切片

对一维 numpy 数组，可以像 Python 列表一样使用索引和切片：

```
In[65]:a=np.arange(10)
In[66]:a
Out[66]:array([0,1,2,3,4,5,6,7,8,9])
In[67]:a[-1]
Out[67]:9
In[68]:a[2:5]
Out[68]:array([2,3,4])
```

对多维 numpy 数组，可以分别在每一维度上索引，以元组形式进行多个维度的索引：

```
In[69]:b=np.array([[1,2,3,4],[5,6,7,8],[9,10,11,12]])
In[70]:b
Out[70]:
array([[1,2,3,4],
       [5,6,7,8],
       [9,10,11,12]])
In[71]:b[1:3,1:4]
Out[71]:
array([[6,7,8],
       [10,11,12]])
```

如果索引数目小于维度数目，则缺失的索引视为完整切片：

```
In[72]:b[-1]
Out[72]:array([9,10,11,12])
In[73]:b[:,-1]
Out[73]:array([4,8,12])
```

（5）形状调控

利用 reshape 函数可以改变 numpy 数组的形状，如果某一维度的长度为 -1，则该维度的长度利用其他维度推算：

```
In[75]:a
Out[75]:array([0,1,2,3,4,5,6,7,8,9,10,11])

In[76]:a. reshape(3,4)
Out[76]:
array([[0,1,2,3],
       [4,5,6,7],
       [8,9,10,11]])

In[77]:a. reshape(4,-1)
Out[77]:
array([[0,1,2],
       [3,4,5],
       [6,7,8],
       [9,10,11]])
```

函数 hstack 用于数组的水平堆叠，vstack 用于数组的垂直堆叠：

```
In[78]:a=np. array([[1,2],[3,4]])

In[79]:b=np. array([[5,6],[7,8]])

In[80]:np. hstack((a,b))
Out[80]:
array([[1,2,5,6],
       [3,4,7,8]])

In[81]:np. vstack((a,b))
Out[81]:
array([[1,2],
       [3,4],
       [5,6],
       [7,8]])
```

当用于大于二维的 numpy 数组时，vstack 沿第一维度堆叠，hstack 沿第二维度堆叠。

（6）矩阵运算

numpy 模块提供了大量与矩阵相关的运算，如 transpose（或 .T）用于矩阵转置：

```
In[95]:a
Out[95]:
array([[1,2],
       [3,4]])

In[96]:a. transpose()
Out[96]:
array([[1,3],
       [2,4]])

In[97]:a. T
Out[97]:
```

```
array([[1,3],
       [2,4]])
```

linalg 子模块中 inv 方法用于求逆矩阵、matrix_rank 用于求矩阵的秩、det 用于求行列式值、eig 用于求特征值及特征向量：

```
In[98]:np.linalg.inv(a)
Out[98]:
array([[-2. , 1. ],
       [1.5,-0.5]])

In[99]:np.linalg.matrix_rank(a)
Out[99]:2

In[100]:np.linalg.det(a)
Out[100]:-2.0000000000000004

In[101]:np.linalg.eig(a)
Out[101]:
(array([-0.37228132, 5.37228132]),
 array([[-0.82456484,-0.41597356],
        [0.56576746,-0.90937671]]))
```

2.6.2 scipy 模块

scipy 是集成了大量科学计算方法的开源模块，它用子模块的形式来组织，这些子模块涵括了不同科学计算领域的内容，主要子模块如表 2-5 所示。

表 2-5 scipy 主要子模块

子模块名称	相关领域	子模块名称	相关领域
constants	物理和数学常数	optimize	优化及方程求根
fftpack	快速傅里叶变换	signal	信号处理
integrate	积分与常微分方程求解	sparse	稀疏矩阵及相关程序
interpolate	插值与样条平滑	special	特殊函数
linalg	线性代数	stats	统计分布及函数
ndimage	N 维图像处理		

由于 scipy 内容繁杂，包罗万象，这里不作具体介绍。在后续内容中，我们会经常调用 scipy 模块中的方法来求解问题，到时候再结合具体问题介绍。

2.6.3 matplotlib 模块

matplotlib 是一个开源绘图模块，其 pyplot 子模块提供了许多绘图函数，可以像 Matlab 那样实现绘图工作。

在 matplotlib.pyplot 模块中，plot 函数用于绘制曲线图，比如绘制 $\sin(x)$ 和 $\cos(x)$ 的曲线，可以采用下面的代码：

```
import numpy as np
import matplotlib.pyplot as plt

x=np.linspace(0,2*np.pi,num=500)
y1=np.sin(x)
y2=np.cos(x)

plt.plot(x,y1,'r-',x,y2,'b--')
plt.axis([0,7,-1,1])
plt.xlabel('x')
plt.ylabel('y')
plt.legend(['y=sin(x)','y=cos(x)'])
plt.show()
```

输出图形如图 2-2 所示。

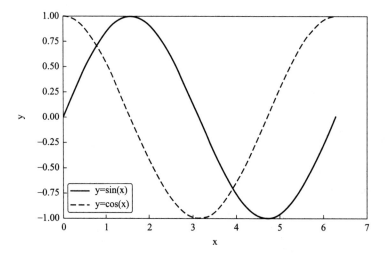

图 2-2　利用 matplotlib. pyplot 模块中 plot 函数绘制 sin（x）和 cos（x）曲线

在 plot 函数的参数列表中，除了给出绘图数据以外，字符串用于设置曲线特征，包括颜色、标记符和线型，它们都是可选的。'r-'表示红色实线，'b--'表示蓝色虚线。部分常用的标记、颜色及线型如表 2-6 所示。函数 axis 以［xmin，xmax，ymin，ymax］形式设置 x 轴与 y 轴的区间；xlabel 和 ylabel 方法用于设置 x 轴与 y 轴的名称；legend 方法设置图标；show 方法让图形显示出来。

表 2-6　Matplotlib. pyplot. plot 绘图格式字符串

标记		颜色		线型	
字符串	标记符	字符串	颜色	字符串	线型
'.'	•	'b'	蓝色	'-'	实线
'o'	●	'g'	绿色	'--'	虚线
'v'	▼	'r'	红色	'-.'	点划线
'^'	▲	'c'	青色	':'	点线

续表

标记		颜色		线型	
字符串	标记符	字符串	颜色	字符串	线型
'<'	◀	'm'	洋红色		
'>'	▶	'y'	黄色		
's'	■	'k'	黑色		
'p'	⬟	'w'	白色		
'*'	★				
'h'	⬡				
'H'	⬢				
'+'	＋				
'x'	✕				
'D'	◆				
'd'	◆				

另外，在 matplotlib. pyplot 模块中还有 scatter 方法用于绘制散点图、bar 方法用于绘制条形图、hist 方法绘制直方图、pie 方法绘制饼图等等，需要的读者请参考帮助文档。

 习题

2.1 创建一个变量 x，为其赋值为 2.6，仅利用内置函数，将 x 四舍五入的结果赋值给 y，将 x 截断的结果赋值给 z，输出 x、y、z 的值。

2.2 创建变量 x、y、z，并分别赋值 3.14、2.5、1，将它们在一行内输出且全部保留小数点后 6 位数字。

2.3 输出 22～35（包括边界）之间的所有整数。

2.4 降序输出 1～10 之间的数字，全部输出在一行上。

2.5 利用循环计算 3～33 之间所有数字的和，然后计算其平均值，将平均值输出。

2.6 下面的代码是将一个序列中所有小于零的值删除：

```
def remove_neg(n_list):
    for item in n_list:
        if item< 0:n_list. remove(item)
```

但在执行 remove_neg([1,4,−3,5,−8,−7,9])，得到的结果为 [1,4,5,−7,9]，没有达到目的。 修改代码使其将序列中所有小于零的值删除。 注：由于 for 循环会遍历列表中的每个元素，当遇到负值时（比如位置 2 上的−3）就将其删除，并将它后面的值依次向前移动一个位置，所以原来处于位置 3 的 5 会移动到位置 2 上，然后函数会跳过位置 2 上的 5，继续检查后面的元素。 当有两个负值挨在一起，比如（−8 和−7），第二个就不会被删除。

2.7 建立一个列表 temps_F,赋值为一系列华氏温度 $[53,78,45,98,65,82]$,建立一个函数将华氏温度转变为摄氏温度(摄氏温度＝(华氏温度－32)÷1.8),并将摄氏温度存到列表 temps_C 中,最后建立 low_temps 和 high_temps 两个列表,分别储存 temps_C 中大于和小于 20 的温度值,最后打印输出 temps_C、low_temps、high_temps。

2.8 调用 math 模块中的 sqrt 函数,利用循环将列表 $L=[3,5,-2,6,8,-4,7]$ 中的正值求平方根,负值则不变,将结果存到列表 L1 中,最后打印输出 L1。

2.9 利用 random 模块产生 10 个介于 $1\sim10$ 之间的随机整数存入列表 L 中,输出 L,然后打印出 L 中出现 2 次及 2 次以上的整数。

2.10 建立两个列表 L1 和 L2,其中每个列表都存放 10 个介于 $1\sim6$ 之间的随机数,输出两个列表,然后比较两个列表,如果某一个数在 L1 和 L2 中出现的次数相同,则输出该数值及其出现次数。

2.11 给定一个 DNA 序列,比如'ATTCGGGCCCAAT',求其互补序列,即将其中的'A'转变为'T'、'T'转变为'A'、'G'转变为'C'、'C'转变为'G',最后输出原序列及互补序列。

2.12 利用 numpy 模块求解如下线性方程组:

$$\begin{cases} 3x+y+2z & = & 11 \\ x+4y+3z & = & 18 \\ 2x+3y+5z & = & 23 \end{cases}$$

微信扫码，立即获取
课后习题详解

第三章

方程(组)的求解

许多工程问题的计算最后归结为解方程或方程组，有时一个非线性方程或方程组的求解也会成为非常棘手的数值计算问题，本章介绍利用 Python 对非线性方程求根、线性及非线性方程组求解的问题。

3.1 非线性代数方程的求根

设 $f(x)$ 是一个实变量的实值函数，任何满足 $f(x)=0$ 的实数 x 称为方程的根或者 f 的零点。当 $f(x)$ 比较复杂时，比如下列函数：

$$f(x)=3.24x^3-2.42x^7+10.37x^6+11.01x^2+47.98 \tag{3-1}$$

$$g(x)=2^{x^2}-10x+1 \tag{3-2}$$

$$h(x)=\cosh(\sqrt{x^2+1}-\mathrm{e}^x)+\log|\sin x| \tag{3-3}$$

怎样求出它们的零点呢？需要一个与给定函数的特定性质无关的数值计算方法。求函数零点的方法有很多，本节介绍二分法、迭代法、牛顿法和弦截法（割线法）。

3.1.1 二分法

设 f 是一个连续函数，假设存在一个区间 $[a,b]$，f 在区间的两端点处的值符号相反，即 $f(a)f(b)<0$。于是，f 在区间 $[a,b]$ 有一个根，这可由函数的中值定理得到。

中值定理：如果函数 f 在闭区间 $[a,b]$ 上连续，且 $f(a)\leqslant y\leqslant f(b)$ 或 $f(b)\leqslant y\leqslant f(a)$，则存在一点 c，使得 $a\leqslant c\leqslant b$，而 $f(c)=y$。

二分法利用了连续函数的上述性质，在这个算法的第一步，有一个区间 $[a,b]$ 和值 $u=f(a)$、$v=f(b)$，满足 $uv<0$。接下来，构造区间的中点 $c=(a+b)/2$ 并计算 $w=f(c)$，可能碰巧 $f(c)=0$，如果是这样，则算法的任务完成了。通常情况下 $w\neq0$，则或者 $wu<0$，或者 $wv<0$，如果 $wu<0$，则可断定在区间 $[a,c]$ 中存在 f 的一个根，因而将 c 的值存储到 b 中，将 w 的值存储到 v 中。反之，如果 $wv<0$，则 f 在区间 $[c,b]$ 中有一个根，因而将 c 的值存储到 a 中，将 w 的值存储到 u 中。无论哪种情况，这一步结束时，又处于这一步开始时的状况，只不过区间已变成开始区间的一半，这一步可以重复进行，直到区间达到需要的那么小，比如 $|b-a|<1\times10^{-9}$。结束时，根的最佳估计是 $(a+b)/2$。

在程序运行过程中，中点处函数值 $w=0$ 的概率是极低的，为此增加一个判断语句是不值得的。其实对任意区间 $[a, b]$，只要 $uv \leqslant 0$ 即可保证区间中包含零点（零点可以处于边界）。二分法程序流程图如图 3-1 所示。

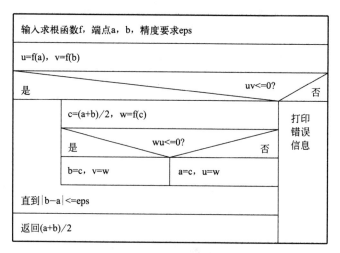

图 3-1 二分法程序流程

建立 bisection. py 文件，在其中键入二分法程序：

```
def bisect(f,a,b,eps=1e-9,args=()):
    u,v=f(a,*args),f(b,*args)
    if u*v<=0:
        while abs(a-b)>eps:
            c=(a+b)/2
            w=f(c,*args)
            if w*u<=0:b,v=c,w
            else:a,u=c,w
        return(a+b)/2
    else:
        print(f'The function values at{a}and{b}have the same sign')
```

其中输入参数 f 用于指定求根函数名；a、b 为左右边界；eps 为精度要求，其默认值为 1e-9；args 用于收集额外需要传递给 f 的参数，默认值为空元组。

【例 3-1】用二分法求解 $f(x) = x^3 - 3x + 1$ 在区间 $[0, 1]$ 上的零点。

解 编制主程序及函数如下：

```
def f(x):return x*(x*x-3)+1

if __name__=="__main__":
    a,b=0,1
    eps=1e- 9
    res=bisect(f,a,b,eps)
    print("The result is:",res)
```

运行结果为：

```
The result is:0.34729635575786233
```

【例 3-2】 利用二分法求式（3-3）在区间 $[0, 1]$ 上的零点。

解 分析式（3-3），即 $h(x) = \cosh(\sqrt{x^2 + 1} - e^x) + \log|\sin x|$，该式在 0 点没有定义，计算会发生溢出，此时可以选择一个很小的值作为左边界，如 10^{-10}，编写主程序及函数如下：

```
import numpy as np
from bisection import bisect
def h(x):return np.cosh(np.sqrt(x*x+1)-np.exp(x))+np.log10(np.abs(np.sin(x)))
a,b=1e-10,1
x=bisect(h,a,b)
print(f"The result is{x}")
```

运行结果为：

```
The result is 0.09903406221116004
```

【例 3-3】 已知苯和甲苯的正常沸点分别为 353.3K 和 383.8K，试估算含苯量 $x_{苯} = 0.508$（摩尔分数）的苯-甲苯二组分理想溶液的正常沸点。

解 由于苯-甲苯混合液为理想溶液，服从拉乌尔定律，以 p_i 表示二组分气液平衡体系中组分 i 的蒸气分压，则有

$$p_i = p_i^0 x_i$$

p_i^0 为组分 i 的纯组分饱和蒸气压，其值可按安托万方程计算：

$$\ln p^0 = A - \frac{B}{T + C}$$

式中，p^0 的单位为 Pa，由化学工程手册查得苯和甲苯的安托万方程常数 A、B、C 如表 3-1 所示。

表 3-1 苯与甲苯的安托万方程常数

	A	B	C
苯	20.7936	2788.51	-52.36
甲苯	20.9065	3096.52	-53.67

则体系的总压 p 为：

$$p = \sum_{i=1}^{n} p_i$$

这类问题通常用试差法求解，先假设一个温度 T，计算出 $p_i^0 \rightarrow p_i \rightarrow p$。若 $p = 101325\text{Pa}$，则该 T 即为该两组分混合液的正常沸点，否则重新假设 T，如此反复。其实该问题可以转化为求如下方程的根：

$$\sum_{i=1}^{n} \left[x_i \exp\left(A_i - \frac{B_i}{T + C_i} \right) \right] - 101325 = 0$$

因此可以利用二分法求解，又已知二组分理想溶液的沸点在两个纯物质沸点之间，则以纯物质的沸点作为区间端点，编写主程序与函数如下：

```
import numpy as np
from bisection import bisect

def fun(T,a,b,c,x):
    value=-101325
    for a_,b_,c_,x_ in zip(a,b,c,x):value+=x_*np.exp(a_-b_/(T+c_))
    return value
a=[20.7936,20.9065]
b=[2788.51,3096.52]
c=[-52.36,-53.67]
x=[0.508,0.492]

left,right=353.3,383.8
T=bisect(fun,left,right,args=(a,b,c,x))
print(f"The bubble point is{T}K")
```

运行结果为：

```
The bubble point is 365.0310756017032 K
```

二分法是很保险的一种方法，但其最大的缺点是收敛速度较慢。

3.1.2　迭代法

迭代法是一种重要的逐次逼近的方法，这种方法用某个固定公式反复校正根的近似值，使之逐步精确化。

一般可以有多种方法将方程式 $f(x)=0$ 转化为 $x=g(x)$ 的形式。假设 x_0 是方程的根的初始近似值，则利用 $x=g(x)$ 可求得一个新的近似值 x_1，即：

$$x_1=g(x_0) \tag{3-4}$$

如此循环，迭代公式为：

$$x_{k+1}=g(x_k) \tag{3-5}$$

得一数列 x_0，x_1，$\cdots$，x_n，如果此数列有极限，则称迭代公式是收敛的。设其极限为 s：

$$\lim_{n \to \infty} x_n = s \tag{3-6}$$

那么 s 就是方程的根，满足 $s=g(s)$，$f(s)=0$。

在利用迭代法求解非线性方程时，迭代过程收敛与否和迭代格式的构造是密切相关的，例如对：

$$f(x)=x^3-x-1=0$$

其解为 $x^*=1.32472$。可以构造两种迭代格式：

① $x_{k+1}=x_k^3-1$　　　　　② $x_{k+1}=(x_k+1)^{1/3}$

设 $x_0=1.5$，分别迭代可得：

$x_1=2.375$　　　　　　　　$x_1=1.3572$

$x_2=12.40$　　　　　　　　$x_2=1.3309$

$x_3=1904.0$　　　　　　　$x_3=1.3259$

显然第一种格式发散，第二种格式收敛。那么怎么鉴别一种迭代格式是否收敛呢？对于迭代格式：

$$x_{k+1} = g(x_k) \tag{3-7}$$

设 x^* 是 $x = g(x)$ 的根，则：

$$x^* = g(x^*) \tag{3-8}$$

式(3-8) 减去式(3-7) 得到：

$$x^* - x_{k+1} = g(x^*) - g(x_k) \tag{3-9}$$

按照微分中值定理，如果 $f(x)$ 在 $[a, b]$ 上是连续的，在开区间 (a, b) 存在有限导数 $f'(x)$，则在 a, b 之间至少存在一点 c，使得：

$$f'(c) = \frac{f(b) - f(a)}{b - a} \tag{3-10}$$

根据微分中值定理可得：

$$g(x^*) - g(x_k) = g'(\xi)(x^* - x_k), \ \xi \in (x^*, x_k) \tag{3-11}$$

将式(3-11) 代入式(3-9) 则有：

$$x^* - x_{k+1} = g'(\xi)(x^* - x_k) \tag{3-12}$$

当 $|g'(x)| \leqslant q < 1$ 时，有：

$$|x^* - x_{k+1}| \leqslant q|x^* - x_k| \tag{3-13}$$

$x^* - x_k$ 表示第 k 次迭代结果与根的误差，令误差

$$E_k = |x^* - x_k| \quad (k = 0, 1, \cdots) \tag{3-14}$$

则

$$E_{k+1} \leqslant qE_k \tag{3-15}$$

利用这一关系可得：

$$E_k \leqslant q^k E_0 \tag{3-16}$$

由于 $q < 1$，当 $k \to \infty$，$E_k \to 0$，即迭代格式 $x = g(x)$ 收敛。

结论：如果 $g(x)$ 具有连续的一阶导数，且对所有的 x 存在正数 $q < 1$，使 $|g'(x)| \leqslant q < 1$，则迭代格式 $x_{k+1} = g(x_k)$ 对任意初值 x_0 均收敛。

迭代格式的收敛性也可用图解说明，相关内容请扫码阅读。

迭代法程序流程图如图 3-2 所示。

迭代格式收敛性
的图解说明

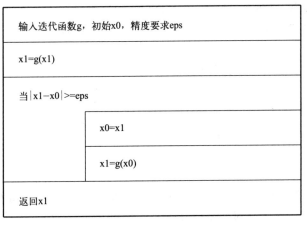

图 3-2　迭代法程序流程

建立 iteration. py 文件，键入迭代法程序：

```
def iteration(g,x0,eps=1e-9,args=()):
    x1=g(x0,*args)
    while abs(x1-x0)>=eps:
        x0=x1
        x1=g(x0,*args)
    return x1
```

【例 3-4】 用迭代法求解方程式 $x^3 - x - 1 = 0$ 在 1.5 附近的根。

解　将方程式改写为：

$$x = \sqrt[3]{x+1}$$

迭代格式为：

$$g(x) = (x+1)^{1/3}$$

求导得：

$$g'(x) = \frac{1}{3}(x+1)^{-2/3}$$

当 $x = 1.5$ 时，$g'(1.5) = 0.181 < 1$，迭代格式收敛。

编写函数及主程序：

```
def g(x):return(x+1)**(1/3)

if __name__=='__main__':
    x0=1.5
    res=iteration(g,x0)
    print('The result is:',res)
```

运行结果为：

```
The result is:1.3247179573160082
```

3.1.3　牛顿法

牛顿法又称为牛顿-拉弗森（Newton-Raphson）迭代法。使用牛顿法时要求函数 f 是可微的，则 f 在每个点都有确定的斜率，因此也就有唯一的切线。

设在 f 的图像上某一点 $(x_0, f(x_0))$ 有一条切线，该切线在该点附近是对曲线 $f(x)$ 的一个相当好的近似。这意味着线性函数：

$$l(x) = f'(x_0)(x - x_0) + f(x_0) \tag{3-17}$$

在 x_0 的附近接近于给定函数 f，在 x_0 处 l 与 f 相等。因此可取 l 的零点作为 f 零点的一个近似。l 是线性函数，其零点容易求出：

$$x_1 = x_0 - \frac{f(x_0)}{f'(x_0)} \tag{3-18}$$

这样，从 x_0 出发，根据上面的公式得到一个新的点 x_1，这个过程可以重复进行（迭代）而产生一个点列，这个点列如果收敛的话，将趋向于 f 的一个零点。牛顿法的图解如图 3-3 所示。

牛顿法还可以采用另一种方法来说明。假定 x_0 是对于 f 零点的一个近似，那么问题是：对 x_0 加上一个什么样的修正值 h 才能精确得到 f 的零点呢？即：

$$f(x_0 + h) = 0 \qquad (3\text{-}19)$$

如果 f 是性质充分好的函数，则在 x_0 处对上式进行泰勒展开：

$$f(x_0) + hf'(x_0) + \frac{h^2}{2}f''(x_0) + \cdots = 0$$
$$(3\text{-}20)$$

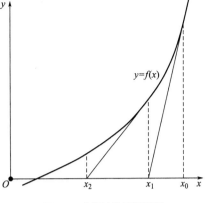

图 3-3　牛顿法的图解说明

当然用这个方程求 h 是困难的，那么可以先寻找 h 的一个近似，在泰勒展开式中略去中高阶项可得：

$$f(x_0) + hf'(x_0) = 0 \qquad (3\text{-}21)$$

则：

$$h = -\frac{f(x_0)}{f'(x_0)} \qquad (3\text{-}22)$$

于是得到新的近似：

$$x_1 = x_0 + h = x_0 - \frac{f(x_0)}{f'(x_0)} \qquad (3\text{-}23)$$

这个过程重复进行，从而得到牛顿公式：

$$x_{k+1} = x_k - \frac{f(x_k)}{f'(x_k)} \qquad (3\text{-}24)$$

由于牛顿法也是迭代法，迭代格式可以写为：

$$x = g(x) = x - \frac{f(x)}{f'(x)} \qquad (3\text{-}25)$$

其收敛的要求是：$|g'(x)| \leqslant q < 1$。

在单根 x^* 附近，牛顿格式恒收敛，而且收敛速度很快。但如果起始值不在根的附近，牛顿公式不一定收敛。使用牛顿法时，与一般迭代法一样，使用两次迭代之间的差小于指定精度要求 ε 来控制迭代的结束：

$$|x_k - x_{k-1}| < \varepsilon \qquad (3\text{-}26)$$

牛顿法程序流程如图 3-4 所示。

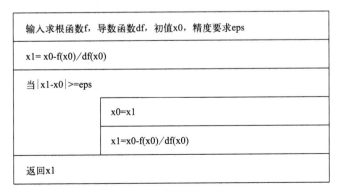

图 3-4　牛顿法程序流程

建立 newton.py 文件，键入牛顿法程序：

```
def newton(f,df,x0,eps=1e-9,args=()):
    x1=x0-f(x0,*args)/df(x0,*args)
    while abs(x1-x0)>=eps:
        x0=x1
        x1=x0-f(x0,*args)/df(x0,*args)
    return x1
```

【例 3-5】 求函数 $f(x)=x^3-2x^2+x-3$ 在 4 附近的零点。

解 先写出 f 函数的导函数

$$\mathrm{d}f(x)=f'(x)=3x^2-4x+1=(3x-4)x+1$$

编写程序如下：

```
def f(x):return((x-2)*x+1)*x-3
def df(x):return(3*x-4)*x+1

if __name__=='__main__':
    x0=4
    res=newton(f,df,x0)
    print('The result is:',res)
```

运行结果为：

```
The result is:2.17455941029298
```

【例 3-6】 求函数 $f(x)=2^{x^2}-10x+1$ 在 0 附近和 2 附近的零点。

解 $f'(x)=\ln(2)\cdot 2^{x^2}\cdot(2x)-10$

编写程序：

```
import numpy as np
from newton import newton
def f(x):return 2**(x*x)-10*x+1
def df(x):return np.log(2)*2**(x*x)*2*x-10

x1,x2=0,2
res1=newton(f,df,x1)
print('The result near 0 is:',res1)
res2=newton(f,df,x2)
print('The result near 2 is:',res2)
```

运行结果为：

```
The result near 0 is:0.20289452276399808
The result near 2 is:2.0744605687865763
```

3.1.4 弦截法（割线法）

牛顿法虽然收敛速度快，但需求出函数的解析导数 $f'(x)$，当函数的导数难以求取时，可以用两个点连接的弦的斜率来代替导数。于是得到弦截法迭代公式：

$$x_{k+1} = x_k - \frac{f(x_k)}{\dfrac{f(x_k) - f(x_{k-1})}{x_k - x_{k-1}}} \tag{3-27}$$

根据导数定义：

$$f'(x) = \lim_{h \to 0} \frac{f(x+h) - f(x)}{h} \tag{3-28}$$

当 h 很小时，可认为

$$f'(x) \approx \frac{f(x+h) - f(x)}{h} \tag{3-29}$$

令 $x = x_k$，$h = x_{k-1} - x_k$，则有

$$f'(x_k) \approx \frac{f(x_{k-1}) - f(x_k)}{x_{k-1} - x_k} \tag{3-30}$$

将上式代入牛顿公式即得弦截法迭代格式：

$$x_{k+1} = x_k - f(x_k) \frac{x_k - x_{k-1}}{f(x_k) - f(x_{k-1})} \tag{3-31}$$

弦截法图解如图 3-5 所示。弦截法虽比牛顿法收敛速度稍慢，但不要求函数可导，且对初值 x_0、x_1 要求不甚苛刻，是工程计算中常用的有效计算方法之一。

弦截法程序流程如图 3-6 所示。

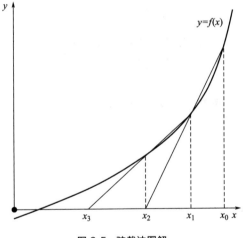

图 3-5 弦截法图解

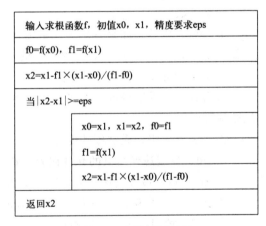

图 3-6 弦截法程序流程

建立 secant.py 文件，键入弦截法程序：

```
def secant(f,x0,x1,eps=1e-9,args=()):
    f0,f1=f(x0,*args),f(x1,*args)
    x2=x1-f1*(x1-x0)/(f1-f0)
    while abs(x2-x1)>=eps:
        x0,x1,f0=x1,x2,f1
        f1=f(x1,*args)
        x2=x1-f1*(x1-x0)/(f1-f0)
    return x2
```

【例 3-7】 用弦截法求 $f(x)=x^5+x^3+3=0$ 的根，取 $x_0=0$、$x_1=1$。

解 编写程序如下：

```
def f(x):return x**5+x**3+3
if __name__=='__main__':
    x0,x1=0,1
    res=secant(f,x0,x1)
    print('The result is:',res)
```

运行结果为：

```
The result is:-1.1052985460061695
```

3.1.5 利用 scipy 模块求非线性方程的根

在 scipy 模块中的 optimize 子模块中可以实现多个方法求非线性方程的根，如 newton、bisect、root_scalar 等，下面做简单介绍。

（1）scipy. optimize. newton 方法

newton 方法利用牛顿法或弦截法求实函数或复函数的零点，其用法为：

```
newton(func,x0,fprime=None,args=(),tol=1.48e-08,maxiter=50,fprime2=None,x1=None,rtol=0.0,full_output=False,disp=True)
```

主要参数

① func：函数，如果有额外变量需要传递到 func 中，则将这些额外变量列在 x 后面，例如 f(x, a, b, c, …)，其中额外变量 a，b，c，…由 args 参数传递；

② x0：初值；

③ fprime：导数函数，如果有提供则采用牛顿法求解，如果为 None（默认值），则采用弦截法求解；

④ args：元组，提供额外变量；

⑤ tol：控制迭代结束的允许误差，绝对误差；

⑥ maxiter：最大迭代次数，默认值为 50；

⑦ x1：另一个初值，当 fprime＝None 时使用；

⑧ rtol：控制迭代结束的相对误差。

比如利用 newton 法求解例 3-3 的问题，可以编程如下：

```
import numpy as np
from scipy.optimize import newton
def fun(T,a,b,c,x):
    value=-101325
    for a_,b_,c_,x_ in zip(a,b,c,x):value+=x_*np.exp(a_-b_/(T+c_))
    return value
a=[20.7936,20.9065]
b=[2788.51,3096.52]
c=[-52.36,-53.67]
```

```
x=[0.508,0.492]
root=newton(fun,353.3,args=(a,b,c,x))
print('The bubble point is:',root)
```

运行结果为:

```
The bubble point is:365.03107560177307
```

利用 newton 方法求解函数 $f(x) = 2^{x^2} - 10x + 1$ 在 0 和 2 附近的零点,程序如下:

```
import numpy as np
from scipy.optimize import newton
def f(x):return 2**(x*x)-10*x+1
def df(x):return np.log(2)*2**(x*x)*2*x-10
root=newton(f,[0,2],fprime=df)
print('The roots are:',root)
```

运行结果为:

```
The roots are:[0.20289452 2.07446057]
```

(2) scipy.optimize.bisect 方法

bisect 利用二分法求方程的根,其用法为:

```
bisect(f,a,b,args=(),xtol=2e-12,rtol=8.881784197001252e-16,maxiter=100,full_out-
put=False,disp=True)
```

主要参数

① f:函数,必须是连续函数,且 f(a) 与 f(b) 异号;

② a,b:求根区间 [a, b] 的端点。

利用 bisect 方法求解函数 $f(x) = 2^{x^2} - 10x + 1$ 介于 0 和 1 之间的零点,编写程序如下:

```
from scipy.optimize import bisect
def fun(x):return 2**(x*x)-10*x+1
root=bisect(fun,0,1)
print(root)
```

运行结果为:

```
0.20289452276301745
```

要验证结果是否正确,可以使用 numpy.isclose 方法,它用于判断两个值或两个数组是否近似相等,其用法:

```
isclose(a,b,rtol=1e-05,atol=1e-08,equal_nan=False)
```

其中参数 a、b 为待比较的两个数组;rtol 为相对误差;atol 为绝对误差;equal_nan 为布尔值,是否比较 NaN 值,如果为 True,则 a 中的 NaN 视为与 b 中 NaN 相等。要检验一下刚才求得的 root 是否正确，可以在交互模式输入：

```
In[3]:import numpy as np
In[4]:np.isclose(fun(root),0)
Out[4]:True
```

（3）scipy. optimize. root_scalar 方法

root_scalar 用于求标量函数的根，具体方法可由其中的 method 参数指定。其用法为：

```
root_scalar(f,args=(),method=None,bracket=None,fprime=None,fprime2=None,x0=
None,x1=None,xtol=None,rtol=None,maxiter=None,options=None)
```

主要参数

① f：求根函数；

② args：需要传递给 f 函数的额外参数构成的元组；

③ method：以字符串表示的求解方法，可选项有'bisect'、'brentq'、'brenth'、'ridder'、'toms748'、'newton'、'secant'、'halley'。默认值为 None，此时，程序会根据用户提供的参数自行选择适合的方法；

④ bracket：包含两个实数的序列，指定求根的区间，区间两个端点处的函数值必须是异号的；

⑤ fprime：可以是布尔值或函数，如果为 True，则 f 返回值不仅包括目标函数，且包括其导数；如果是函数名，则为 f 的一阶导数；

⑥ fprime2：布尔值或函数，如果为 True，则 f 返回值既包括目标函数值，且包括一阶导数和二阶导数值；如果是函数名，则为 f 的二阶导数；

⑦ x0，x1：第一个及第二个初值猜测值；

⑧ xtol，rtol：控制迭代结束的绝对误差及相对误差；

⑨ maxiter：最大迭代次数。

root_scalar 方法返回一个 RootResults 对象，它包含若干属性：converged 为布尔值，表示是否收敛；flag 为程序结束的原因；function_calls 为函数调用次数；iterations 为迭代次数；root 为根。

利用 root_scalar 方法求解 $f(x)=3.24x^3-2.42x^7+10.37x^6+11.01x^2+47.98$ 介于 0 和 10 之间的零点，编写程序如下：

```
from scipy.optimize import root_scalar
def fun(x):return 3.24*x**3-2.42*x**7+10.37*x**6+11.01*x**2+47.98
res=root_scalar(fun,bracket=(0,10))
print(res)
```

运行结果为：

```
      converged:True
           flag:'converged'
 function_calls:15
     iterations:14
           root:4.317902122569366
```

3.2 线性方程组

对于一般的线性方程组：

$$\begin{cases} a_{00}x_0 & + & a_{01}x_1 & + & \cdots & + & a_{0,\,n-1}x_{n-1} & = & b_0 \\ a_{10}x_0 & + & a_{11}x_1 & + & \cdots & + & a_{1,\,n-1}x_{n-1} & = & b_1 \\ \vdots & & \vdots & & & & \vdots & & \vdots \\ a_{n-1,\,0}x_0 & + & a_{n-1,\,1}x_1 & + & \cdots & + & a_{n-1,\,n-1}x_{n-1} & = & b_{n-1} \end{cases} \tag{3-32}$$

将方程组写为矩阵-向量形式：

$$\begin{bmatrix} a_{00} & a_{01} & \cdots & a_{0,\,n-1} \\ a_{10} & a_{11} & \cdots & a_{1,\,n-1} \\ \vdots & \vdots & & \vdots \\ a_{n-1,\,0} & a_{n-1,\,1} & \cdots & a_{n-1,\,n-1} \end{bmatrix} \cdot \begin{bmatrix} x_0 \\ x_1 \\ \vdots \\ x_{n-1} \end{bmatrix} = \begin{bmatrix} b_0 \\ b_1 \\ \vdots \\ b_{n-1} \end{bmatrix} \tag{3-33}$$

或写为：

$$AX = b \tag{3-34}$$

则通过矩阵求逆可得方程组的解：

$$X = A^{-1}b \tag{3-35}$$

【例 3-8】求下列线性方程组的解：

$$\begin{cases} 0.1161x_0 & + & 0.1254x_1 & + & 0.1397x_2 & + & 0.1490x_3 & = & 1.5471 \\ 0.1582x_0 & + & 1.1675x_1 & + & 0.1768x_2 & + & 0.1871x_3 & = & 1.6471 \\ 0.1968x_0 & + & 0.2071x_1 & + & 1.2168x_2 & + & 0.2271x_3 & = & 1.7471 \\ 0.2368x_0 & + & 0.2471x_1 & + & 0.2568x_2 & + & 1.2671x_3 & = & 1.8471 \end{cases}$$

解 编写程序如下：

```python
import numpy as np
a=np.array([[1.1161,0.1254,0.1397,0.1490],
            [0.1582,1.1675,0.1768,0.1871],
            [0.1968,0.2071,1.2168,0.2271],
            [0.2368,0.2471,0.2568,1.2671]])
b=np.array([1.5471,1.6471,1.7471,1.8471])
print(np.dot(np.linalg.inv(a),b))
```

运行结果为：

```
[1.0405838 0.98695649 0.93505251 0.88129692]
```

然而，在工程上经常遇到大型稀疏方程组，由于系数矩阵过大，矩阵求逆会造成极大的内存消耗甚至完全不可行，此时需要针对这种特殊结构的方程组开发特定的方法。

3.2.1 解三对角线方程组的 Thomas 算法

在解微分方程时，经常在最后转变为求三对角线方程组，其所有非零元素都在主对角线上或主对角线上面和下面的两条对角线上（称上对角线和下对角线）：

$$\begin{bmatrix} d_0 & c_0 & & & & & \\ a_0 & d_1 & c_1 & & & & \\ & a_1 & d_2 & c_2 & & & \\ & & \ddots & \ddots & \ddots & & \\ & & & a_{n-3} & d_{n-2} & c_{n-2} & \\ & & & & a_{n-2} & d_{n-1} & \end{bmatrix} \cdot \begin{bmatrix} x_0 \\ x_1 \\ x_2 \\ \vdots \\ x_{n-2} \\ x_{n-1} \end{bmatrix} = \begin{bmatrix} b_0 \\ b_1 \\ b_2 \\ \vdots \\ b_{n-2} \\ b_{n-1} \end{bmatrix} \tag{3-36}$$

三对角线矩阵的特征是：如果 $|i-j| \geqslant 2$，则 $a_{ij}=0$。一般地，如果有一个整数 k（小于 n），使得只要 $|i-j| \geqslant k$ 就有 $a_{ij}=0$，则称这个矩阵为带状系统。

对三对角线方程组，直接利用高斯消去法：第一步，从第二行减去第一行的 a_0/d_0 倍，这样 a_0 的位置变成 0，d_1 和 b_1 被更改，注意 c_1 并不会改变。

$$\begin{cases} d_1 = d_1 - \dfrac{a_0}{d_0} c_0 \\ b_1 = b_1 - \dfrac{a_0}{d_0} b_0 \end{cases} \tag{3-37}$$

第二步，从第三行减去新的第二行的 a_1/d_1 倍，重复上面的过程。一般地：

$$\begin{cases} d_i = d_i - \dfrac{a_{i-1}}{d_{i-1}} c_{i-1} \\ b_i = b_i - \dfrac{a_{i-1}}{d_{i-1}} b_{i-1} \end{cases} \quad 1 \leqslant i \leqslant n-1 \tag{3-38}$$

消元过程结束后，方程组形式如下：

$$\begin{bmatrix} d_0 & c_0 & & & \\ & d_1 & c_1 & & \\ & & \ddots & \ddots & \\ & & & d_{n-2} & c_{n-2} \\ & & & & d_{n-1} \end{bmatrix} \cdot \begin{bmatrix} x_0 \\ x_1 \\ \vdots \\ x_{n-2} \\ x_{n-1} \end{bmatrix} = \begin{bmatrix} b_0 \\ b_1 \\ \vdots \\ b_{n-2} \\ b_{n-1} \end{bmatrix} \tag{3-39}$$

这些 d_i 和 b_i 与开始时是不同的，但 c_i 是相同的。

回代过程：

$$x_{n-1} = b_{n-1}/d_{n-1} \tag{3-40}$$

$$x_{n-2} = \frac{b_{n-2} - c_{n-2} x_{n-1}}{d_{n-2}} \tag{3-41}$$

一般地：

$$x_i = \frac{b_i - c_i x_{i+1}}{d_i} \quad i = n-2, \ n-3, \ \cdots, \ 0 \tag{3-42}$$

这种求解三对角线方程组的方法称为 Thomas 算法，其程序流程如图 3-7 所示。

建立 thomas.py 文件，键入程序：

```
import numpy as np

def thomas(d,a,c,b):
    n=len(d)
```

```
for i in range(1,n):
    ratio=a[i-1]/d[i-1]
    d[i]-=ratio*c[i-1]
    b[i]-=ratio*b[i-1]
x=np.empty_like(d)
x[n-1]=b[n-1]/d[n-1]
for i in range(n-2,-1,-1):x[i]=(b[i]-c[i]*x[i+1])/d[i]
return x
```

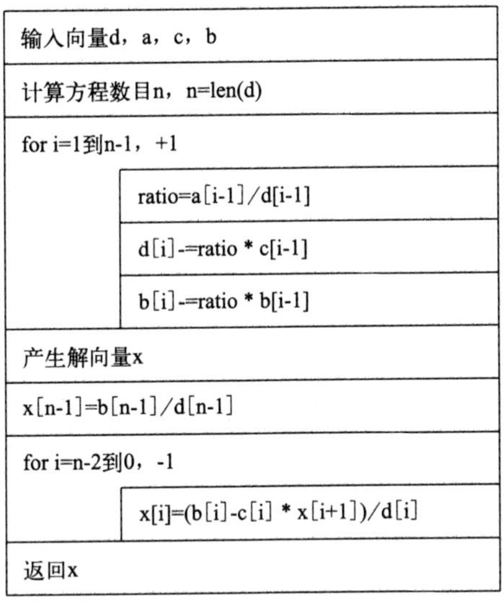

输入向量d, a, c, b		
计算方程数目n，n=len(d)		
for i=1到n-1，+1		
	ratio=a[i-1]/d[i-1]	
	d[i]-=ratio * c[i-1]	
	b[i]-=ratio * b[i-1]	
产生解向量x		
x[n-1]=b[n-1]/d[n-1]		
for i=n-2到0，-1		
	x[i]=(b[i]-c[i] * x[i+1])/d[i]	
返回x		

图 3-7　Thomas 算法求解三对角线方程组程序流程

【例 3-9】 解下列三对角线方程组：

$$\begin{bmatrix} 1.0 & -0.333 & & & & \\ 0.05 & -1.0 & 0.15 & & & \\ & 0.075 & -1.0 & 0.125 & & \\ & & 0.083 & -1.0 & 0.1167 & \\ & & & 0.0875 & -1.0 & 0.1125 \\ & & & & 0.2 & -1.0 \end{bmatrix} \cdot \begin{bmatrix} x_0 \\ x_1 \\ x_2 \\ x_3 \\ x_4 \\ x_5 \end{bmatrix} = \begin{bmatrix} 0.0296 \\ -0.0356 \\ -0.0356 \\ -0.0356 \\ -0.0356 \\ -0.0472 \end{bmatrix}$$

解　编写主程序如下：

```
if __name__=='__main__':
    d=np.array([1.0,-1.0,-1.0,-1.0,-1.0,-1.0])
    a=np.array([0.05,0.075,0.0833,0.0875,0.2])
    c=np.array([-0.333,0.15,0.125,0.1167,0.1125])
    b=np.array([0.0296,-0.0356,-0.0356,-0.0356,-0.0356,-0.0472])
    x=thomas(d,a,c,b)
    print(x)
```

运行结果为：

```
[0.04441813 0.04449888 0.0445198 0.04465911 0.04584928 0.05636986]
```

3.2.2 迭代法

在工程问题中经常会遇到高阶稀疏方程组，方程组的阶数可由上千阶直至几十万阶，而其中非零元素所占比例又很小（一般认为非零元素所占比例小于 25％ 为稀疏矩阵）。采用消元法将使零元素变为非零元素，破坏稀疏性，对于这种大型稀疏方程通常采用迭代法求解，迭代法不需存储零元素，从而节省内存。

（1）雅可比迭代法

对式（3-32）所示的一般线性方程组，若 $a_{ii} \neq 0$，$(i = 0, 1, \cdots, n-1)$，则可将方程组改写为：

$$
\begin{cases}
x_0 = (-a_{01}x_1 - a_{02}x_2 - \cdots - a_{0, n-1}x_{n-1} + b_0)/a_{00} \\
x_1 = (-a_{10}x_0 - a_{12}x_2 - \cdots - a_{1, n-1}x_{n-1} + b_1)/a_{11} \\
\vdots \qquad \vdots \qquad \vdots \qquad \vdots \qquad \vdots \\
x_{n-1} = (-a_{n-1, 0}x_0 - a_{n-1, 1}x_1 - \cdots - a_{n-1, n-1}x_{n-1} + b_{n-1})/a_{n-1, n-1}
\end{cases}
$$

$$(3\text{-}43)$$

选择一个初始向量 $\boldsymbol{X}^{(0)} = (x_0^{(0)}, x_1^{(0)}, \cdots, x_{n-1}^{(0)})$，代入上式右端，得到迭代结果 $\boldsymbol{X}^{(1)}$，然后将 $\boldsymbol{X}^{(1)}$ 代入上式右端，再求 $\boldsymbol{X}^{(2)}$，如此循环，直到满足精度要求为止。因此雅可比迭代格式为：

$$
x_i^{(k+1)} = \frac{\left(b_i - \sum_{j=0}^{i-1} a_{ij}x_j^{(k)} - \sum_{j=i+1}^{n-1} a_{ij}x_j^{(k)}\right)}{a_{ii}}, \quad \begin{pmatrix} i = 0, 1, \cdots, n-1 \\ k = 0, 1, \cdots \end{pmatrix} \quad (3\text{-}44)
$$

雅可比迭代算法程序流程如图 3-8 所示。

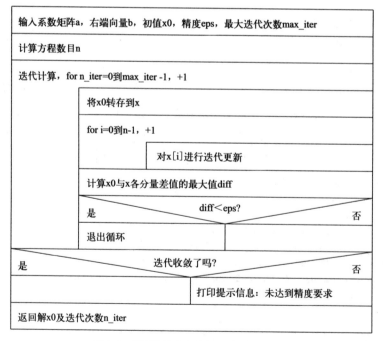

图 3-8 雅可比迭代解线性方程组程序流程

建立 jacbi1. py 文件，键入程序：

```python
import numpy as np
def jacbi(a,b,x0,eps=1e-9,max_iter=100):
    n=len(x0)
    for n_iter in range(max_iter):
        x=x0. copy()
        for i in range(n):
            x0[i]=(b[i]-np. sum(a[i,0:i]*x[0:i])-
                    np. sum(a[i,i+1:n]*x[i+1:n]))/a[i,i]
        diff=np. max(np. abs(x-x0))
        if diff<eps:break
    else:print('The accuracy is not achieved')
    return x0,n_iter+1
```

【例 3-10】 用雅可比迭代法求解下列方程组，取初值 $X^{(0)} = [0,0,0]$。

$$\begin{cases} 10x_1 & - & x_2 & - & 2x_3 & = & 7.2 \\ -x_1 & + & 10x_2 & - & 2x_3 & = & 8.3 \\ -x_1 & - & x_2 & + & 5x_3 & = & 4.2 \end{cases}$$

解　编写主程序：

```python
if __name__=='__main__':
    a=np. array([[10,-1,-2],
                [-1,10,-2],
                [-1,-1,5]])
    b=np. array([7. 2,8. 3,4. 2])
    x0=np. zeros_like(b)
    x,n_iter=jacbi(a,b,x0)
    print(f'The result is:{x}\nIteration number:{n_iter}')
```

运行结果为：

```
The result is:[1.1 1.2 1.3]
Iteration number:20
```

【例 3-11】 将例 3-10 中的方程组改变次序如下，同样取初值 $X^{(0)} = [0,0,0]$ 迭代求解。

$$\begin{cases} -x_1 & + & 10x_2 & - & 2x_3 & = & 8.3 \\ -x_1 & - & x_2 & + & 5x_3 & = & 4.2 \\ 10x_1 & - & x_2 & - & 2x_3 & = & 7.2 \end{cases}$$

解　编写程序如下：

```python
import numpy as np
from jacbi1 import jacbi
a=np. array([[-1,10,-2],
            [-1,-1,5],
            [10,-1,-2]])
```

```
b=np.array([8.3,4.2,7.2])
x0=np.zeros_like(b)
x,n_iter=jacbi(a,b,x0)
print(f'The result is:{x}\nIteration number:{n_iter}')
```

运行结果为：

```
The accuracy is not achieved
The result is:[8.48431828e+83-4.09664937e+83-7.43995596e+82]
Iteration number:100
```

可见迭代发散，那么如何判断一个迭代格式是否收敛呢？

（2）迭代法收敛性分析

如将系数矩阵 A 作如下分解：

$$A = D - L - U \tag{3-45}$$

其中 D 是对角阵，L 是下三角阵，U 为上三角阵：

$$D = \begin{bmatrix} a_{00} & & & \\ & a_{11} & & \\ & & \ddots & \\ & & & a_{n-1,\,n-1} \end{bmatrix} \tag{3-46}$$

$$L = \begin{bmatrix} 0 & & & \\ -a_{10} & 0 & & 0 \\ \vdots & \vdots & & \ddots \\ -a_{n-1,\,0} & -a_{n-1,\,1} & \cdots & 0 \end{bmatrix} \tag{3-47}$$

$$U = \begin{bmatrix} 0 & -a_{01} & \cdots & -a_{0,\,n-1} \\ & 0 & \cdots & -a_{1,\,n-1} \\ & & 0 & \ddots & \vdots \\ & & & & 0 \end{bmatrix} \tag{3-48}$$

则将方程组改写为矩阵形式为：

$$(D - L - U)X = b \tag{3-49}$$

$$DX = (L + U)X + b \tag{3-50}$$

雅可比迭代矩阵表示式为：

$$X^{(k+1)} = D^{-1}(L + U)X^{(k)} + D^{-1}b \tag{3-51}$$

令 $B = D^{-1}(L + U)$，$g = D^{-1}b$，则雅可比迭代格式可写为：

$$X^{(k+1)} = BX^{(k)} + g \tag{3-52}$$

其中 B 称为迭代矩阵。可以证明，对于任意初始向量 $X^{(0)}$，雅可比迭代收敛的充分必要条件是迭代矩阵的谱半径（所有特征值的模的最大值）小于 1，记作：

$$\rho(B) < 1 \tag{3-53}$$

而且 $\rho(B)$ 越小，收敛越快。为了方便，可以用矩阵 B 的范数作近似判断，因为：

$$\|B\| \geqslant \rho(B) \tag{3-54}$$

所以只要 $\|B\| < 1$，必定有 $\rho(B) < 1$，当然 $\|B\| < 1$ 只是收敛的充分条件，非必要条件。

再来看刚才的例题，例 3-10 的迭代矩阵为

$$\boldsymbol{B}_1 = \begin{bmatrix} 0 & 0.1 & 0.2 \\ 0.1 & 0 & 0.2 \\ 0.2 & 0.2 & 0 \end{bmatrix}$$

例 3-11 的迭代矩阵为

$$\boldsymbol{B}_2 = \begin{bmatrix} 0 & 10 & -2 \\ -1 & 0 & 5 \\ 5 & -0.5 & 0 \end{bmatrix}$$

求出 $\boldsymbol{B}_1$ 的全部特征值为

$$\lambda_1 = 0.3372, \quad \lambda_2 = -0.2372, \quad \lambda_3 = -0.1$$

因此 $\rho(\boldsymbol{B}_1) = 0.3372 < 1$，故迭代收敛。

$\boldsymbol{B}_2$ 的全部特征值为

$$\lambda_1 = -2.558 + 6.4907i, \quad \lambda_2 = -2.558 - 6.4907i, \quad \lambda_3 = -5.1159$$

因此 $\rho(\boldsymbol{B}_2) = \sqrt{(-2.558)^2 + (6.4907)^2} = 6.9765 > 1$，故迭代发散。

定理：若方程组 $\boldsymbol{AX} = \boldsymbol{b}$ 的系数矩阵 $\boldsymbol{A} = (a_{ij})_{n \times n}$ 是严格对角占优的，即满足条件：

$$\sum_{\substack{j=0 \\ j \neq i}}^{n-1} |a_{ij}| < |a_{ii}| \quad (i = 0, 1, \cdots, n-1) \tag{3-55}$$

或：

$$\sum_{\substack{i=0 \\ i \neq j}}^{n-1} |a_{ij}| < |a_{jj}| \quad (j = 0, 1, \cdots, n-1) \tag{3-56}$$

则对于方程组 $\boldsymbol{AX} = \boldsymbol{b}$，雅可比迭代格式收敛。

(3) 赛德尔迭代法

赛德尔迭代是对雅可比迭代的一种修正，在用雅可比迭代计算 $x_i^{(k+1)}$ 时，已获得 $x_0^{(k+1)}$，$x_1^{(k+1)}$，$\cdots$，$x_{i-1}^{(k+1)}$，但雅可比迭代中仍然采用 $x_0^{(k)}$，$x_1^{(k)}$，$\cdots$，$x_{i-1}^{(k)}$ 进行计算，而赛德尔迭代及时引用这些新产生的信息，赛德尔迭代格式：

$$x_i^{(k+1)} = \frac{\left(b_i - \sum_{j=0}^{i-1} a_{ij} x_j^{(k+1)} - \sum_{j=i+1}^{n-1} a_{ij} x_j^{(k)}\right)}{a_{ii}} \quad \left(\begin{array}{l} i = 0, 1, \cdots, n-1 \\ k = 0, 1, \cdots \end{array}\right) \tag{3-57}$$

写为矩阵形式为：

$$\boldsymbol{X}^{(k+1)} = \boldsymbol{D}^{-1} \boldsymbol{L} \boldsymbol{X}^{(k+1)} + \boldsymbol{D}^{-1} \boldsymbol{U} \boldsymbol{X}^{(k)} + \boldsymbol{D}^{-1} \boldsymbol{b} \tag{3-58}$$

可以证明，如果方程 $\boldsymbol{AX} = \boldsymbol{b}$ 的系数矩阵是严格对角占优的，则赛德尔迭代收敛（注意此为充分条件而非必要条件）。

(4) 松弛迭代法（SOR 迭代法）

松弛法是基于赛德尔迭代的一种线性加速方法，迭代分两步：

① 作赛德尔迭代：

$$x_i^{(k+1)} = \frac{\left(b_i - \sum_{j=0}^{i-1} a_{ij} x_j^{(k+1)} - \sum_{j=i+1}^{n-1} a_{ij} x_j^{(k)}\right)}{a_{ii}} \tag{3-59}$$

② 引进松弛因子 ω，作线性加速：

$$x_i^{(k+1)} = x_i^{(k)} + \omega \left[x_i^{(k+1)} - x_i^{(k)}\right] = \omega x_i^{(k+1)} + (1 - \omega) x_i^{(k)} \tag{3-60}$$

将两步归并为一个公式即为：

$$x_i^{(k+1)} = \omega \frac{\left(b_i - \sum_{j=0}^{i-1} a_{ij} x_j^{(k+1)} - \sum_{j=i+1}^{n-1} a_{ij} x_j^{(k)}\right)}{a_{ii}} + (1-\omega)x_i^{(k)} \tag{3-61}$$

松弛法迭代的矩阵表示式为：

$$\boldsymbol{X}^{(k+1)} = (\boldsymbol{D} - \omega \boldsymbol{L})^{-1}\left[(1-\omega)\boldsymbol{D} + \omega \boldsymbol{U}\right]\boldsymbol{X}^{(k)} + \omega(\boldsymbol{D} - \omega \boldsymbol{L})^{-1}\boldsymbol{b} \tag{3-62}$$

其迭代矩阵 $\boldsymbol{B} = (\boldsymbol{D} - \omega \boldsymbol{L})^{-1}\left[(1-\omega)\boldsymbol{D} + \omega \boldsymbol{U}\right]$。

松弛法收敛的充分必要条件仍为 $\rho(\boldsymbol{B}) < 1$。还可以证明松弛法收敛的一个必要条件是：$0 < \omega < 2$。当 $\omega = 1$ 时，松弛法即退化为赛德尔迭代；当 $0 < \omega < 1$ 时，称为亚松弛，一般用于非收敛迭代过程使其收敛；当 $1 < \omega < 2$ 时，称为超松弛，一般用于加速某一收敛迭代过程。松弛法的程序流程如图 3-9 所示。

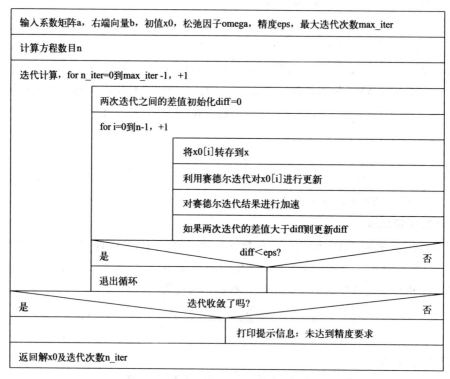

图 3-9　SOR 迭代法程序流程

建立 sor1.py 文件，键入如下程序：

```python
import numpy as np
def sor(a,b,x0,omega=1.5,eps=1e-9,max_iter=100):
    n=len(x0)
    for n_iter in range(max_iter):
        diff=0
        for i in range(n):
            x=x0[i]
            x0[i]=(b[i]-np.sum(a[i,0:i]*x0[0:i])-
                np.sum(a[i,i+1:n]*x0[i+1:n]))/a[i,i]
```

```
        x0[i]=(1-omega)*x+omega*x0[i]
        diff=max(np.abs(x0[i]-x),diff)
    if diff<eps:break
  else:print('The accuracy is not achieved')
  return x0,n_iter+1
```

【例 3-12】 用松弛法解下面的方程组，取 $\omega=1$（即赛德尔迭代），要求精度为 10^{-4}。

$$\begin{bmatrix} 56 & 22 & 11 & -18 \\ 17 & 66 & -12 & 7 \\ 3 & -5 & 47 & 20 \\ 11 & 16 & 17 & 10 \end{bmatrix} \cdot \begin{bmatrix} x_0 \\ x_1 \\ x_2 \\ x_3 \end{bmatrix} = \begin{bmatrix} 34 \\ 82 \\ 18 \\ 26 \end{bmatrix}$$

解 编写主程序如下：

```
if __name__=='__main__':
    a=np.array([[56,22,11,-18],
                [17,66,-12,7],
                [3,-5,47,20],
                [11,16,17,10]],dtype=float)
    b=np.array([34,82,18,26],dtype=float)
    x0=np.ones_like(b,dtype=float)
    x,n_iter=sor(a,b,x0,omega=1.0,eps=1e-4)
    print(f'The result is:{x}\nthe iteration number is:{n_iter}')
```

运行结果为：

```
The result is:[-1.07689592 1.99003372 1.47448348-1.90609036]
the iteration number is:36
```

【例 3-13】 对于例 3-12 的问题，取 $\omega=0.6\sim1.6$，增量 0.05，求 ω 等于多少时，迭代收敛最快，打印出最低迭代次数，并画出迭代次数随 ω 变化关系图。

解 编写程序如下：

```
import numpy as np
import matplotlib.pyplot as plt
from sor1 import sor
a=np.array([[56,22,11,-18],
            [17,66,-12,7],
            [3,-5,47,20],
            [11,16,17,10]],dtype=float)
b=np.array([34,82,18,26],dtype=float)
x0=np.ones_like(b,dtype=float)
omega_list,n_list=[],[]
for omega in np.linspace(0.6,1.6,21):
    x,n_iter=sor(a,b,x0.copy(),omega=omega,eps=1e-4)
    omega_list.append(omega)
    n_list.append(n_iter)
```

```
index=np.argmin(n_list)
print(f'while omega is:{omega_list[index]:5.2f},',
    f'the lowest iteration number is:{n_list[index]:3d}')
plt.plot(omega_list,n_list)
plt.xlabel('omega')
plt.ylabel('iteration number')
plt.show()
```

运行结果为：

```
while omega is:1.25,the lowest iteration number is:16
```

输出迭代次数随 ω 变化关系如图 3-10 所示。

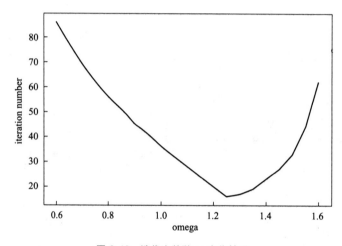

图 3-10　迭代次数随 ω 变化关系

3.3　非线性方程组

3.3.1　迭代法

与线性方程组相似，求解非线性方程组也可以利用迭代法，包括雅可比迭代、赛德尔迭代、松弛法迭代。

（1）雅可比迭代法

设有 n 个独立的非线性方程组：

$$\begin{cases} f_0(x_0,\ x_1,\ \cdots,\ x_{n-1}) & = & 0 \\ f_1(x_0,\ x_1,\ \cdots,\ x_{n-1}) & = & 0 \\ \qquad\qquad\vdots & & \vdots \\ f_{n-1}(x_0,\ x_1,\ \cdots,\ x_{n-1}) & = & 0 \end{cases} \qquad (3\text{-}63)$$

用向量函数表示为：

$$\boldsymbol{F}(\boldsymbol{X})=0 \qquad\qquad (3\text{-}64)$$

与单一方程求根的迭代法相类似，首先将方程组改写为：

$$\begin{cases} x_0 &= g_0(x_0, x_1, \cdots, x_{n-1}) \\ x_1 &= g_1(x_0, x_1, \cdots, x_{n-1}) \\ \vdots & \qquad\qquad \vdots \\ x_{n-1} &= g_{n-1}(x_0, x_1, \cdots, x_{n-1}) \end{cases} \tag{3-65}$$

相应的向量形式为：

$$\boldsymbol{X}^{(k+1)} = \boldsymbol{G}(\boldsymbol{X}^{(k)}) \tag{3-66}$$

雅可比迭代格式为：

$$x_i^{(k+1)} = g_i(x_0^{(k)}, x_1^{(k)}, \cdots, x_{n-1}^{(k)}) \quad i = 0, 1, \cdots, n-1; k = 0, 1, \cdots \tag{3-67}$$

非线性方程组雅可比迭代收敛条件为：

$$\max_i \sum_{j=0}^{n-1} \left| \frac{\partial g_i(\boldsymbol{X})}{\partial x_j} \right| < 1 \tag{3-68}$$

这个收敛条件实质上与单一方程求根所用的简单迭代法 $x^{(k+1)} = g(x^{(k)})$ 的收敛条件 $|g'(x)| < 1$ 是相类似的，这里要求每一个迭代函数 $g_i(\boldsymbol{X})$ 对所有自变量 $x_0, x_1, \cdots, x_{n-1}$ 的一阶偏导数的绝对值之和小于 1。

收敛准则中常用的有绝对收敛准则：

$$\left| x_i^{(k+1)} - x_i^{(k)} \right| < \varepsilon \tag{3-69}$$

相对收敛准则：

$$\left| \frac{x_i^{(k+1)} - x_i^{(k)}}{x_i^{(k)}} \right| < \varepsilon \tag{3-70}$$

一般认为，雅可比迭代收敛速度为线性的，即收敛阶数为 1。雅可比迭代的程序流程如图 3-11 所示。

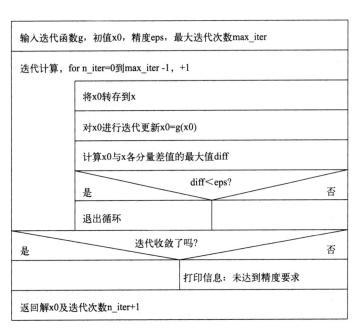

图 3-11　雅可比迭代解非线性方程组程序流程

建立 jacbi2.py 文件，键入如下程序：

```
import numpy as np
def jacbi(g,x0,args=(),eps=1e-9,max_iter=100):
    for n_iter in range(max_iter):
        x=x0.copy()
        x0=g(x0,*args)
        diff=np.max(np.abs(x-x0))
        if diff<eps:break
    else:print('The accuracy is not achieved')
    return x0,n_iter+1
```

【例 3-14】用雅可比迭代法求解如下非线性方程组，取初值 $x_0=y_0=z_0=1$。

$$\begin{cases} f_0(x,\ y,\ z) & = & 10x+y^2+z-11 & = & 0 \\ f_1(x,\ y,\ z) & = & x+10y+z^2-18 & = & 0 \\ f_2(x,\ y,\ z) & = & x^2+y+10z-15 & = & 0 \end{cases}$$

解 将方程组改写为：

$$\begin{cases} x & = & g_0(x,\ y,\ z) & = & (11-y^2-z)/10 \\ y & = & g_1(x,\ y,\ z) & = & (18-x-z^2)/10 \\ z & = & g_2(x,\ y,\ z) & = & (15-x^2-y)/10 \end{cases}$$

编写函数及主程序如下：

```
def g(x):
    g0=(11-x[1]*x[1]-x[2])/10.0
    g1=(18-x[0]-x[2]*x[2])/10.0
    g2=(15-x[0]*x[0]-x[1])/10.0
    return np.array([g0,g1,g2])

if __name__=='__main__':
    x0=np.ones(3,dtype=float)
    x,n_iter=jacbi(g,x0)
    print(f'The result is:{x}\nIteration number:{n_iter}')
```

运行结果为：

```
The result is:[0.72735311 1.56058702 1.29103704]
Iteration number:19
```

(2) 赛德尔迭代法

赛德尔迭代中及时引用更新的信息，其迭代格式为：

$$x_i^{(k+1)}=g_i(x_0^{(k+1)},\ x_1^{(k+1)},\ \cdots,\ x_{i-1}^{(k+1)},\ x_i^{(k)},\ \cdots,\ x_{n-1}^{(k)})\quad i=0,\ 1,\ \cdots,\ n-1;\ k=0,\ 1,\ \cdots$$

$$(3\text{-}71)$$

赛德尔迭代的收敛条件、收敛准则与雅可比迭代相同，基本上也属于线性收敛速度。

(3) 松弛法迭代

松弛法迭代对赛德尔迭代结果进行线性加速，包括两步：

第一步，作赛德尔迭代：

$$x_i^{(k+1)}=g_i(x_0^{(k+1)},\ x_1^{(k+1)},\ \cdots,\ x_{i-1}^{(k+1)},\ x_i^{(k)},\ \cdots,\ x_{n-1}^{(k)})$$

第二步，引进松弛因子 ω，作线性加速

$$x_i^{(k+1)} = \omega x_i^{(k+1)} + (1-\omega)x_i^{(h)} \tag{3-72}$$

由于非线性方程组的复杂性，松弛因子的选取没有统一的方法，只能从实际计算过程找规律。松弛迭代法的程序流程如图 3-12 所示。

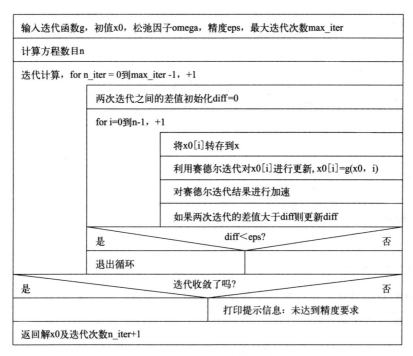

图 3-12 SOR 迭代解非线性方程组流程

建立 sor2.py 文件，键入如下程序：

```python
import numpy as np
def sor(g,x0,args=(),omega=1.5,eps=1e-9,max_iter=100):
    n=len(x0)
    for n_iter in range(max_iter):
        diff=0
        for i in range(n):
            x=x0[i]
            x0[i]=g(x0,i,*args)
            x0[i]=omega*x0[i]+(1-omega)*x
            diff=max(np.abs(x0[i]-x),diff)
        if diff<eps:break
    else:print('The accuracy is not achieved')
    return x0,n_iter+1
```

【例 3-15】 用松弛法求解如下方程组，取初值 $x_1=2$，$x_2=10$，$x_3=5$。

$$\begin{cases} x_1^{1/2} + x_2 x_3 = 33 \\ x_1^2 + x_2^2 + x_3^2 = 81 \\ (x_1 x_2)^{1/3} + x_3^{1/2} = 4 \end{cases}$$

解　改写方程组为如下形式：

$$\begin{cases} x_1 & = & (4-x_3^{1/2})^3/x_2 \\ x_2 & = & (81-x_1^2-x_3^2)^{1/2} \\ x_3 & = & (33-x_1^{1/2})/x_2 \end{cases}$$

编写函数及主程序如下：

```
def g(x,i):
    funs={0:lambda x:(4-np.sqrt(x[2]))**3 /x[1],
          1:lambda x:np.sqrt(81-x[0]*x[0]-x[2]*x[2]),
          2:lambda x:(33-np.sqrt(x[0]))/x[1]}
    return funs[i](x)
if __name__=='__main__':
    x0=np.array([2.0,10,5])
    x,n_iter=sor(g,x0,omega=1.2)
    print(f'The result is:{x}\nthe iteration number is:{n_iter}')
```

运行结果为：

```
The result is:[1. 8. 4.]
the iteration number is:15
```

【例 3-16】 分别用雅可比迭代法和松弛法解如下方程组，选初值 $x_0=y_0=z_0=1$，精度要求 10^{-6}，松弛因子 $\omega=0.5$。

$$\begin{cases} f_0(x,\ y,\ z) & = & 4x+y^2+z-11 & = & 0 \\ f_1(x,\ y,\ z) & = & x+4y+z^2-18 & = & 0 \\ f_2(x,\ y,\ z) & = & x^2+y+4z-15 & = & 0 \end{cases}$$

解　将方程组改写为：

$$\begin{cases} x & = & g_0(x,\ y,\ z) & = & (11-y^2-z)/4 \\ y & = & g_1(x,\ y,\ z) & = & (18-x-z^2)/4 \\ z & = & g_2(x,\ y,\ z) & = & (15-x^2-y)/4 \end{cases}$$

编写程序：

```
import numpy as np
from jacbi2 import jacbi
from sor2 import sor

def g1(x):
    return np.array([(11-x[1]*x[1]-x[2])/4,
                    (18-x[0]-x[2]*x[2])/4,
                    (15-x[0]*x[0]-x[1])/4])

def g2(x,i):
    funs={0:lambda x:(11-x[1]*x[1]-x[2])/4,
          1:lambda x:(18-x[0]-x[2]*x[2])/4,
          2:lambda x:(15-x[0]*x[0]-x[1])/4}
```

```
return funs[i](x)

x0=np.ones(3,dtype=float)
eps=1e-6
x,n_iter=jacbi(g1,x0,eps)
print(f'Jacbi:The result is{x}\nthe iteration number is:{n_iter}')
x,n_iter=sor(g2,x0,omega=0.5,eps=eps)
print(f'SOR:The result is:{x}\nthe iteration number is:{n_iter}')
```

运行结果为：

```
The accuracy is not achieved
Jacbi:The result is[-4.42198718 4.68513822-1.10442676]
the iteration number is:100
SOR:The result is:[1.00000255 1.99999732 3.00000012]
the iteration number is:63
```

可以看到，用雅可比迭代时发生振荡，未能收敛；用松弛法并取 $\omega=0.5$ 时，迭代 63 次，得到解：$x=1$，$y=2$，$z=3$。

3.3.2 牛顿-拉弗森法

牛顿-拉弗森法是牛顿法在非线性方程组中的一种推广，其基本思想与牛顿法相同，将非线性方程组逐次进行线性化处理，从而构造迭代算法。对于式(3-63)所示的一般非线性方程组，在解 $\boldsymbol{X}^*$ 的某个邻域内，函数 f_0，f_1，$\cdots$，f_{n-1} 连续且存在连续一阶偏导数，则在初值 $\boldsymbol{X}^{(0)}=(x_0^{(0)}，x_1^{(0)}，\cdots，x_{n-1}^{(0)})$ 处将方程组作泰勒展开，忽略高于一阶的项，得到：

$$\begin{cases} f_0(\boldsymbol{X}) \approx f_0(\boldsymbol{X}^{(0)}) + \left.\dfrac{\partial f_0}{\partial x_0}\right|_{\boldsymbol{X}^{(0)}} \cdot (x_0 - x_0^{(0)}) + \cdots + \left.\dfrac{\partial f_0}{\partial x_{n-1}}\right|_{\boldsymbol{X}^{(0)}} \cdot (x_{n-1} - x_{n-1}^{(0)}) = 0 \\[2mm] f_1(\boldsymbol{X}) \approx f_1(\boldsymbol{X}^{(0)}) + \left.\dfrac{\partial f_1}{\partial x_0}\right|_{\boldsymbol{X}^{(0)}} \cdot (x_0 - x_0^{(0)}) + \cdots + \left.\dfrac{\partial f_1}{\partial x_{n-1}}\right|_{\boldsymbol{X}^{(0)}} \cdot (x_{n-1} - x_{n-1}^{(0)}) = 0 \\[2mm] \vdots \qquad \vdots \qquad\qquad \vdots \qquad\qquad\qquad \vdots \qquad\qquad\qquad \vdots \\[2mm] f_{n-1}(\boldsymbol{X}) \approx f_{n-1}(\boldsymbol{X}^{(0)}) + \left.\dfrac{\partial f_{n-1}}{\partial x_0}\right|_{\boldsymbol{X}^{(0)}} \cdot (x_0 - x_0^{(0)}) + \cdots + \left.\dfrac{\partial f_{n-1}}{\partial x_{n-1}}\right|_{\boldsymbol{X}^{(0)}} \cdot (x_{n-1} - x_{n-1}^{(0)}) = 0 \end{cases}$$

$$(3\text{-}73)$$

令 $x_i - x_i^{(0)} = \Delta x_i$（$i=0，1，\cdots，n-1$），则得到线性方程组：

$$\begin{cases} \left.\dfrac{\partial f_0}{\partial x_0}\right|_{\boldsymbol{X}^{(0)}} \cdot \Delta x_0 + \left.\dfrac{\partial f_0}{\partial x_1}\right|_{\boldsymbol{X}^{(0)}} \cdot \Delta x_1 + \cdots + \left.\dfrac{\partial f_0}{\partial x_{n-1}}\right|_{\boldsymbol{X}^{(0)}} \cdot \Delta x_{n-1} = -f_0(\boldsymbol{X}^{(0)}) \\[2mm] \left.\dfrac{\partial f_1}{\partial x_0}\right|_{\boldsymbol{X}^{(0)}} \cdot \Delta x_0 + \left.\dfrac{\partial f_1}{\partial x_1}\right|_{\boldsymbol{X}^{(0)}} \cdot \Delta x_1 + \cdots + \left.\dfrac{\partial f_1}{\partial x_{n-1}}\right|_{\boldsymbol{X}^{(0)}} \cdot \Delta x_{n-1} = -f_1(\boldsymbol{X}^{(0)}) \\[2mm] \vdots \qquad\qquad \vdots \qquad\qquad\qquad \vdots \qquad\qquad\qquad \vdots \\[2mm] \left.\dfrac{\partial f_{n-1}}{\partial x_0}\right|_{\boldsymbol{X}^{(0)}} \cdot \Delta x_0 + \left.\dfrac{\partial f_{n-1}}{\partial x_1}\right|_{\boldsymbol{X}^{(0)}} \cdot \Delta x_1 + \cdots + \left.\dfrac{\partial f_{n-1}}{\partial x_{n-1}}\right|_{\boldsymbol{X}^{(0)}} \cdot \Delta x_{n-1} = -f_{n-1}(\boldsymbol{X}^{(0)}) \end{cases}$$

$$(3\text{-}74)$$

写成矩阵形式为：

$$\boldsymbol{J}(\boldsymbol{X}^{(0)})\Delta\boldsymbol{X} = -\boldsymbol{F}(\boldsymbol{X}^{(0)})$$

$$(3\text{-}75)$$

这样得到一个线性方程组，其中系数矩阵为雅可比矩阵：

$$J(\boldsymbol{X}^{(0)}) = \begin{bmatrix} \dfrac{\partial f_0}{\partial x_0} & \dfrac{\partial f_0}{\partial x_1} & \cdots & \dfrac{\partial f_0}{\partial x_{n-1}} \\[2mm] \dfrac{\partial f_1}{\partial x_0} & \dfrac{\partial f_1}{\partial x_1} & \cdots & \dfrac{\partial f_1}{\partial x_{n-1}} \\[2mm] \vdots & \vdots & & \vdots \\[2mm] \dfrac{\partial f_{n-1}}{\partial x_0} & \dfrac{\partial f_{n-1}}{\partial x_1} & \cdots & \dfrac{\partial f_{n-1}}{\partial x_{n-1}} \end{bmatrix}_{\boldsymbol{X}^{(0)}} \tag{3-76}$$

未知向量 $\Delta \boldsymbol{X} = [\Delta x_0, \ \Delta x_1, \ \cdots, \ \Delta x_{n-1}]^{\mathrm{T}}$，右端向量 $-\boldsymbol{F}(\boldsymbol{X}^{(0)}) = -[f_0(\boldsymbol{X}^{(0)}),$ $f_1(\boldsymbol{X}^{(0)}), \ \cdots, \ f_{n-1}(\boldsymbol{X}^{(0)})]^{\mathrm{T}}$。

解此线性方程组，得出 $\Delta x_0, \ \Delta x_1, \ \cdots, \ \Delta x_{n-1}$，则：

$$x_i^{(1)} = x_i^{(0)} + \Delta x_i \quad (i = 0, \ 1, \ \cdots, \ n-1) \tag{3-77}$$

此过程继续进行，直到满足精度要求为止。牛顿-拉弗森法程序流程如图 3-13 所示。

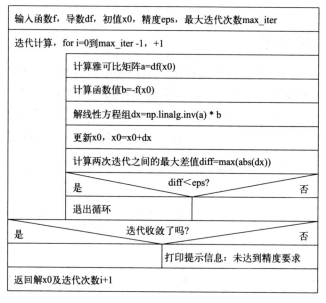

图 3-13　牛顿-拉弗森法程序流程

建立 newton_raphson.py 文件，键入如下程序：

```python
import numpy as np
def newton(f,df,x0,args=(),eps=1e-9,max_iter=100):
    for i in range(max_iter):
        a,b=df(x0,*args),-f(x0,*args)
        dx=np.dot(np.linalg.inv(a),b)
        x0+=dx
        diff=max(np.abs(dx))
        if diff<eps:break
    else:print('The required accuracy is not achieved')
    return x0,i+1
```

【例 3-17】 用牛顿-拉弗森法解如下非线性方程组，取初值 $T_1^{(0)} = T_2^{(0)} = 100$。

$$\begin{cases} T_2 = 400 - 0.0075(300 - T_1)^2 \\ T_1 = 400 - 0.02(400 - T_2)^2 \end{cases}$$

解 写出函数表达式（以 x_0、x_1 代替 T_1、T_2）：

$$\begin{cases} f_0 = 400 - 0.0075(300 - x_0)^2 - x_1 \\ f_1 = 400 - 0.02(400 - x_1)^2 - x_0 \end{cases}$$

求偏导：

$$\begin{cases} \dfrac{\partial f_0}{\partial x_0} = 0.015(300 - x_0) \quad \dfrac{\partial f_0}{\partial x_1} = -1 \\ \dfrac{\partial f_1}{\partial x_0} = -1 \qquad\qquad \dfrac{\partial f_1}{\partial x_1} = 0.04(400 - x_1) \end{cases}$$

编写主程序如下：

```
if __name__=='__main__':
    def f(x):return np.array([400-0.0075*(300-x[0])*(300-x[0])-x[1],
                              400-0.02*(400-x[1])*(400-x[1])-x[0]])
    def df(x):return np.array([[0.015*(300-x[0]),-1],
                               [-1,0.04*(400-x[1])]])
    x0=np.array([100.0,100.0])
    x,n_iter=newton(f,df,x0)
    print(f'The result is:{x}\nthe iteration number is:{n_iter}')
```

运行结果为：

```
The result is:[182.01759984 295.60114939]
the iteration number is:7
```

3.3.3 利用 scipy 模块求解非线性方程组

在 scipy 模块的 optimize 子模块中，实现了多种方法求解非线性方程组，包括 fixed_point，root，fsolve 等，这些方法一般都既适用于非线性方程组也适用于线性方程组的求解，以及单个非线性方程的求根，下面做一简单介绍。

（1）scipy. optimize. fixed_point 方法

利用迭代法 $x = g(x)$ 解方程，即求迭代函数 g 的不动点。fixed_point 方法用于求函数的不动点，其用法为：

```
fixed_point(func,x0,args=(),xtol=1e-08,maxiter=500,method='del2')
```

主要参数

① func：迭代函数；

② x0：初值；

③ args：元组，需要传递给 func 的其他参数；

④ method：迭代方法，有'del2'或'iteration'可选，前者采用 Steffensen 法（Aitken 加速），后者采用简单迭代，默认为'del2'。

例如用 fixed_point 方法求解例 3-4 中方程 $x^3-x-1=0$ 在 1.5 附近的根，将其改写为迭代式：$x=\sqrt[3]{x+1}$，编写程序：

```
from scipy import optimize as spopt
def g(x):return(x+1)**(1/3)
res=spopt.fixed_point(g,1.5)
print('The result is:',res)
```

运行结果为：

```
The result is:1.324717957244746
```

利用 fixed_point 方法求解例 3-14 中方程组：

$$\begin{cases} f_0(x,\ y,\ z) & = & 10x+y^2+z-11 & = & 0 \\ f_1(x,\ y,\ z) & = & x+10y+z^2-18 & = & 0 \\ f_2(x,\ y,\ z) & = & x^2+y+10z-15 & = & 0 \end{cases}$$

先改写为迭代格式：

$$\begin{cases} x & = & g_0(x,\ y,\ z) & = & (11-y^2-z)/10 \\ y & = & g_1(x,\ y,\ z) & = & (18-x-z^2)/10 \\ z & = & g_2(x,\ y,\ z) & = & (15-x^2-y)/10 \end{cases}$$

编写程序：

```
import numpy as np
from scipy import optimize as spopt
def g(x):return np.array([(11-x[1]*x[1]-x[2])/10,
                          (18-x[0]-x[2]*x[2])/10,
                          (15-x[0]*x[0]-x[1])/10])
x0=np.array([1.,1.,1.])
x=spopt.fixed_point(g,x0.copy())
print('Result with del2:',x)
```

运行结果为：

```
Traceback(most recent call last):
……
RuntimeError:Failed to converge after 500 iterations,value is[0.72749535 1.56045336
1.29080223]
```

可见迭代不收敛，如果采用简单迭代法，即在 fixed_point 方法中设置参数 method='iteration'：

```
x2=spopt.fixed_point(g,x0.copy(),method='iteration')
print('Result with iteration:',x2)
```

运行得到正确结果：

```
Result with iteration:[0. 72735311 1. 56058703 1. 29103704]
```

可见，del2 加速增加了迭代发散的风险。

（2）scipy. optimize. fsolve 方法

fsolve 利用 hybr 方法求解方程组，其用法：

```
fsolve(func,x0,args=(),fprime=None,full_output=0,col_deriv=0,xtol=1.49012e-08,
maxfev=0,band=None,epsfcn=None,factor=100,diag=None)
```

其中，fprime 参数是计算雅可比矩阵的函数，fsolve 返回解向量。例如用 fsolve 方法求解例 3-17 中的方程组：

```
import numpy as np
from scipy import optimize as spopt
def f(x):return np.array([400-0.0075* (300-x[0]) ** 2-x[1],
                          400-0.02* (400-x[1]) **2-x[0]])
def df(x):return np. array([[0. 015* (300-x[0]),-1],
                            [-1,0. 04* (400-x[1])]])
x0=np. array([100. ,100. ])
res=spopt. fsolve(f,x0,fprime=df)
print(res)
```

运行结果为：

```
[182. 01759988 295. 6011494]
```

（3）scipy. optimize. root 方法

root 集成了多种求解方程组的方法，其用法为：

```
root(fun,x0,args=(),method='hybr',jac=None,tol=None,callback=None,options=None)
```

主要参数

① method：字符串，用于指定求解方法，可选项包括 hybr（默认值），lm，broyden1，broyden2，anderson，linearmixing，diagbroyden，excitingmixing，krylov，df-sane 等。

② jac：布尔值或函数。如果是函数则该函数返回雅可比矩阵。如果是 True，则 fun 函数返回函数值及雅可比矩阵的元组；如果是 False，则由算法本身估算雅可比矩阵。

输出：root 返回一个 OptimizeResult 对象，其 x 属性为解向量，fun 属性为解所对应的函数值，message 属性描述程序结束原因。

利用 root 方法求解例 3-4 中方程 $x^3 - x - 1 = 0$ 在 1.5 附近的根：

```
In[21]:from scipy import optimize as spopt

In[22]:res=spopt. root(lambda x:x** 3-x-1,1. 5)

In[23]:res. x
Out[23]:array([1. 32471796])
```

利用 root 方法求解例 3-11 的方程组：

$$\begin{cases} -x_1 & + & 10x_2 & - & 2x_3 & = & 8.3 \\ -x_1 & - & x_2 & + & 5x_3 & = & 4.2 \\ 10x_1 & - & x_2 & - & 2x_3 & = & 7.2 \end{cases}$$

```python
import numpy as np
from scipy import optimize as spopt
def f(x):return np.array([-x[0]+10*x[1]-2*x[2]-8.3,
                          -x[0]-x[1]+5*x[2]-4.2,
                          10*x[0]-x[1]-2*x[2]-7.2])
x0=np.zeros(3,dtype=float)
res=spopt.root(f,x0)
print(res.x)
```

运行结果为：

```
[1.1 1.2 1.3]
```

利用 root 方法求解例 3-17 的方程组，根据其函数：

$$\begin{cases} f_0 = 400 - 0.0075(300 - x_0)^2 - x_1 \\ f_1 = 400 - 0.02(400 - x_1)^2 - x_0 \end{cases}$$

雅可比矩阵：

$$\begin{cases} \dfrac{\partial f_0}{\partial x_0} = 0.015(300 - x_0) & \dfrac{\partial f_0}{\partial x_1} = -1 \\ \dfrac{\partial f_1}{\partial x_0} = -1 & \dfrac{\partial f_1}{\partial x_1} = 0.04(400 - x_1) \end{cases}$$

编写程序如下：

```python
import numpy as np
from scipy import optimize as spopt
def f(x):return np.array([400-0.0075*(300-x[0])**2-x[1],
                          400-0.02*(400-x[1])**2-x[0]])
def df(x):return np.array([[0.015*(300-x[0]),-1],
                           [-1,0.04*(400-x[1])]])
x0=np.array([100.,100.])
res=spopt.root(f,x0,jac=df)
print(res.x)
```

运行结果为：

```
[182.01759988 295.6011494]
```

也可以将函数值及雅可比矩阵同时由 f 函数返回，如下面程序所示：

```python
def f(x):
    fun=np.array([400-0.0075*(300-x[0])**2-x[1],
                  400-0.02*(400-x[1])**2-x[0]])
```

```
    jac=np.array([[0.015*(300-x[0]),-1],
                  [-1,0.04*(400-x[1])]])
    return fun,jac
x0=np.array([100.,100.])
res=spopt.root(f,x0,jac=True)
print(res.x)
```

root 方法是一个方程求根的综合方法，用户可根据具体问题的特性通过 method 参数指定适合的方法求解。一般而言，对于小型问题，方程的数目不多，建议选用 hybr 或 lm，对于大型问题，建议尝试 broyden2、anderson、krylov 等方法。

 习题

3.1 用二分法求方程 $2^{x^2}-10x+1=0$ 介于 0～5 之间的所有实根。

3.2 用二分法求方程 $x^3+x-4=0$ 在 $[0,4]$ 区间的解，要求误差小于 10^{-3}。

3.3 用迭代法求方程 $x=\mathrm{e}^{-x}$ 的根，取初值 $x_0=1$，要求两次迭代之间误差小于 10^{-6}。

3.4 用迭代公式 $x_{k+1}=0.5\cos x_k$ 求解方程 $x-0.5\cos x=0$ 的根，取初值 $x_0=1$。

3.5 用牛顿法求解习题 3.4，取初值 $x_0=1$，要求迭代误差小于 10^{-9}，打印每次迭代结果，并与习题 3.4 中迭代法的收敛速度比较。

3.6 正实数 A 的平方根可视为 $f(x)=x^2-A$ 的零点，用牛顿法求解 13 的平方根，要求迭代误差小于 10^{-6}。

3.7 用弦截法求 $f(x)=x^3-3x-1$ 的零点，取初值 $x_0=0,x_1=2$，要求两次迭代之间的误差小于 10^{-6}。

3.8 测定某固定床反应器的停留时间分布得到：平均停留时间 $\bar{t}=10\mathrm{min}$，方差 $\sigma_t^2=45\mathrm{min}^2$。如用一维扩散模型模拟该反应器，则有：

$$\sigma_\theta^2=\frac{2}{Pe}-\frac{2}{Pe^2}(1-\mathrm{e}^{-Pe})$$

其中无因次方差 $\sigma_\theta^2=\sigma_t^2/\bar{t}^2$，佩克莱数 Pe 是表征返混大小的无因次准数。试求佩克莱数 Pe 的值。

3.9 求下列方程组的解：

$$\begin{cases} x_0 + 3x_1 + 2x_2 + x_3 = -2 \\ 4x_0 + 2x_1 + x_2 + 2x_3 = 2 \\ 2x_0 + x_1 + 2x_2 + 3x_3 = 1 \\ x_0 + 2x_1 + 4x_2 + x_3 = -1 \end{cases}$$

$$\begin{cases} -x_0 + x_1 - 3x_3 = 4 \\ x_0 + 3x_2 + x_3 = 0 \\ x_1 - x_2 - x_3 = 3 \\ 3x_0 + x_2 + 2x_3 = 1 \end{cases}$$

3.10 解如下三对角线方程组，其中 $n=20$：

$$\begin{cases} 4x_0 - x_1 = 20 \\ x_{i-1} - 4x_i + x_{i+1} = 40 \quad (1\leqslant i\leqslant n-2) \\ x_{n-2} + 4x_{n-1} = -20 \end{cases}$$

3.11　分别采用雅可比迭代和赛德尔迭代解如下方程组,取迭代初值为零向量,精度要求为 10^{-6}:

$$\begin{cases} 11x & - & 3y & - & 3z & = & 1 \\ -2x & + & 11y & + & z & = & 0 \\ x & - & y & + & 2z & = & 1 \end{cases}$$

3.12　利用赛德尔迭代求解如下方程组,取初始向量 $\boldsymbol{x}^{(0)} = (1,1,1,1)^{\mathrm{T}}$,精度要求为 10^{-6}:

$$\begin{cases} -5x_0 & + & x_1 & + & x_2 & + & x_3 & = & 2 \\ x_0 & - & 5x_1 & + & x_2 & + & x_3 & = & 2 \\ x_0 & + & x_1 & - & 5x_2 & + & x_3 & = & 2 \\ x_0 & + & x_1 & + & x_2 & - & 5x_3 & = & 2 \end{cases}$$

3.13　利用 SOR 迭代法解习题 3.12 的方程组,要求绘制出迭代次数与松弛因子的关系曲线,确定最佳的松弛因子。

3.14　现有甲胺 CH_5N、乙胺 C_2H_7N 及苯胺 C_6H_7N 所组成的混合物,经元素分析知,其中 C、H 和 N 元素含量分别为 60.2%、12.5% 和 27.3%,试求各组分的质量分数。

3.15　用雅可比迭代法求解如下非线性方程组,取初值 $x_0 = y_0 = z_0 = 1$,精度要求 10^{-6}:

$$\begin{cases} 5x & + & y^2 & + & z & - & 16 & = & 0 \\ x & + & 5y & + & z^2 & - & 18 & = & 0 \\ x^2 & + & y & + & 5z & - & 15 & = & 0 \end{cases}$$

3.16　利用赛德尔迭代法求解习题 3.15 的非线性方程组,初值及精度要求不变,需要迭代多少次? 并与雅可比迭代比较。

3.17　利用 SOR 迭代法解习题 3.15 的非线性方程组,初值及精度要求不变,取 $\omega = 0.6 \sim 1.2$,步长为 0.1,当 ω 为多少时所需迭代次数最少? 此时迭代多少次?

3.18　采用牛顿-拉弗森法求解如下非线性方程组,取初值 $x_0 = y_0 = 0.5$,精度要求 10^{-6}:

$$\begin{cases} x^2 + y^2 = 1 \\ x^3 - y = 0 \end{cases}$$

3.19　采用牛顿-拉弗森法和 SOR 迭代法求解如下非线性方程组,取初值 $x_0 = y_0 = 1.5$,精度要求 10^{-6}:

$$\begin{cases} x + 2y - 3 = 0 \\ 2x^2 + y^2 - 6 = 0 \end{cases}$$

3.20　为使一组串联换热器的总传热面积最小,得出如下一组联立方程:

$$\begin{cases} 2684.752(205 - T_2) - 35.824(150 - T_1)^2 = 0 \\ 35.8242(205 - T_1) - 1.282(205 - T_2)^2 = 0 \end{cases}$$

其中 T_1、T_2 分别为第二个换热器中冷却介质的进、出口温度,试求使总传热面积为最小的 T_1 和 T_2,精度要求 10^{-3}。

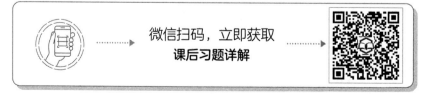

微信扫码,立即获取
课后习题详解

第四章

插值与回归

工程上经常有各种数据表，如水在不同温度下的黏度、气体物质在不同压力下的溶解度、不同反应物浓度的反应速率等等，它们具有表 4-1 的形式。

表 4-1　数据表格

x	x_0	x_1	x_2	$\cdots$	x_n
y	y_0	y_1	y_2	$\cdots$	y_n

本章介绍两种与数据表格相关的数值分析方法，即插值与回归。插值假设数据表中的数据是准确无误的，寻求一条光滑曲线通过所有数据点，插值是数值微分与数值积分的基础。回归则假设数据点是存在误差的，寻求一个函数关系来描述数据背后的规律性，回归不要求曲线通过每一个数据点，而是追求与所有数据点的距离应尽可能近。

4.1　代数多项式插值

表 4-1 中数据以一一对应的形式描述了 y 与 x 之间的函数关系，这种用数据表格形式给出的函数 $y=f(x)$ 通常称作列表函数。插值法的基本思想是构造某个简单函数 $y=p(x)$，作为 $f(x)$ 的近似表达式，然后计算 $p(x)$ 的值以得到 $f(x)$ 的近似值。

插值法的定义：设 $y=f(x)$ 在区间 $[a，b]$ 上连续，且已知它在 $[a，b]$ 的 $n+1$ 个不同点 $x_0，x_1，\cdots，x_n$ 上取值为 $y_0，y_1，\cdots，y_n$，寻找一个函数 $p(x)$，使它在 $x_0，x_1，\cdots，x_n$ 各点处的函数值与 $f(x)$ 相同，即 $p(x_i)=f(x_i)(i=0，1，\cdots，n)$。$p(x)$ 称为插值函数，$x_0，x_1，\cdots，x_n$ 称为插值节点，以相距最远的两个插值节点为端点的区间称为插值区间，$y=f(x)$ 称为被插函数。插值的误差为 $R(x)=f(x)-p(x)$，$R(x)$ 也称为插值函数的余项。

近似函数的类型有多种，但最常用的是代数多项式，因为代数多项式具有各阶导数，求值也非常方便。代数多项式插值问题可以这样描述：给定函数 $y=f(x)$ 在区间 $[a，b]$ 上 $n+1$ 个互异点 $a\leqslant x_0，x_1，\cdots，x_n\leqslant b$ 的函数值 $y_i=f(x_i)(i=0，1，\cdots，n)$，建立一个次数不超过 n 的代数多项式 $p_n(x)=a_0+a_1x+a_2x^2+\cdots+a_nx^n$，使满足 $p_n(x_i)=y_i(i=0，1，\cdots，n)$。显然，符合条件的代数多项式是唯一存在的。

4.1.1　拉格朗日插值

假设希望在一组固定的插值节点 $x_0，x_1，\cdots，x_n$ 上对任意的函数插值，可以先定义

$n+1$ 个 n 次特殊多项式，它们在插值理论中被称为基函数，用 l_0，l_1，…，l_n 表示，它们与插值节点一一对应，并且 l_0 只在 x_0 点取值为 1，而在其他节点取值为 0；l_1 只在 x_1 点取值为 1，其他节点取值为 0；依次类推，即它们满足性质：

$$l_i(x_j) = \begin{cases} 1, & \text{当 } i=j \\ 0, & \text{当 } i \neq j \quad (i,j=0,1,\cdots,n) \end{cases} \tag{4-1}$$

有了这些基函数后，可以按下面的拉格朗日公式对任何函数 f 进行插值：

$$p_n(x) = \sum_{i=0}^{n} f(x_i) l_i(x) \tag{4-2}$$

函数 $p_n(x)$ 是 n 次多项式 l_i 的线性组合，因此本身也是一个次数不超过 n 的多项式，此外，对任意插值节点 x_j 求 p_n，则有

$$p_n(x_j) = \sum_{i=0}^{n} f(x_i) l_i(x_j) = f(x_j) l_j(x_j) = f(x_j) = y_j \tag{4-3}$$

因此，p_n 是函数 f 在节点 x_0，x_1，…，x_n 处的插值多项式。

那么基函数 l_i 如何构造呢？其公式为：

$$l_i(x) = \prod_{\substack{j=0 \\ j \neq i}}^{n} \left(\frac{x-x_j}{x_i-x_j} \right) 0 \leqslant i \leqslant n \tag{4-4}$$

将 l_i 展开为更易于阅读的形式：

$$l_i(x) = \left(\frac{x-x_0}{x_i-x_0} \right) \left(\frac{x-x_1}{x_i-x_1} \right) \cdots \left(\frac{x-x_{i-1}}{x_i-x_{i-1}} \right) \left(\frac{x-x_{i+1}}{x_i-x_{i+1}} \right) \cdots \left(\frac{x-x_n}{x_i-x_n} \right) \tag{4-5}$$

可以看到，l_i 是 n 个一次多项式的乘积，因此是 n 次多项式；在 x_i 节点处，即 $x=x_i$ 时每一项均为 1，则 $l_i(x_i)=1$；在其他节点处，即 $x=x_j(j=0$，1，…，n，$j \neq i)$ 时，必有一项为 0，因此 $l_i(x_j)=0$。

(1) 线性插值

假定已知区间 $[x_0, x_1]$ 端点处的函数值 $y_0=f(x_0)$，$y_1=f(x_1)$，要得到线性插值多项式，先写出基函数：

$$l_0(x) = \left(\frac{x-x_1}{x_0-x_1} \right) \tag{4-6}$$

$$l_1(x) = \left(\frac{x-x_0}{x_1-x_0} \right) \tag{4-7}$$

线性插值多项式为：

$$p_1(x) = y_0 l_0(x) + y_1 l_1(x) = y_0 \left(\frac{x-x_1}{x_0-x_1} \right) + y_1 \left(\frac{x-x_0}{x_1-x_0} \right) \tag{4-8}$$

对线性插值，我们习惯的形式是 $p_1(x) = y_0 + \dfrac{y_1-y_0}{x_1-x_0}(x-x_0)$，很容易证明它与式 (4-8) 是等价的。

(2) 抛物线插值

假定有 3 个插值节点 x_0、x_1、x_2，相应的函数值为 y_0、y_1、y_2，要得到抛物线插值多项式，先确定基函数：

$$l_0(x) = \left(\frac{x-x_1}{x_0-x_1} \right) \left(\frac{x-x_2}{x_0-x_2} \right) \tag{4-9}$$

$$l_1(x) = \left(\frac{x - x_0}{x_1 - x_0}\right)\left(\frac{x - x_2}{x_1 - x_2}\right) \tag{4-10}$$

$$l_2(x) = \left(\frac{x - x_0}{x_2 - x_0}\right)\left(\frac{x - x_1}{x_2 - x_1}\right) \tag{4-11}$$

抛物线插值多项式为：

$$p_2(x) = y_0 l_0(x) + y_1 l_1(x) + y_2 l_2(x) \tag{4-12}$$

(3) 拉格朗日插值的 python 实现

利用拉格朗日插值多项式计算任意插值点 x_{new} 处的函数值 y_{new}，其计算式为：

$$p_n(x) = \sum_{i=0}^{n}\left[f(x_i)\prod_{\substack{j=0 \\ j \neq i}}^{n}\left(\frac{x - x_j}{x_i - x_j}\right)\right]$$

在程序中利用外循环计算加和项，内循环计算连乘项，拉格朗日插值程序流程如图 4-1 所示。

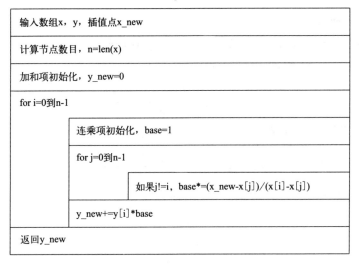

图 4-1　拉格朗日插值程序流程

建立 lagrange.py 文件，键入拉格朗日插值程序：

```
def lagrange(x,y,x_new):
    n=len(x)
    y_new=0
    for i in range(n):
        base=1
        for j in range(n):
            if j!=i:base*=(x_new-x[j])/(x[i]-x[j])
        y_new+=y[i]*base
    return y_new
```

【例 4-1】已知丙烷在 1.013×10^3 kN/m^2 压力下导热系数如表 4-2 所示，用拉格朗日插值程序求 $T = 372$K 的导热系数。

表 4-2　丙烷在压力 1.013×10^3 kN/m^2 不同温度下的导热系数

T/K	341	360	379	413
$\lambda/(\text{W} \cdot \text{m}^{-1} \cdot \text{K}^{-1})$	0.0853	0.0774	0.0699	0.0618

解 编写主程序如下：

```
if __name__ == '__main__':
    x= [341,360,379,413]
    y= [0.0853,0.0774,0.0699,0.0618]
    x_new=372
    y_new=lagrange(x,y,x_new)
    print('y_new:',y_new)
```

运行结果为：

```
y_new: 0.0725298623515679
```

4.1.2 牛顿插值

(1) 差商及其性质

差商也称均差，其定义如下：函数 $y = f(x)$，其自变量 x 在节点 x_0，x_1，$\cdots$，x_n 上相应的函数值为 $f(x_0)$，$f(x_1)$，$\cdots$，$f(x_n)$，引出符号：

$$f[x_0,x_1] = \frac{f(x_1) - f(x_0)}{x_1 - x_0} \tag{4-13}$$

称 $f[x_0,x_1]$ 为 $f(x)$ 关于 x_0 与 x_1 的一阶差商，类似的

$$f[x_0,x_k] = \frac{f(x_k) - f(x_0)}{x_k - x_0} \tag{4-14}$$

$f[x_0,x_k]$ 为 $f(x)$ 关于 x_0 与 x_k 的一阶差商。

又引出符号：

$$f[x_0,x_1,x_2] = \frac{f[x_2,x_1] - f[x_1,x_0]}{x_2 - x_0} \tag{4-15}$$

称 $f[x_0,x_1,x_2]$ 为 $f(x)$ 关于 x_0、x_1、x_2 的二阶差商，显然，二阶差商就是一阶差商的差商。

因此，有了 $k-1$ 阶差商，就可以定义 k 阶差商：

$$f[x_0,x_1,\cdots,x_k] = \frac{f[x_1,x_2,\cdots,x_k] - f[x_0,x_1,\cdots,x_{k-1}]}{x_k - x_0} \tag{4-16}$$

称 $f[x_0,x_1,\cdots,x_k]$ 为 $f(x)$ 关于 x_0，x_1，$\cdots$，x_k 的 k 阶差商。

差商具有以下几点重要性质：

① k 阶差商 $f[x_0,x_1,\cdots,x_k]$ 是由函数值 $f(x_0)$，$f(x_1)$，$\cdots$，$f(x_n)$ 线性组合而成，即：

$$f[x_0,x_1,\cdots,x_k] = \sum_{j=0}^{k} \frac{f(x_j)}{(x_j - x_0)(x_j - x_1)\cdots(x_j - x_{j-1})(x_j - x_{j+1})\cdots(x_j - x_k)} \tag{4-17}$$

② 差商具有对称性，即在 k 阶差商 $f[x_0,x_1,\cdots,x_k]$ 中，x_i 与 x_j 互换次序，其值不变，即：

$$f[x_0,x_1,\cdots,x_i,\cdots,x_j,\cdots,x_k] = f[x_0,x_1,\cdots,x_j,\cdots,x_i,\cdots,x_k] \tag{4-18}$$

根据这一性质，二阶差商有 6 种等价的表示形式：

$$f[x_0,x_1,x_2]=f[x_0,x_2,x_1]=f[x_2,x_0,x_1]$$
$$=f[x_2,x_1,x_0]=f[x_1,x_2,x_0]=f[x_1,x_0,x_2]$$

③ 如果 $f[x_0, x_1, \cdots, x_k, x]$ 是一个依赖于 x 的 m 次多项式，则 $f[x_0, x_1, \cdots, x_k, x_{k+1}, x]$ 是一个关于 x 的 $m-1$ 次多项式。

显然，当 $f(x)$ 是 n 次多项式时，则零阶差商即 $f(x)$ 本身，一阶差商为 $n-1$ 次多项式，k 阶差商为 $n-k$ 次多项式，n 阶差商为零次多项式（常数），$n+1$ 阶差商为零。

（2）牛顿插值公式

由差商定义可知，对一阶差商：

$$f[x_0,x]=\frac{f(x)-f(x_0)}{x-x_0} \tag{4-19}$$

则
$$f(x)=f(x_0)+(x-x_0)f[x_0,x] \tag{4-20}$$

同理可得，对二阶差商：

$$f[x_0,x_1,x]=\frac{f[x_0,x]-f[x_0,x_1]}{x-x_1} \tag{4-21}$$

则
$$f[x_0,x]=f[x_0,x_1]+(x-x_1)f[x_0,x_1,x] \tag{4-22}$$

可逐阶推导，直至 $n+1$ 阶差商：

$$f[x_0,x_1,\cdots,x_{n-1},x]=\frac{f[x_0,x_1,\cdots,x_{n-1},x]-f[x_0,x_1,\cdots,x_n]}{x-x_n} \tag{4-23}$$

即 $f[x_0,x_1,\cdots,x_{n-1},x]=f[x_0,x_1,\cdots,x_n]+(x-x_n)f[x_0,x_1,\cdots,x_n,x]$ （4-24）

将上式逐级回代，可得：

$$f(x)=f(x_0)+(x-x_0)f[x_0,x_1]+(x-x_0)(x-x_1)f[x_0,x_1,x_2]+\cdots$$
$$+(x-x_0)(x-x_1)\cdots(x-x_{n-1})f[x_0,x_1,\cdots,x_n]$$
$$+(x-x_0)(x-x_1)\cdots(x-x_n)f[x_0,x_1,\cdots,x_n,x] \tag{4-25}$$

令

$$N_n(x)=f(x_0)+(x-x_0)f[x_0,x_1]+(x-x_0)(x-x_1)f[x_0,x_1,x_2]+\cdots$$
$$+(x-x_0)(x-x_1)\cdots(x-x_{n-1})f[x_0,x_1,\cdots,x_n] \tag{4-26}$$

$$E_n(x)=(x-x_0)(x-x_1)\cdots(x-x_n)f[x_0,x_1,\cdots,x_n,x] \tag{4-27}$$

其中，$N_n(x)$ 称为牛顿插值公式，$E_n(x)$ 为牛顿插值公式的余项。

（3）牛顿插值的 python 实现

利用牛顿插值公式时，一般先建立差商表，如表 4-3 所示。差商表中对角线上的元素，即为牛顿插值公式中用到的系数。牛顿插值算法程序流程图如图 4-2 所示。

表 4-3 差商表

x	$f[\ ]$	$f[,]$	$f[,,]$	$f[,,,]$
x_0	y_0			
x_1	y_1	$f[x_0,x_1]$		
x_2	y_2	$f[x_1,x_2]$	$f[x_0,x_1,x_2]$	
x_3	y_3	$f[x_2,x_3]$	$f[x_1,x_2,x_3]$	$f[x_0,x_1,x_2,x_3]$

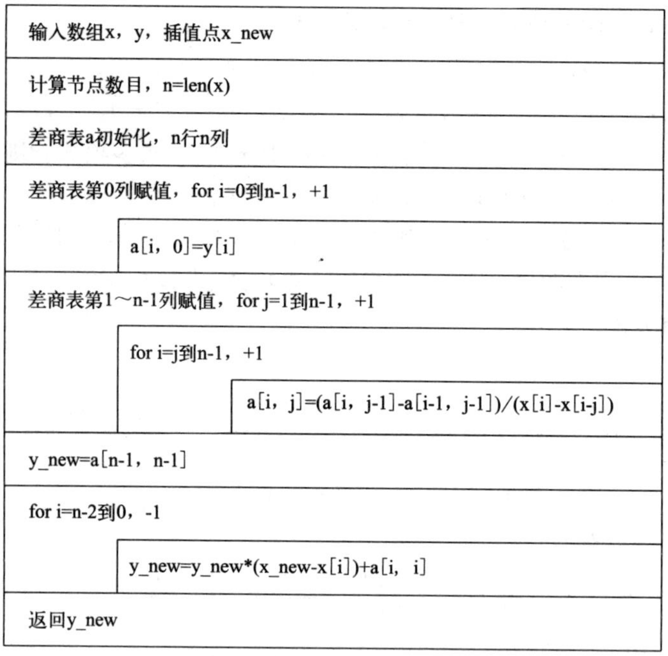

输入数组x, y，插值点x_new	
计算节点数目，n=len(x)	
差商表a初始化，n行n列	
差商表第0列赋值，for i=0到n-1，+1	
	a[i, 0]=y[i]
差商表第1～n-1列赋值，for j=1到n-1，+1	
	for i=j到n-1，+1
	a[i, j]=(a[i, j-1]-a[i-1, j-1])/(x[i]-x[i-j])
y_new=a[n-1, n-1]	
for i=n-2到0，-1	
	y_new=y_new*(x_new-x[i])+a[i, i]
返回y_new	

图 4-2　牛顿插值算法程序流程

建立 newton_interp. py 文件，键入牛顿插值程序：

```python
import numpy as np
def newton(x,y,x_new):
    n=len(x)
    a=np.empty((n,n),dtype=float)
    a[:,0]=y[:]
    for j in range(1,n):a[j:n,j]=(a[j:n,j-1]-a[j-1:n-1,j-1])/(x[j:n]-x[:n-j])
    y_new=a[n-1,n-1]
    for i in range(n-2,-1,-1):y_new=y_new* (x_new-x[i])+ a[i,i]
    return y_new
```

【例 4-2】 已知丙烯饱和蒸气压 p^0 与温度 T 的关系如表 4-4 所示，利用牛顿插值求－20℃和 20℃下丙烯的饱和蒸气压。

表 4-4　丙烯在不同温度下的饱和蒸气压

T/℃	－28.9	－12.2	4.4	21.1	37.8
p^0/atm	2.2	3.9	6.6	10.3	15.4

解　求－20℃时利用前面四个数据插值，20℃时取后面四个数据插值，编主程序如下：

```python
if __name__=='__main__':
    t=np.array([-28.9,-12.2,4.4,21.1,37.8])
    p=np.array([2.2,3.9,6.6,10.3,15.4])
    p1=newton(t[:4],p[:4],-20)
    p2=newton(t[-4:],p[-4:],20)
    print(f'Vapor pressure/n-20:{p1}/n 20:{p2}')
```

运行结果为：

```
Vapor pressure
-20:2.9771445540049823
 20:10.01774337510018
```

4.1.3　差分与等距节点插值公式

实际应用中经常遇到等距节点的情形，这时插值公式可进一步简化，计算也简单一些。

(1) 差分及其性质

设函数 $y=f(x)$ 在等距节点 $x_k=x_0+kh$，（$k=0,1,\cdots,n$）上的值 $y_k=f(x_k)$ 为已知，h 为常数，称为步长。引入符号：

$$\Delta y_k=y_{k+1}-y_k \tag{4-28}$$

$$\nabla y_k=y_k-y_{k-1} \tag{4-29}$$

$$\delta y_k=y_{k+\frac{1}{2}}-y_{k-\frac{1}{2}} \tag{4-30}$$

分别称为 $f(x)$ 在 x_k 处以 h 为步长的一阶向前差分、一阶向后差分和一阶中心差分，符号 Δ、∇、δ 分别称为向前差分算子、向后差分算子、中心差分算子。

利用一阶差分定义二阶差分为：

$$\Delta^2 y_k=\Delta y_{k+1}-\Delta y_k=y_{k+2}-y_{k+1}+y_k \tag{4-31}$$

$$\nabla^2 y_k=\nabla y_k-\nabla y_{k-1}=y_k-2y_{k-1}+y_{k-2} \tag{4-32}$$

一般地，可定义 m 阶差分：

$$\Delta^m y_k=\Delta^{m-1} y_{k+1}-\Delta^{m-1} y_k \tag{4-33}$$

$$\nabla^m y_k=\nabla^{m-1} y_k-\nabla^{m-1} y_{k-1} \tag{4-34}$$

对于中心差分 δy_k，用到 $y_{k+\frac{1}{2}}$，$y_{k-\frac{1}{2}}$，这两个值不是函数表中的值，如果要用函数表中的值，一阶中心差分可以写成：

$$\delta y_{k+\frac{1}{2}}=y_{k+1}-y_k \tag{4-35}$$

$$\delta y_{k-\frac{1}{2}}=y_k-y_{k-1} \tag{4-36}$$

则二阶中心差分：

$$\delta^2 y_k=\delta y_{k+\frac{1}{2}}-\delta y_{k-\frac{1}{2}}=y_{k+1}-2y_k+y_{k-1} \tag{4-37}$$

在等距节点条件下，差商与向前差分有如下关系：

$$f[x_k,x_{k+1}]=\frac{1}{h}\Delta y_k \tag{4-38}$$

$$f[x_k,x_{k+1},x_{k+2}]=\frac{1}{2h^2}\Delta^2 y_k \tag{4-39}$$

一般地有 $\quad f[x_k,x_{k+1},\cdots,x_{k+m}]=\frac{1}{m!h^m}\Delta^m y_k \ (m=1,2,\cdots) \tag{4-40}$

同理，差商与向后差分的关系为：

$$f[x_k,x_{k-1},\cdots,x_{k-m}]=\frac{1}{m!h^m}\nabla^m y_k \ (m=1,2,\cdots) \tag{4-41}$$

（2）等距节点插值公式

将牛顿插值公式中的差商用相应的差分式代入，就可得到各种形式的等距节点插值公式：

$$N_n(x) = f(x_0) + (x-x_0)f[x_0,x_1] + (x-x_0)(x-x_1)f[x_0,x_1,x_2] + \cdots$$

$$+ (x-x_0)(x-x_1)\cdots(x-x_{n-1})f[x_0,x_1,\cdots,x_n]$$

$$= y_0 + (x-x_0)\frac{1}{h}\Delta y_0 + (x-x_0)(x-x_1)\frac{1}{2h^2}\Delta^2 y_0 + \cdots$$

$$+ (x-x_0)(x-x_1)\cdots(x-x_{n-1})\frac{1}{n!h^n}\Delta^n y_0$$

$$(4\text{-}42)$$

引入新变量 p，令 $x = x_0 + ph$，则

$$N_n(x) = y_0 + p\Delta y_0 + \frac{p(p-1)}{2!}\Delta^2 y_0 + \cdots + \frac{p(p-1)\cdots(p-n+1)}{n!}\Delta^n y_0 \quad (4\text{-}43)$$

上式称为牛顿前插公式，该式适合于求表头部分的插值点值，如果求表末部分的插值点值，此时应用牛顿插值公式时，节点应按 x_n，x_{n-1}，$\cdots$，x_0 的次序排列。于是有

$$N_n(x) = f(x_n) + (x-x_n)f[x_n,x_{n-1}] + \cdots$$

$$+ (x-x_n)(x-x_{n-1})\cdots(x-x_1)f[x_n,x_{n-1},\cdots,x_0]$$

$$= y_n + (x-x_n)\frac{1}{h}\nabla y_n + \cdots + (x-x_n)(x-x_{n-1})\cdots(x-x_1)\frac{1}{n!h^n}\nabla^n y_n$$

$$(4\text{-}44)$$

若插值点 $x = x_n + ph$，则

$$N_n(x) = y_n + p\nabla y_n + \frac{p(p+1)}{2!}\nabla^2 y_n + \cdots + \frac{p(p+1)\cdots(p+n-1)}{n!}\nabla^n y_n \quad (4\text{-}45)$$

该式称为牛顿后插公式。

4.1.4 分段插值法

当插值节点比较多时，会要求 $p_n(x)$ 在更多点上与原函数 $f(x)$ 一致，但实际上当 $p_n(x)$ 幂次高时，两个节点间 $p_n(x)$ 与 $f(x)$ 可能出现很大误差，这种现象称为龙格现象。比如要对表 4-5 中数据进行插值，插值曲线如图 4-3 中实线所示，实际上这些数据点是由函数 $y = 1/(1+x^2)$ 产生的（图中虚线），很显然，在曲线两端附近的节点之间实线与虚线的误差非常大，这就是龙格现象。因此，在实际应用中一般不采用高次多项式插值，而是采用分段插值，如相邻两节点间的线性插值、相邻三节点间的二次插值等。虽然分段插值可以避免龙格现象，但也会造成部分节点处插值曲线不光滑。

表 4-5 演示龙格现象的插值数据表

x	-5	-4	-3	-2	-1	0	1	2	3	4	5
y	0.03846	0.05882	0.1	0.2	0.5	1	0.5	0.2	0.1	0.05882	0.03846

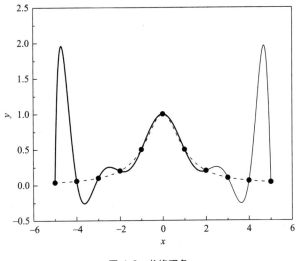

图 4-3 龙格现象

4.1.5 利用 scipy 模块进行拉格朗日插值

在 scipy 模块的 interpolate 子模块中实现了拉格朗日方法，其用法为：

```
lagrange(x,w)
```

其中，参数 x 表示数据表的 x 坐标，w 为 y 坐标，即 $f(x)$。该方法返回拉格朗日插值函数，可以像普通函数一样求任意 x_new 的函数值。例如，利用拉格朗日方法求解例 4-1 的程序如下：

```
from scipy.interpolate import lagrange
x=[341,360,379,413]
y=[0.0853,0.0774,0.0699,0.0618]
f=lagrange(x,y)
x_new=372
y_new=f(x_new)
print('y_new:',y_new)
```

运行结果为：

```
y_new: 0.07252986235149494
```

4.2 三次样条函数插值

在工程上经常通过平面上 $n+1$ 个已知点作一条连接光滑的曲线，当节点很多时，构造高次多项式插值效果不理想，可能会出现龙格现象；而分段插值又不能保证连接点处的光滑性，此时用三次样条函数可以获得理想的效果。

三次样条函数的定义：已知函数 $y=f(x)$ 在 $[a,b]$ 上的节点 $a=x_0<x_1<\cdots<x_n=b$ 处的函数值 $f(x_i)=y_i(i=0,1,\cdots,n)$，如果存在一函数 $S(x)$ 满足如下条件：

① 在节点处有 $S(x_i) = y_i (i = 0, 1, \cdots, n)$；

② 在节点 x_i 处具有连续的一阶和二阶导数，即：

$$\begin{cases} S'(x_i - 0) = S'(x_i + 0) \\ S''(x_i - 0) = S''(x_i + 0) \end{cases} (i = 1, 2, \cdots, n-1) \tag{4-46}$$

其中 $S'(x_i - 0)$ 和 $S'(x_i + 0)$ 分别表示 S 在 x_i 点的左导数和右导数；

③ $S(x)$ 在每个小区间 $[x_i, x_{i+1}](i = 0, 1, \cdots, n-1)$ 上是不高于三次的多项式。

则称 $S(x)$ 是在节点 $x_0, x_1, \cdots, x_n$ 的三次样条插值函数。

4.2.1 三次样条函数的推导

下面推导符合条件的 $S(x)$，用 M_j 表示节点 x_j 处的二阶导数值，即 $S''(x_j) = M_j$，则在区间 $[x_j, x_{j+1}]$ 上有：

$$S(x_j) = y_j \tag{4-47}$$

$$S(x_{j+1}) = y_{j+1} \tag{4-48}$$

$$S''(x_j) = M_j \tag{4-49}$$

$$S''(x_{j+1}) = M_{j+1} \tag{4-50}$$

因为 $S(x)$ 是三次多项式，所以其二阶导数为直线方程，用二点式表示为：

$$S''(x) = \frac{x_{j+1} - x}{x_{j+1} - x_j} M_j + \frac{x - x_j}{x_{j+1} - x_j} M_{j+1} \tag{4-51}$$

令 $h_j = x_{j+1} - x_j$，则式(4-51)简化为：

$$S''(x) = \frac{x_{j+1} - x}{h_j} M_j + \frac{x - x_j}{h_j} M_{j+1} \tag{4-52}$$

对式(4-52)积分一次：

$$S'(x) = \frac{-(x_{j+1} - x)^2}{2h_j} M_j + \frac{(x - x_j)^2}{2h_j} M_{j+1} + C_1 \tag{4-53}$$

再积分一次：

$$S(x) = \frac{(x_{j+1} - x)^3}{6h_j} M_j + \frac{(x - x_j)^3}{6h_j} M_{j+1} + C_1 x + C_2 \tag{4-54}$$

其中，C_1、C_2 为积分常数。

通过整理，将上式写为易于使用的形式：

$$S(x) = \frac{(x_{j+1} - x)^3}{6h_j} M_j + \frac{(x - x_j)^3}{6h_j} M_{j+1} + C(x - x_j) + D(x_{j+1} - x) \tag{4-55}$$

将式(4-47)、式(4-48)代入上式解出 C 和 D，再代回式(4-55)得到：

$$\begin{aligned} S(x) = &\frac{(x_{j+1} - x)^3}{6h_j} M_j + \frac{(x - x_j)^3}{6h_j} M_{j+1} + \left(\frac{y_{j+1}}{h_j} - \frac{h_j}{6} M_{j+1} \right)(x - x_j) \\ &+ \left(\frac{y_j}{h_j} - \frac{h_j}{6} M_j \right)(x_{j+1} - x) \end{aligned} \tag{4-56}$$

再根据式(4-46)，$S'(x_j + 0) = S'(x_j - 0)$，其中：

$$S'(x_j + 0) = -\frac{h_j}{2} M_j + \frac{y_{j+1} - y_j}{h_j} - \frac{h_j}{6}(M_{j+1} - M_j) \tag{4-57}$$

$S'(x_j - 0)$ 应在区间 $[x_{j-1}, x_j]$ 上确定：

$$S'(x_j - 0) = \frac{h_{j-1}}{2}M_j + \frac{y_j - y_{j-1}}{h_{j-1}} - \frac{h_{j-1}}{6}(M_j - M_{j-1}) \tag{4-58}$$

由式(4-57)、式(4-58)相等，整理得：

$$h_{j-1}M_{j-1} + 2(h_{j-1} + h_j)M_j + h_j M_{j+1} = 6\left(\frac{y_{j+1} - y_j}{h_j} - \frac{y_j - y_{j-1}}{h_{j-1}}\right) \tag{4-59}$$

令：

$$b_j = (y_{j+1} - y_j)/h_j \tag{4-60}$$

$$v_j = 6(b_{j+1} - b_j) \tag{4-61}$$

$$u_j = 2(h_j + h_{j+1}) \tag{4-62}$$

则式(4-59)简化为：

$$h_{j-1}M_{j-1} + u_{j-1}M_j + h_j M_{j+1} = v_{j-1} \quad (j = 1, 2, \cdots, n-1) \tag{4-63}$$

上式组成的方程组有 $n+1$ 个未知数，只有 $n-1$ 个方程。要求解，需根据实际情况增加两个附加条件，称为边界条件，通常的边界条件有如下两种：

① 第一类边界条件，给定函数 $y = f(x)$ 在边界处的二阶导数 y_0''、y_n''，即：

$$S''(x_0) = M_0 = y_0'' \tag{4-64}$$

$$S''(x_n) = M_n = y_n'' \tag{4-65}$$

结合式(4-63)，构成方程组：

$$\begin{cases} M_0 & & & = y_0'' \\ h_0 M_0 + u_0 M_1 + h_1 M_2 & & = v_0 \\ \ddots \qquad \ddots \qquad \ddots & & \vdots \\ & h_{n-2}M_{n-2} + u_{n-2}M_{n-1} + h_{n-1}M_n & = v_{n-2} \\ & M_n & = y_n'' \end{cases} \tag{4-66}$$

这是一个 $n+1$ 元三对角线方程组，且对角占优。当 $y_0'' = y_n'' = 0$ 时，称为自由边界三次样条函数。

② 第二类边界条件，给定函数 $y = f(x)$ 在边界处的一阶导数 y_0'、y_n'，即：

$$S'(x_0) = y_0' \tag{4-67}$$

$$S'(x_n) = y_n' \tag{4-68}$$

将式(4-67)代入式(4-57)得到：

$$2h_0 M_0 + h_0 M_1 = 6(b_0 - y_0') \tag{4-69}$$

将式(4-68)代入式(4-58)得到：

$$h_{n-1}M_{n-1} + h_0 M_1 = 6(b_0 - y_0') \tag{4-70}$$

结合式(4-63)、式(4-69)、式(4-70)构成方程组：

$$\begin{cases} 2h_0 M_0 + h_0 M_1 & & = 6(b_0 - y_0') \\ h_0 M_0 + u_1 M_1 + h_1 M_2 & & = v_1 \\ \ddots \qquad \ddots \qquad \ddots & & \vdots \\ & h_{n-2}M_{n-2} + u_{n-1}M_{n-1} + h_{n-1}M_n & = v_{n-1} \\ & h_{n-1}M_{n-1} + 2h_{n-1}M_n & = 6(y_n' - b_{n-1}) \end{cases} \tag{4-71}$$

利用样条函数插值，先计算各系数 h_j、b_j、u_j、v_j，然后根据边界条件建立方程组，联立解出 M_0，M_1，$\cdots$，M_n，最后利用插值公式(4-56)计算插值点处的函数值。

4.2.2　三次样条函数插值的 Python 实现

利用三次样条函数插值的程序流程如图 4-4 所示。

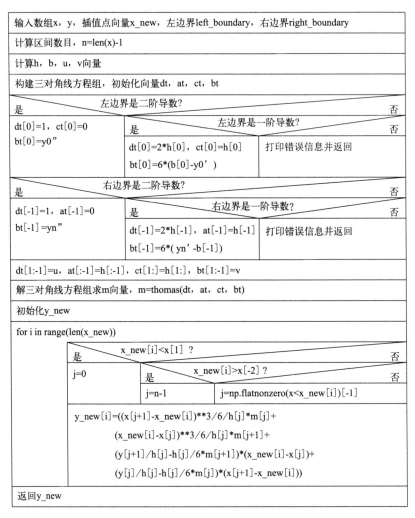

图 4-4　三次样条函数插值算法程序流程

建立 cubic _ spline. py 文件，键入如下程序：

```
def cubic_spline(x,y,x_new,left_boundary=(2,0),right_boundary=(2,0)):
    n=len(x)-1
    h=x[1:]-x[:-1]
    b=(y[1:]-y[:-1])/h
    u=2*(h[:-1]+h[1:])
    v=6*(b[1:]-b[:-1])
    dt,at,ct,bt=np.empty(n+1),np.empty(n),np.empty(n),np.empty(n+1)
    if left_boundary[0]==2:
        dt[0],ct[0]=1,0
        bt[0]=left_boundary[1]
```

```
    elif left_boundary[0]==1:
        dt[0],ct[0]=2*h[0],h[0]
        bt[0]=6*(b[0]-left_boundary[1])
    else:
        print('The first element of left_boundary must be 1 or 2')
        return None
    if right_boundary[0]==2:
        at[-1],dt[-1]=0,1
        bt[-1]=right_boundary[1]
    elif right_boundary[0]==1:
        at[-1],dt[-1]=h[-1],2*h[-1]
        bt[-1]=6*(right_boundary[1]-b[-1])
    else:
        print('The first element of right_boundary must be 1 or 2')
        return None
    dt[1:-1]=u
    at[:-1]=h[:-1]
    ct[1:]=h[1:]
    bt[1:-1]=v
    m=thomas(dt,at,ct,bt)

    y_new=np.empty_like(x_new)
    for i in range(len(x_new)):
        if x_new[i]<x[1]:j=0
        elif x_new[i]>x[-2]:j=n-1
        else:j=np.flatnonzero(x<x_new[i])[-1]
        y_new[i]=((x[j+1]-x_new[i])**3/6/h[j]*m[j]+
                (x_new[i]-x[j])**3/6/h[j]*m[j+1]+
                (y[j+1]/h[j]-h[j]/6*m[j+1])*(x_new[i]-x[j])+
                (y[j]/h[j]-h[j]/6*m[j])*(x[j+1]-x_new[i]))
    return y_new
```

程序中 x_new 为 numpy 数组，提供待插值节点序列；left_boundary 定义左边界，它是包含两个元素的元组，第一个元素指定边界处导数的阶，只能是 1 或 2，第二个元素指定边界条件的值，left_boundary 的默认值为（2，0），即自由边界条件；right_boundary 以同样形式定义右边界。

【例 4-3】某一液相反应，实测反应物浓度 C 随时间 t 变化的实验数据如表 4-6 所示。利用三次样条函数插值绘出 C 随 t 变化曲线，并求 $t=0.1$、0.4、1.2、5.8 min 时的 C 值。

表 4-6 反应物浓度 C 随时间 t 变化的实验数据表

t/min	0	0.2	0.6	1.0	2.0	5.0	10.0
C/(g/L)	5.19	3.77	2.30	1.57	0.8	0.25	0.094

解 先绘出 C-t 关系折线图，如图 4-5 所示，从图中作切线求得初始点斜率为 $y'_0=-9.45$，在终点处，取 $y'_n=0$。

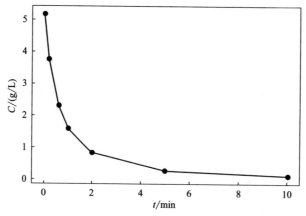

图 4-5　浓度与时间关系实验数据

编写主程序如下：

```
import matplotlib.pyplot as plt
if __name__=='__main__':
  x=np.array([0.0,0.2,0.6,1.0,2.0,5.0,10.0])
  y=np.array([5.19,3.77,2.30,1.57,0.8,0.25,0.094])
  lb=(1,-9.45)
  rb=(1,0)
  x_new=np.array([0.1,0.4,1.2,5.8])
  y_new=cubic_spline(x,y,x_new,lb,rb)
  print('y_new:',y_new)

  x_plot=np.linspace(x[0],x[-1],num=101)
  y_plot=cubic_spline(x,y,x_plot,lb,rb)
  plt.plot(x_plot,y_plot,'-')
  plt.scatter(x,y,marker='o')
  plt.xlabel('t/min')
  plt.ylabel('C/(g/L)')
  plt.show()
```

运行结果为：

```
y_new:[4.37826452 2.88804678 1.33013798 0.20649896]
```

程序输出三次样条函数插值曲线如图 4-6 所示。

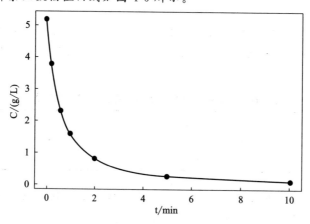

图 4-6　三次样条函数插值曲线图（程序截图）

【例 4-4】 已知列表函数如表 4-7 所示，利用自由边界三次样条函数连接这些数据点绘制一条光滑曲线。

表 4-7　例题 4-4 中的列表函数

x	0.0	0.6	1.5	1.7	1.9	2.1	2.3	2.6	2.8	3.0
y	−0.8	−0.34	0.59	0.59	0.23	0.1	0.28	1.03	1.5	1.44
x	3.6	4.7	5.2	5.7	5.8	6.0	6.4	6.9	7.6	8.0
y	0.74	−0.82	−1.27	−0.92	−0.92	−1.04	−0.79	−0.06	1.0	0.0

解　编写程序如下：

```python
import numpy as np
import matplotlib.pyplot as plt
from cubic_spline import cubic_spline
x=np.array([0.0,0.6,1.5,1.7,1.9,2.1,2.3,2.6,2.8,3.0,
    3.6,4.7,5.2,5.7,5.8,6.0,6.4,6.9,7.6,8.0])
y=np.array([-0.8,-0.34,0.59,0.59,0.23,0.1,0.28,1.03,1.5,1.44,
    0.74,-0.82,-1.27,-0.92,-0.92,-1.04,-0.79,-0.06,1.0,0.0])
x_list=np.linspace(0,8,801)
y_list=cubic_spline(x,y,x_list)
plt.plot(x_list,y_list)
plt.scatter(x,y,marker='o')
plt.xlabel('x')
plt.ylabel('y')
plt.show()
```

输出插值曲线如图 4-7 所示。

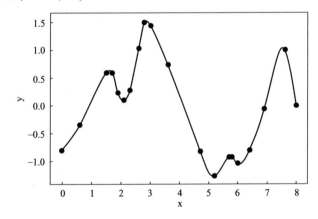

图 4-7　自由边界三次样条函数插值曲线（程序截图）

4.2.3　利用 scipy 模块进行样条函数插值

在 scipy 中的 interpolate 子模块实现了多种类及函数用于样条函数插值，包括 interp1d、interp2d、interpnd、splev、CubicSpline 及 UnivariateSpline 等，下面作一简单介绍。

（1）scipy.interpolate.interp1d 方法

interp1d 方法用于一维函数的插值，它返回插值函数以计算新 x 处的 y 值，其用法为：

```
interp1d(x,y,kind='linear',axis=-1,copy=True,bounds_error=None,fill_value=nan,
assume_sorted=False)
```

主要参数

① x，y：列表函数数据，$y = f(x)$；

② kind：字符串或整数，表示插值方法。可选字符串包括'linear'（线性插值）、'nearest'（取距离最近的节点值）、'zero'（零次样条）、'slinear'（一次样条）、'quadratic'（二次样条）、'cubic'（三次样条）、'previous'（取前一个节点值）、'next'（取后一个节点值）。如果是整数则指定样条函数的次数。默认值为'linear'；

③ bounds_error：布尔值，如为 True，当插值点位于插值区间外面，则引发错误；如为 False，当插值点位于插值区间之外时，处理方法由 fill_value 提供。默认情况下，为插值区间外面的点插值会引发错误，除非 fill_value = "extrapolate"；

④ fill_value：指定当插值点在插值区间之外时的处理方法，如为"extrapolate"则用插值函数进行外插，如为两元素元组，则第一个元素为插值点 x_new < x[0] 时的返回值，第二个元素为 x_new > x[-1] 时的返回值。

例如，在 $0 \sim 2\pi$ 范围内以均匀间距取 10 个点计算 $\sin(x)$ 的值，然后分别利用线性插值和三次样条函数插值绘出插值曲线，编写程序如下：

```
import numpy as np
from scipy import interpolate as interp
import matplotlib.pyplot as plt

x=np.linspace(0,2*np.pi,num=10)
y=np.sin(x)

x_new=np.linspace(0,2*np.pi,num=1000)
f1=interp.interp1d(x,y)
y1=f1(x_new)
f2=interp.interp1d(x,y,kind='cubic')
y2=f2(x_new)
plt.plot(x,y,'o',x_new,y1,'--',x_new,y2,'-')
plt.legend(['data','linear','cubic'])
plt.show()
```

输出结果如图 4-8 所示。

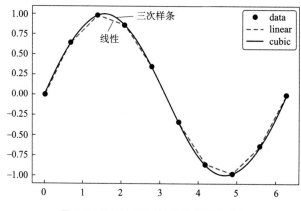

图 4-8　线性及三次样条插值曲线的对比

（2）scipy. interpolate. CubicSpline 类

CubicSpline 类构建三次样条函数，可用于插值、微分、积分、求根等，它返回一个 PPoly 实例，可如普通函数一样调用由 x _ new 产生 y _ new。其用法为：

```
CubicSpline(x,y,axis=0,bc_type='not-a-knot',extrapolate=None)
```

主要参数

① x，y：列表函数数据，$y = f(x)$；

② bc_type：字符串或包含 2 个元素的元组，指定边界条件。可选字符串有：（ⅰ）"not-a-knot"，非扭结条件，默认值，要求第一段及第二段的多项式具有相同的三阶导数值，倒数第一段和倒数第二段的多项式也有相同的三阶导数值，当缺乏边界条件信息时这是一个好的默认值；（ⅱ）"periodic"，周期性边界条件，使用此边界条件时必须有 $y[0] = y[-1]$，同时该边界条件意味着两个端点处具有相同的一阶导数值和二阶导数值；（ⅲ）"clamped"，插值区间两个端点的一阶导数值均为 0，等价于 bc_type = ((1, 0.0)，(1, 0.0))；（ⅳ）"natural"，自然边界条件，即插值区间两个端点的二阶导数值均为 0，等价于 bc_type = ((2, 0.0)，(2, 0.0))。如果为包含 2 个元素的元组，则第一个元素指定左端点边界条件，第二个元素指定右端点边界条件，每个元素都是一个元组，其中第一个元素指定导数的阶为 1 或 2，第二个元素指定导数值；

③ extrapolate：指定外插方法，可以是布尔值、"periodic" 或 None。如为布尔值，True 表示允许外插，False 则对插值区间外的插值点返回 NaN；"periodic" 利用周期性函数进行外插；None 为默认值，如果 bc _ type = "periodic" 则采用周期性函数进行外插，其它情况都等价于 True。

主要方法有：

① derivative（self，nu=1）：构建 nu 阶导数函数，nu 默认值为 1，即一阶导数；

② integrate（self，a，b，extrapolate=None）：计算 $[a，b]$ 区间内的积分；

③ roots（self，discontinuity=True，extrapolate=None）：返回三次样条函数的实根；

④ solve（self，y = 0.0，discontinuity = True，extrapolate = None）：求样条函数 $pp(x) = y$ 的实根。

例如用 CubicSpline 求解例 4-3 中 4 个不同时间 $t = 0.1$、0.4、1.2、5.8min 时的 C 值，编写程序如下：

```
import numpy as np
from scipy import interpolate as interp
x=np.array([0.0,0.2,0.6,1.0,2.0,5.0,10.0])
y=np.array([5.19,3.77,2.30,1.57,0.8,0.25,0.094])
df0,dfn=-9.45,0.0
cs=interp.CubicSpline(x,y,bc_type=((1,df0),(1,dfn)))
x1=np.array([0.1,0.4,1.2,5.8])
y1=cs(x1)
print('c:',y1)
```

运行结果为：

```
c:[4.37826452 2.88804678 1.33013798 0.20649896]
```

可以看到，插值得到的浓度值与例 4-3 的计算结果一致。

另外，scipy. interpolate 模块中还实现了 interp2d 方法用于 2 维插值、interpnd 用于 n 维插值、UnivariateSpline 类及 splXXX 系列方法用于 B 样条函数操作，具体请参见帮助文档。

4.3　回归

生产过程和科学实验中，常用的变量可分为两类：一类为确定性变量，另一类为随机变量。确定性变量是指两个或多个变量之间有确定的关系，即其中某个变量的每个值，都与某一变量的一个或几个确定的值相对应，它们之间存在着函数关系 $y = f(x)$。

但在实际问题中，由于变量之间的关系比较复杂，或由于生产或实验过程中不可避免地存在着误差，使变量之间的关系具有不确定性，也就是说，某个变量对应的不是一个或几个确定的值，而是整个集合的值。这时，变量 x 和 y 间的关系，就称为相关关系。

回归分析是一种处理相关关系的数理统计方法，用它可以寻找隐蔽在随机性后面的统计规律性。

4.3.1　一元线性回归

一元线性回归处理的是两个变量之间的线性关系：

$$y = a + bx \tag{4-72}$$

对模型参数的估计就是根据一系列原始实验数据：$(x_0,\ y_0)$，$(x_1,\ y_1)$，…，$(x_{n-1},\ y_{n-1})$，确定 a 和 b 的估计值。

在实际体系中，可能自变量 x 与因变量 y 并不服从线性关系，但可以转化为线性关系处理。比如 y 与 x 成指数关系：

$$y = ae^{bx}$$

通过取对数可得：

$$\ln(y) = \ln(a) + bx$$

于是 $\ln(y)$ 与 x 之间呈线性关系，通过线性回归也可以得到模型参数 a 和 b 的值。

设有一组实验数据点 $(x_0,\ y_0)$，$(x_1,\ y_1)$，…，$(x_{n-1},\ y_{n-1})$，x 与 y 间存在着线性关系。一般来讲，任一实验点 $(x_i,\ y_i)$ 可能没有恰好落在直线上，则误差 δ_i 为：

$$\delta_i = y_i - a - bx_i \tag{4-73}$$

误差 δ_i 反映了 x_i 使 y_i 偏离直线的各种影响因素的总和。

要寻找一条最靠近各个数据点的直线，这条直线就称为回归直线，最小二乘法可使误差的平方和最小，误差平方和 Q 为：

$$Q = \sum_{i=0}^{n-1} \delta_i^2 = \sum_{i=0}^{n-1} (y_i - a - bx_i)^2 \tag{4-74}$$

显然 Q 是 a 和 b 的函数，要使 Q 值最小，则有：

$$\begin{cases} \dfrac{\partial Q}{\partial a} = -2 \sum_{i=0}^{n-1} (y_i - a - bx_i) = 0 \\ \dfrac{\partial Q}{\partial b} = -2 \sum_{i=0}^{n-1} (y_i - a - bx_i)x_i = 0 \end{cases} \tag{4-75}$$

整理得到：

$$\begin{cases} na + (\sum_{i=0}^{n-1} x_i)b = \sum_{i=0}^{n-1} y_i \\ (\sum_{i=0}^{n-1} x_i)a + (\sum_{i=0}^{n-1} x_i^2)b = \sum_{i=0}^{n-1} x_i y_i \end{cases} \tag{4-76}$$

式（4-76）构成求解 a、b 的方程组，解得：

$$\begin{cases} b = \dfrac{n\sum_{i=0}^{n-1} x_i y_i - \sum_{i=0}^{n-1} x_i \sum_{i=0}^{n-1} y_i}{n\sum_{i=0}^{n-1} x_i^2 - (\sum_{i=0}^{n-1} x_i)^2} \\ a = \dfrac{\sum_{i=0}^{n-1} y_i - b\sum_{i=0}^{n-1} x_i}{n} \end{cases} \tag{4-77}$$

4.3.2 多元线性回归

若有 $m-1$ 个因素影响体系的性质时，这时必须考虑因变量 y 与多个自变量 x_1，x_2，…，x_{m-1} 之间的关系，多元线性方程的普遍式为：

$$y = a_0 + a_1 x_1 + a_2 x_2 + \cdots + a_{m-1} x_{m-1} = \sum_{j=0}^{m-1} a_j x_j = xA \tag{4-78}$$

其中行向量 $x = [x_0，x_1，\cdots，x_{m-1}]$，增加了一个分量 $x_0 = 1$，以便将 a_0 写到加和式中，列向量 $A = [a_0，a_1，\cdots，a_{m-1}]^T$。

设有 $n(n > m)$ 个实验测定值，当 x 取值为 $x_0^{(i)}$，$x_1^{(i)}$，…，$x_{m-1}^{(i)}$ 时，实验测定的 y 值为 $y^{(i)}$（$i = 0，1，\cdots，n-1$），现在要寻找一组 a_j 的估计值以构成回归方程。确定 a_j 的原则，仍然是使 $y^{(i)}$ 的实验值与回归方程的计算值之间的误差平方和最小。误差平方和 Q 为：

$$Q = \sum_{i=0}^{n-1} \left(\sum_{j=0}^{m-1} a_j x_j^{(i)} - y^{(i)}\right)^2 \tag{4-79}$$

将所有行向量 $x^{(i)}$ 排列为一个矩阵 X：

$$X = \begin{bmatrix} 1 & x_1^{(0)} & \cdots & x_{m-1}^{(0)} \\ 1 & x_1^{(1)} & \cdots & x_{m-1}^{(1)} \\ \vdots & \vdots & & \vdots \\ 1 & x_1^{(n-1)} & \cdots & x_{m-1}^{(n-1)} \end{bmatrix} \tag{4-80}$$

类似地，$y^{(i)}$ 排列为列向量 $Y = [y^{(0)}，y^{(1)}，\cdots，y^{(n-1)}]^T$。将误差平方和以矩阵形式表示为：

$$Q = (XA - Y)^T (XA - Y) = A^T X^T XA - A^T X^T Y - Y^T XA + Y^T Y \tag{4-81}$$

由于 $A^T X^T Y$ 是一行一列的矩阵，自然它的转置即为本身，则有：

$$A^T X^T Y = (A^T X^T Y)^T = Y^T XA \tag{4-82}$$

于是：

$$Q = A^T X^T XA - 2A^T X^T Y + Y^T Y \tag{4-83}$$

要使 Q 取最小值，则需要：

$$\frac{\mathrm{d}Q}{\mathrm{d}A} = \frac{\mathrm{d}(A^T X^T XA - 2A^T X^T Y + Y^T Y)}{\mathrm{d}A} = 0 \tag{4-84}$$

根据矩阵求导公式：

$$\frac{\mathrm{d}(X^T AX)}{\mathrm{d}X} = (A + A^T)X \tag{4-85}$$

$$\frac{\mathrm{d}(\boldsymbol{X}^{\mathrm{T}}\boldsymbol{A})}{\mathrm{d}\boldsymbol{X}} = \boldsymbol{A} \tag{4-86}$$

可得：

$$\frac{\mathrm{d}\boldsymbol{Q}}{\mathrm{d}\boldsymbol{A}} = 2\boldsymbol{X}^{\mathrm{T}}\boldsymbol{X}\boldsymbol{A} - 2\boldsymbol{X}^{\mathrm{T}}\boldsymbol{Y} = 0 \tag{4-87}$$

从而得到关于 $\boldsymbol{A}$ 的方程（正规方程）：

$$\boldsymbol{X}^{\mathrm{T}}\boldsymbol{X}\boldsymbol{A} = \boldsymbol{X}^{\mathrm{T}}\boldsymbol{Y} \tag{4-88}$$

当 $\boldsymbol{X}^{\mathrm{T}}\boldsymbol{X}$ 的逆矩阵存在时：

$$\boldsymbol{A} = (\boldsymbol{X}^{\mathrm{T}}\boldsymbol{X})^{-1}\boldsymbol{X}^{\mathrm{T}}\boldsymbol{Y} \tag{4-89}$$

实际上，$(\boldsymbol{X}^{\mathrm{T}}\boldsymbol{X})^{-1}\boldsymbol{X}^{\mathrm{T}}$ 即为 $\boldsymbol{X}$ 的广义逆矩阵。利用上式求解一元线性回归与 4.3.1 节中的结果是完全一样的。

要衡量 y 与 x 之间线性关系的强弱程度，常使用 Pearson 相关系数来描述：

① 当相关系数为 0 时，无线性相关关系；

② 相关系数在 0 与 1 之间，正相关关系，越接近于 1 表示相关性越强；

③ 相关系数在 -1 与 0 之间，负相关关系，越接近于 -1 表示相关性越强。

建立 linear_regression.py 文件，键入如下程序：

```python
import numpy as np
def linear_regression(x,y):
  x=np.mat(np.insert(x,obj=0,values=1,axis=1))# x 第 0 列位置插入 1
  y=np.mat(y)
  xTx=x.T*x
  if np.linalg.det(xTx)==0:
    print('xTx is singular,can not do inverse')
    return None
  a=xTx.I*x.T*y
  pearson=np.corrcoef((x*a),y,rowvar=False)[0,1]
  return a,pearson
```

该程序对输入 x 和 y 进行线性回归，返回系数向量 a 及 Pearson 相关系数。

【例 4-5】已知某反应速率常数 k 与温度 T 关系符合阿伦尼乌斯方程，实验数据如表 4-8 所示，试求 $k\text{-}T$ 的关系式。

表 4-8　不同温度下反应速率常数的实验数据

T/K	363	373	383	393	403
$k\times10^{2}/\mathrm{min}^{-1}$	0.718	1.376	2.701	5.221	9.718

解　根据阿伦尼乌斯定律

$$k = A\exp\left(-\frac{E}{RT}\right)$$

对上式取对数：

$$\ln k = \ln A - \frac{E}{R}\cdot\frac{1}{T}$$

令 $x=1/T$，$y=\ln k$，对 y-x 线性回归即可求出 A 与 E 的值，编程序如下：

```
if __name__=='__main__':
    t=np.array([[363],[373],[383],[393],[403]])
    k=np.array([[0.718],[1.376],[2.701],[5.221],[9.718]])*1e-2
    x,y=1/t,np.log(k)
    a,corrcoef=linear_regression(x,y)
    A,E=np.exp(a[0]),-a[1]*8.314
    print(f"A:{A},E:{E}")
    print(f"Correlation Coefficient:{corrcoef}")
```

运行结果为：

```
A:[[1.96634928e+09]],E:[[79570.97494542]]
Correlation Coefficient:0.9997183155330668
```

【例 4-6】已知某溶液由两种物质 A 与 B 组成，其质量浓度分别为 C_A、C_B，溶液黏度 μ（cP）与两物质浓度呈线性关系：

$$\mu = a_0 + a_1 C_A + a_2 C_B$$

试根据表 4-9 中实验数据确定 a_0，a_1，a_2 的值。

表 4-9　浓度与黏度关系实验数据

C_A	25.8	15.8	18.1	13.3	20.1	10.1	17.1	21	23.7	11.2	10.2	16.4	15.9	8	26
C_B	98	116	104	99	153	98	103	112	113	80	87	138	98	102	155
μ	14.5	9.7	11.3	26	44.7	21	25.2	13.7	38.5	5.8	17.7	40	17.1	3	37.3

解　编写程序如下：

```
import numpy as np
from linear_regression import linear_regression
Ca=[25.8,15.8,18.1,13.3,20.1,10.1,17.1,21,23.7,11.2,10.2,16.4,15.9,8,26]
Cb=[98,116,104,99,153,98,103,112,113,80,87,138,98,102,155]
mio=[14.5,9.7,11.3,26,44.7,21,25.2,13.7,38.5,5.8,17.7,40,17.1,3,37.3]

c=np.mat([Ca,Cb]).T
y=np.mat(mio).T
a,corrcoef=linear_regression(c,y)
print(f"a:{a}")
print(f"Correlation Coefficient:{corrcoef}")
```

运行结果为：

```
a:[[-27.43249579]
 [ 0.23271026]
 [ 0.40952992]]
Correlation Coefficient:0.7472224299432868
```

【例 4-7】已知产品的废品率 y 与产品中某种物质含量 x 有关，实测数据如表 4-10 所示，试用三次多项式拟合这组数据，并画出拟合曲线。

表 4-10　废品率 y 与某物质含量 x 关系的实验数据

x	0.34	0.36	0.37	0.38	0.39	0.39	0.39	0.40
y	1.30	1.00	0.73	0.9	0.81	0.70	0.60	0.50
x	0.4	0.41	0.42	0.43	0.43	0.45	0.47	0.48
y	0.44	0.56	0.30	0.42	0.35	0.40	0.41	0.60

解　三次多项式拟合可以转化为对 x、x^2、x^3 的多元线性拟合，编写程序如下：

```python
import numpy as np
from linear_regression import linear_regression
import matplotlib.pyplot as plt

x0=np.array([0.34,0.36,0.37,0.38,0.39,0.39,0.39,0.40,0.40,0.41,
    0.42,0.43,0.43,0.45,0.47,0.48])
y0=np.array([1.30,1.00,0.73,0.90,0.81,0.70,0.60,0.50,0.44,0.56,
    0.30,0.42,0.35,0.40,0.41,0.60])
x=np.array([x0,x0**2,x0**3]).T
y=y0.reshape((-1,1))
a,corrcoef=linear_regression(x,y)
print(f"a:{a}")
print(f"Correlation Coefficient:{corrcoef}")

x_plot=np.linspace(min(x0),max(x0),num=100)
y_plot=np.dot(np.array([np.ones(len(x_plot)),x_plot,x_plot**2,x_plot**3]).T,a)
plt.plot(x_plot,y_plot,'-',x0,y0,'* ')
plt.xlabel('x')
plt.ylabel('y')
plt.show()
```

运行结果为：

```
a:[[-13.64297775]
[155.8814078 ]
[-490.50838843]
[ 473.86078238]]
Correlation Coefficient:0.9450444395820645
```

因此回归多项式为：

$$y = -13.64 + 155.88x - 490.51x^2 + 473.86x^3$$

回归曲线如图 4-9 所示。

4.3.3　梯度下降算法

在前面的分析中，线性回归的问题最终转化为求误差函数 Q 的最小值问题。求函数的极值可以通过优化的方法实现，包括线性规划、梯度下降、共轭梯度等，其中梯度下降算法在数据科学、尤其是神经网络训练中获得了广泛应用，下面我们介绍梯度下降（gradient descent）算法的基本原理及其在线性回归问题中的应用。

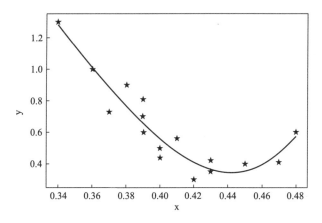

图 4-9 例 4-7 中的多项回归曲线（程序截图）

由式(4-79) 可知，误差平方和 Q 为：

$$Q = \sum_{i=0}^{n-1} \left(\sum_{j=0}^{m-1} a_j x_j^{(i)} - y^{(i)} \right)^2$$

Q 是 $a_j\,(j=0,\,1,\,\cdots,\,m-1)$ 的函数，我们先以单变量线性回归为例，此时 $m=2$，只有 a_0 和 a_1 两个变量。考虑一个简单的函数：

$$Q(a_0, a_1) = 4a_0^2 + a_1^2$$

画出该函数的三维曲面图如图 4-10(a) 所示，等高线图如图 4-10(b) 所示。

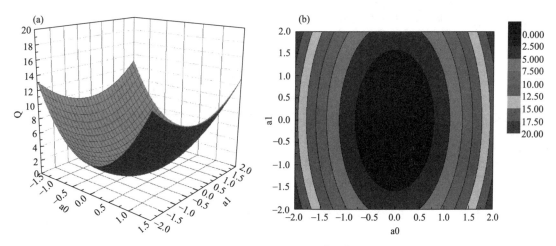

图 4-10 函数 $Q(a_0,\ a_1) = 4a_0^2 + a_1^2$ 的图像
（a）三维曲面图，（b）等高线图

显然，对这一个简单函数很容易看出最小值点出现在（0，0）的位置，然而对于复杂的多变量函数（如 $m > 2$ 时），则无法画出这样的图像，为了找到极小值点，可以先选择一个初值 $\boldsymbol{A}^{(0)}$，然后沿着函数值下降的方向逐渐趋近极小值点，为了加快收敛的速度，希望每一步都沿着最陡的方向即函数值下降最快的方向前进。根据数学知识，任何一点处函数值增大最快的方向为该点的梯度方向，相应地下降最快的方向就在梯度的反方向，该方向与通过该点的等高线垂直。于是，在 $\boldsymbol{A}^{(0)} = \left[a_0^{(0)},\ a_1^{(0)} \right]^{\mathrm{T}}$ 点处下降最快的方向是 $-\nabla Q(\boldsymbol{A}^{(0)}) =$

$\left[-\dfrac{\partial Q}{\partial a_0}\bigg|_{\boldsymbol{A}^{(0)}}, -\dfrac{\partial Q}{\partial a_1}\bigg|_{\boldsymbol{A}^{(0)}}\right]^{\mathrm{T}}$。确定了方向，还要确定前进多远的距离，通常采用的方法是人为选取一个步长 η（learning rate），则：

$$\boldsymbol{A}^{(1)} = \left[a_0^{(1)}, a_1^{(1)}\right]^{\mathrm{T}} = \boldsymbol{A}^{(0)} - \eta\,\nabla Q(\boldsymbol{A}^{(0)}) \tag{4-90}$$

写出其分量格式即为：

$$a_0^{(1)} = a_0^{(0)} - \eta \frac{\partial Q}{\partial a_0}\bigg|_{\boldsymbol{A}^{(0)}} \tag{4-91}$$

$$a_1^{(1)} = a_1^{(0)} - \eta \frac{\partial Q}{\partial a_1}\bigg|_{\boldsymbol{A}^{(0)}} \tag{4-92}$$

然后在 $\boldsymbol{A}^{(1)}$ 的位置再计算新的梯度并沿梯度反方向继续前进，直到前进的距离（或沿任一分量前进距离的最大值）小于指定精度要求 ε，算法收敛。

对于线性回归问题，迭代公式为：

$$a_j = a_j - \eta \frac{\partial Q}{a_j} = a_j - 2\eta \sum_{i=0}^{n-1}\left[\sum_{j=0}^{m-1} a_j x_j^{(i)} - y^{(i)}\right] x_j^{(i)} \tag{4-93}$$

写成矩阵形式为：

$$\boldsymbol{A} = \boldsymbol{A} - \eta\,\nabla Q(A) = \boldsymbol{A} - \eta \frac{\mathrm{d}Q(\boldsymbol{A})}{\mathrm{d}\boldsymbol{A}} = \boldsymbol{A} - 2\eta(\boldsymbol{X}^{\mathrm{T}}\boldsymbol{X}\boldsymbol{A} - \boldsymbol{X}^{\mathrm{T}}\boldsymbol{Y}) = \boldsymbol{A} - 2\eta \boldsymbol{X}^{\mathrm{T}}(\boldsymbol{X}\boldsymbol{A} - \boldsymbol{Y})$$

$$\tag{4-94}$$

梯度下降算法求解线性回归问题的程序流程如图 4-11 所示。

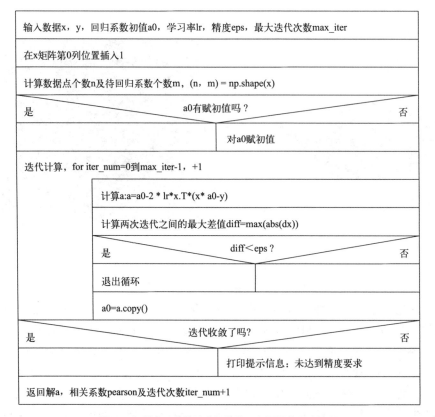

图 4-11 梯度下降算法求解线性回归问题的程序流程

建立 bgd.py 文件，键入如下程序：

```python
import numpy as np
def bgd(x,y,a0=None,lr=1e-6,eps=1e-7,max_iter=int(1e9)):
  x=np.mat(np.insert(x,obj=0,values=1,axis=1))# x 列方向 0 位置插入 1
  y=np.mat(y)
  n,m=np.shape(x)
  if a0 is None:a0=np.mat(np.zeros((m,1),dtype=float))
  for iter_num in range(max_iter):
    a=a0-2*lr*x.T*(x*a0-y)
    diff=np.max(np.abs(a-a0))
    if diff<eps:break
    a0=a.copy()
  else:print('The maxmium iteration number is reached')
  pearson=np.corrcoef((x*a),y,rowvar=False)[0,1]
  return a,pearson,iter_num
```

该程序利用梯度下降算法对 x，y 进行线性回归，a0 为系数向量的初值，lr 为学习率，eps 为收敛的精度要求，max_iter 为最大迭代次数。程序返回系数向量 a、pearson 相关系数及迭代次数。

【例 4-8】 利用梯度下降算法求解例 4-6 中的回归问题。

解 编写主程序如下：

```python
if __name__=='__main__':
  ca=[25.8,15.8,18.1,13.3,20.1,10.1,17.1,21,23.7,11.2,10.2,16.4,15.9,8,26]
  cb=[98,116,104,99,153,98,103,112,113,80,87,138,98,102,155]
  mio=[14.5,9.7,11.3,26,44.7,21,25.2,13.7,38.5,5.8,17.7,40,17.1,3,37.3]
  c=np.mat([ca,cb]).T
  y=np.mat(mio).T
  a,corrcoef,iteration=bgd(c,y)
  print(f"a:{a},\ncorrcoef:{corrcoef},\niter:{iteration}")
```

运行结果为：

```
a:[[-27.33978126]
[0.23252301]
[0.40874889]],
corrcoef:0.7472224250566425,
iter:5275488
```

在梯度下降算法中，步长的选择很重要，步长太大会导致震荡，得不到最终答案，步长太小则收敛较慢。比较例 4-6 与例 4-8 可以发现，对此问题而言，梯度下降算法不仅计算时间长，而且解的精度较低，而 4.3.2 节中的正规方程组解法则给出的是解析解。因此当数据量不大（<10000）时，推荐使用正规方程组解法，但对大型问题，数据量可能有几十万甚至上百万，正规方程组解法中求一个大矩阵的逆是非常耗时的，甚至因为内存限制而无法求解，此时可以采用梯度下降算法。另外，人们开发了多种梯度下降算法的变体以解决大型问题：

① 批量梯度下降（batch gradient descent，BGD）算法，每次参数更新使用全部数据

点，当数据量较大时，计算较为耗时；

② 随机梯度下降（stochastic gradient descent，SGD）算法，每次参数更新只使用一个数据点，虽然迭代次数会增加，但每次迭代的计算量大幅减小；

③ 小批量梯度下降（mini-batch gradient descent，MBGD）算法，每次参数更新使用用户定义的 $p(1 \leqslant p \leqslant n)$ 个数据点，该算法应用最为广泛。

4.3.4 利用 scipy 模块解决回归问题

在 scipy 中的 optimize 子模块中实现了 least_squares 用于最小二乘法、curve_fit 用于非线性最小二乘法曲线拟合、lsq_linear 用于线性回归，另外在 stats 子模块中实现了 linregress 用于简单的一元线性回归。

（1）scipy. optimize. least_squares 方法

least_squares 方法用于最小二乘法回归，可以对回归参数设置边界以给出有意义的解，它通过求解如下优化问题来实现：

$$\min_x \frac{1}{2} \sum_{i=1}^{m} \rho(f_i(\boldsymbol{x})^2)$$
$$\text{subject to}: \boldsymbol{lb} \leqslant \boldsymbol{x} \leqslant \boldsymbol{ub}$$

其中，$\boldsymbol{x}$ 为回归参数向量；m 为数据点数目；$f(\boldsymbol{x})$ 为残差函数；ρ 是一个标量函数，通常称为损失函数，它用于降低离群点数据的影响，增强算法稳定性。当 ρ 为线性损失函数 $\rho(z)=z$ 时即为通常的标准最小二乘法；$\boldsymbol{lb}$ 和 $\boldsymbol{ub}$ 分别为 $\boldsymbol{x}$ 取值的下限和上限。least_squares 用法如下：

```
least_squares(fun,x0,jac='2-point',bounds=-inf,inf,method='trf',ftol=1e-08,xtol=
1e-08,gtol=1e-08,x_scale=1.0,loss='linear',f_scale=1.0,diff_step=None,tr_solver=
None,tr_options={},jac_sparsity=None,max_nfev=None,verbose=0,args=(),kwargs={})
```

主要参数

① fun：残差函数 fun（x,* args），优化其第一个参数 x，x 必须是形状为（n,）的 numpy 数组，不能是标量，如果只有一个参数要优化，写为长度为 1 的数组。函数返回形状为（m,）的一维数组或标量；

② x0：初值，形状为（n,）的数组或实数，如果是实数则转化为只有一个元素的一维数组；

③ jac：雅可比矩阵计算方法，雅可比矩阵 $\boldsymbol{J}$ 形状为 m 行 n 列，其任意元素 $\boldsymbol{J}_{ij}=\partial f_i/\partial x_j$ 表示 f_i 对 x_j 的偏导。强烈建议用户以分析解提供雅可比矩阵的计算函数，如果用户未提供，则算法默认采用有限差分估计雅可比矩阵，这会导致求解效率的下降以及误差增大；

④ bounds：两个数组的元组，给出 x 的下界及上界，默认为无界。每个数组的长度必须与 x 长度相同，或者为标量，当为标量时表示 x 的所有分量都有相同的下界和/或上界；

⑤ method：优化方法，有'trf'、'dogbox'、'lm'可选，默认为'trf'。'trf'为信赖域反射算法，适用于有界的大规模稀疏问题，是一种稳健的方法。'dogbox'是矩形信赖域算法，适用于有界小规模问题，如果雅可比矩阵不满秩时，不推荐该方法。'lm'为 Levenberg-Marquardt 算法，它不处理边界问题，对无约束小规模问题效率很高；

⑥ ftol：损失函数的精度要求，默认值为 1e-8；

⑦ xtol：优化参数 x 的精度要求，默认值为 1e-8；

⑧ loss：损失函数，有如下选择：

a）'linear'（默认值），$\rho(z) = z$，标准最小二乘法。

b）'soft _ l1', $\rho(z) = 2\left[\sqrt{1+z} - 1\right]$，l1 损失的光滑近似。

c）'huber', $\rho(z) = \begin{cases} z & \text{while } z < 1 \\ 2\sqrt{z} - 1 & \text{otherwise} \end{cases}$，效果类似于'soft _ l1'。

d）'cauchy', $\rho(z) = \ln(1+z)$，大幅降低离群点影响，但也可能使优化难度增大。

e）'arctan', $\rho(z) = \arctan(z)$，限制单点最大损失，效果与'cauchy'相似；

⑨ max _ nfev：调用函数的最大次数，如果为 None（默认值），则由算法自行设定该值；对'trf'和'dogbox'为 $100 * n$，对'lm'，提供了 jac 函数时为 $100 * n$，否则为 $100 * n * (n+1)$。

least _ squares 方法返回一个 OptimizeResult 对象实例，其主要属性包括：

① x：最终的解，形状为（n,）的数组；

② cost：实数，损失函数值；

③ fun：残差值；形状为（m,）的数组；

④ nfev：整数，调用函数的次数；

⑤ message：算法结束原因的字符串描述；

⑥ success：布尔值，算法是否收敛。

【例 4-9】利用 least _ squares 方法求解例 4-6 中的多元线性回归问题，并比较提供雅可比矩阵与不提供雅可比矩阵时计算效率。

解 编写程序如下：

```
import numpy as np
from scipy.optimize import least_squares
import time
ca=[25.8,15.8,18.1,13.3,20.1,10.1,17.1,21,23.7,11.2,10.2,16.4,15.9,8,26]
cb=[98,116,104,99,153,98,103,112,113,80,87,138,98,102,155]
mio=[14.5,9.7,11.3,26,44.7,21,25.2,13.7,38.5,5.8,17.7,40,17.1,3,37.3]
c=np.array([ca,cb]).T
mio=np.asarray(mio)

def fun(a,c,mio):
  return a[0]+a[1]*c[:,0]+a[2]*c[:,1]-mio
def jac(a,c,mio):
  J=np.empty((mio.size,a.size))
  J[:,0]=1
  J[:,1]=c[:,0]
  J[:,2]=c[:,1]
  return J

a0=np.zeros(3)
t1=time.time()
res=least_squares(fun,a0,jac=jac,args=(c,mio))
print('a:',res.x)
print('while jac provided,time needed:',time.time()-t1)
t1=time.time()
res=least_squares(fun,a0,args=(c,mio))
```

```
print('a:',res.x)
print('while jac not provided,time needed: ',time.time()-t1)
```

运行结果为：

```
a:[-27.43249579 0.23271026 0.40952992]
while jac provided,time needed: 0.0019609928131103516
a:[-27.43249524 0.23271025 0.40952992]
while jac not provided,time needed: 0.004985332489013672
```

可以看到，无论是否提供雅可比矩阵，程序都收敛到了正确的解，与例 4-6 中的结果一致。但提供雅可比矩阵时，计算效率比不提供雅可比矩阵提高了 2 倍多。

【例 4-10】考虑一酶催化反应模型：

$$y = \frac{x_0(u^2 + x_1 u)}{u^2 + x_2 u + x_3}$$

其中 $x_0 \sim x_3$ 为模型参数，全部大于 0，现有一系列实验数据如表 4-11 所示。利用非线性最小二乘法确定模型参数 $x_0 \sim x_3$ 的值，并绘出模型曲线与实验数据进行比较。

表 4-11　不同 u_i 时 y_i 实验数据

u_i	4.0	2.0	1.0	0.5	0.25	0.167	0.125	0.1	0.0833	0.0714	0.0625
y_i	0.1957	0.1947	0.1735	0.16	0.0844	0.0627	0.0456	0.0342	0.0323	0.0235	0.0246

解　残差函数为：

$$f_i(x) = \frac{x_0(u_i^2 + x_1 u_i)}{u_i^2 + x_2 u_i + x_3} - y_i$$

雅可比矩阵：

$$J_{i0} = \frac{\partial f_i}{\partial x_0} = \frac{(u_i^2 + x_1 u_i)}{u_i^2 + x_2 u_i + x_3}$$

$$J_{i1} = \frac{\partial f_i}{\partial x_1} = \frac{x_0 u_i}{u_i^2 + x_2 u_i + x_3}$$

$$J_{i2} = \frac{\partial f_i}{\partial x_2} = -\frac{x_0 u_i(u_i^2 + x_1 u_i)}{(u_i^2 + x_2 u_i + x_3)^2}$$

$$J_{i3} = \frac{\partial f_i}{\partial x_3} = -\frac{x_0(u_i^2 + x_1 u_i)}{(u_i^2 + x_2 u_i + x_3)^2}$$

题目中给定 x_i 大于 0，但没有提供上限，可以取一个比较大的值比如 100 作为上限。编写程序如下：

```
import numpy as np
from scipy.optimize import least_squares
import matplotlib.pyplot as plt
def model(x,u):
    return x[0]* (u**2+ x[1]*u)/(u**2+ x[2]*u+x[3])
```

```
def fun(x,u,y):
  return  model(x,u)-y

def jac(x,u,y):
  J=np.empty((u.size,x.size))
  den=u**2+x[2]*u+x[3]
  num=u**2+x[1]*u
  J[:,0]=num/den
  J[:,1]=x[0]*u/den
  J[:,2]=-x[0]*u*num/den**2
  J[:,3]=-x[0]*num/den**2
  return J
u=np.array([4.0,2.0,1.0,5.0e-1,2.5e-1,1.67e-1,1.25e-1,1.0e-1,
      8.33e-2,7.14e-2,6.25e-2])
y=np.array([1.957e-1,1.947e-1,1.735e-1,1.6e-1,8.44e-2,6.27e-2,
      4.56e-2,3.42e-2,3.23e-2,2.35e-2,2.46e-2])
x0=np.ones(4)
res=least_squares(fun,x0,jac=jac,bounds=(0,100),args=(u,y))
print('x:',res.x)

u_plot=np.linspace(np.min(u),np.max(u),1001,endpoint=True)
y_plot=model(res.x,u_plot)
plt.plot(u_plot,y_plot,'-',u,y,'* ')
plt.xlabel('u')
plt.ylabel('y')
plt.show()
```

运行结果为：

```
x:  [0.19280818 0.19125444 0.12305125 0.13604942]
```

模拟曲线与实验数据对比如图 4-12 所示。

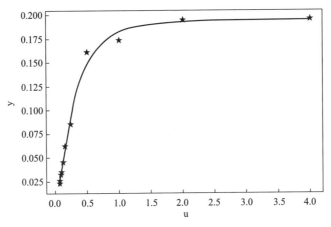

图 4-12　例 4-10 中模型计算曲线与实验数据的对比

（2）scipy. optimize. curve _ fit 方法

curve _ fit 方法利用非线性最小二乘法拟合函数，其用法为：

```
curve_fit(f,xdata,ydata,p0=None,sigma=None,absolute_sigma=False,check_finite=
True,bounds=(-inf,inf),method=None,jac=None,** kwargs)
```

该方法利用数据（xdata，ydata）拟合函数 f，假定：

$$ydata = f(xdata, * params) + eps$$

主要参数

① f：拟合函数 f(x，…)，其第一个变量必须是自变量，待拟合参数列在后面；

② xdata：自变量；

③ ydata：因变量；

④ p0：初值，如果没有提供，则使用 1 作为初值；

⑤ bounds：可用于设置拟合参数的下限及上限值，如果未提供则认为是无约束的。

curve_fit 方法返回包含两个元素的元组，第一个元素是包含拟合参数的 numpy 数组，第二个元素为拟合参数协方差矩阵的估计值。

下面利用 curve_fit 方法拟合例 4-10 中的酶催化反应模型，编写程序如下：

```
import numpy as np
from scipy.optimize import curve_fit
def model(u,x0,x1,x2,x3):
    return x0*(u**2+x1*u)/(u**2+x2*u+x3)
u=np.array([4.0,2.0,1.0,5.0e-1,2.5e-1,1.67e-1,1.25e-1,1.0e-1,
        8.33e-2,7.14e-2,6.25e-2])
y=np.array([1.957e-1,1.947e-1,1.735e-1,1.6e-1,8.44e-2,6.27e-2,
        4.56e-2,3.42e-2,3.23e-2,2.35e-2,2.46e-2])
params,_=curve_fit(model,u,y,bounds=(0,np.inf))
print('x=',params)
```

运行结果为：

```
x=[0.19280555  0.1913135  0.12306238  0.13607676]
```

（3）scipy.optimize.lsq_linear 方法

lsq_linear 方法用于求解线性最小二乘法问题，其用法为：

```
lsq_linear(A,b,bounds=(-inf,inf),method='trf',tol=1e-10,lsq_solver=None,lsmr_tol
=None,max_iter=None,verbose=0)
```

该方法通过最小化 $0.5\|Ax - b\|^2$ 来找到 x 的解。bounds 参数可用于设置 x 的上下限。由于该优化问题为凸问题，因此只要算法收敛到一个解，则其必然是全局最优解。

lsq_linear 方法返回一个 OptimizeResult 实例，其属性 x 为最终的解。下面利用 lsq_linear 求解例 4-6 中的多元线性回归问题，编写程序如下：

```
import numpy as np
from scipy.optimize import lsq_linear
ca=[25.8,15.8,18.1,13.3,20.1,10.1,17.1,21,23.7,11.2,10.2,16.4,15.9,8,26]
cb=[98,116,104,99,153,98,103,112,113,80,87,138,98,102,155]
mio=[14.5,9.7,11.3,26,44.7,21,25.2,13.7,38.5,5.8,17.7,40,17.1,3,37.3]
A=np.array([[1]*len(ca),ca,cb]).T
res=lsq_linear(A,mio)
print('x:',res.x)
```

运行结果为：

```
x:[-27.43249579  0.23271026  0.40952992]
```

（4）scipy.stats.linregress 方法

linregress 方法用于一元线性回归，其用法很简单：

```
linregress(x,y=None)
```

其中"x，y"为长度相同的一级数组。如果只提供了 x（y＝None），则 x 必须是 2 维数组，且有一个维度的长度为 2，算法会以此维度将数据分割为 x 和 y。如果 x 是 2×2 的数组，y＝None，则算法按行对数据进行分割，此时 linregress（x）等价于 linregress（x[0]，x[1]）。

linregress 方法返回一个 LinregressResult 对象实例，其主要属性包括：slope（斜率）、intercept（截距）、rvalue（相关系数）等。

下面利用 linregress 方法求解例 4-5 中的一元线性回归问题，编写程序如下：

```
import numpy as np
from scipy import stats as spst
t=np.array([363,373,383,393,403])
k=np.array([0.718,1.376,2.701,5.221,9.718])*1e-2
x,y=1/t,np.log(k)
res=spst.linregress(x,y)
A,E=np.exp(res.intercept),-res.slope*8.314
print(f"A:{A},E:{E}")
```

运行结果为：

```
A:1966349283.049231,E:79570.9749454123
```

对于参数回归问题，除了上面介绍的方法之外，也可以根据具体问题的特性，采用后续第八章中介绍的最优化方法或第十章介绍的智能优化算法求解。

习题

4.1　已知如下函数表，利用拉格朗日插值计算 $f(0.5)$ 的近似值。

x	-1	0	1	2
$f(x)$	3	-0.5	1	3

4.2　已知函数 $f(x) = \sqrt{x}$ 在离散点有 $f(16) = 4$，$f(25) = 5$，$f(36) = 6$，利用拉格朗日插值法计算 $f(30)$ 的近似值，并与实际值比较。

4.3　在 4.1.2 节牛顿插值函数 newton 中，利用二维数组 a 来记录差商表。但注意到，牛顿插值中实际上只用到了差商表对角线上的元素，因此，只保留对角线上的元素就够了，其它中间结果并不需保存。请修改 newton 函数，用一维数组来表示差商表并计算例 4-2，检验程序是否正确。

4.4　已知如下函数表，利用牛顿插值计算 $f(1.5)$。

x	-1	1	2	3
$f(x)$	3	4	6	5

4.5　由对数表查得下列数据，利用牛顿插值计算 $N_3(1.2)$ 和 $N_3(2.8)$：

x	1	1.5	2	3	3.5
$f(x)$	0	0.17609	0.30103	0.47712	0.54407

4.6　已知水在不同温度下的黏度数据如下表，利用三点拉格朗日插值计算 5～95℃间每隔 10℃时水的黏度。

$T\,/℃$	$\mu\,/(mPa \cdot s)$	$T\,/℃$	$\mu\,/(mPa \cdot s)$	$T\,/℃$	$\mu\,/(mPa \cdot s)$
0	1.792	40	0.656	80	0.357
10	1.301	50	0.549	90	0.317
20	1.005	60	0.469	100	0.286
30	0.810	70	0.406		

4.7　已知如下数据表，利用自然三次样条函数插值计算 $x = 0.5$、1.5 的函数近似值。

x	0	1	2	3	4
$f(x)$	0	0.5	1.2	0.8	0.2

4.8　已知如下数据表，利用三次样条函数插值求 $S(1.5)$ 的值，边界条件为第一类边界条件，$S''(0) = 1$，$S''(3) = 0$。

x	0	1	2	3
$f(x)$	0	1.5	1.0	2.0

4.9　已知如下数据表，利用三次样条函数插值求 $S(0)$ 的值，边界条件为第二类边界条件，$S'(-3) = S'(3) = -1$。

x	-3	-2	-1	1	2	3
$f(x)$	2	0	-3	1	5	2

4.10　已知函数 $y = 1/(1+x^2)$ 上的离散点如下表，分别求满足该数据的拉格朗日插值函数、自然三次样条插值函数，绘出插值曲线图并与 $y = 1/(1+x^2)$ 函数曲线比较。

x	-5	-4	-3	-2	-1	0	1	2	3	4	5
y	0.03846	0.05882	0.1	0.2	0.5	1	0.5	0.2	0.1	0.05882	0.03846

4.11　利用最小二乘法求一条直线拟合如下数据，并求线性相关因子。

x	1	2	3	4
y	0	1	1.5	2

4.12　已知 y 与 x 关系符合下式：

$$y = \frac{x}{ax+b}$$

实测一组数据如下表，试用最小二乘法拟合求 a、b 的值。

x	1	2	4	5
y	0.33	0.40	0.44	0.45

4.13　实验测定了自由落体下降高度与使用时间之间的关系数据如下表，试用二次函数拟合该组数据，画出函数曲线并与实验点比较。

高度/m	1	2	3	4	5	6	7	8	9	10
时间/s	0.44	0.63	0.80	0.92	1.00	1.10	1.20	1.28	1.35	1.43

4.14　某化学反应 $A+B \rightarrow S$ 的动力学方程为：

$$r = kc_A^a c_B^b c_S^c$$

式中，r 为反应速率，k 为反应速率常数，c_A、c_B、c_S 分别为 A、B、S 的摩尔浓度，a、b、c 分别为 A、B、S 的反应级数。实验测得不同浓度下反应速率值如下表所示，试用最小二乘法求模型参数 k、a、b、c 的值：

$c_A/(mol/L)$	8.0	7.5	7.0	6.5	6.0	5.5	5.0	4.5	4.0
$c_B/(mol/L)$	7.0	6.4	5.8	5.2	4.6	4.0	3.4	2.8	2.2
$c_S/(mol/L)$	2.0	3.0	4.0	5.0	6.0	7.0	8.0	9.0	10.0
$r/[mol/(L \cdot min)]$	4.23	3.0	2.23	1.69	1.28	0.98	0.73	0.53	0.37

4.15　实验测定乙炔的恒压热容与温度的关系数据如下表所示，利用最小二乘法建立形如 $c_p = a + bT + cT^2$ 的经验关联式：

T/K	300	400	500	600	700	800	900	1000
$c_p/[cal/(mol \cdot K)]$	9.91	11.07	12.13	13.04	13.82	14.51	15.10	15.63

微信扫码，立即获取
课后习题详解

第五章

数值微分与数值积分

5.1 数值微分

在微积分中，函数的导数是通过求极限来定义的，当函数以表格形式给出时，就不可能用定义去求它的导数。但工程上又常需要求列表函数在某一点的导数值，这就是数值微分要解决的问题。比如，由实验数据回归反应动力学方程 $dc/dt = f(c)$，实验测得一些离散点 (t_0, c_0)，(t_1, c_1)，$\cdots$，(t_{n-1}, c_{n-1})，要计算反应速率 dc/dt，就可以借助数值微分来解决。

5.1.1 利用差分近似求微分

设有若干个等距离的节点，欲求节点处的导数，可以用一阶向前差分来近似微分：

$$f'(x) \approx \frac{f(x+h) - f(x)}{h} \tag{5-1}$$

考查误差大小，对 $f(x+h)$ 在 x 点泰勒展开：

$$f(x+h) = f(x) + hf'(x) + \frac{1}{2}h^2 f''(\xi) \tag{5-2}$$

其中 ξ 为 $(x, x+h)$ 中一点，对式(5-2) 重排得：

$$f'(x) = \frac{f(x+h) - f(x)}{h} - \frac{1}{2}hf''(\xi) \tag{5-3}$$

比较式(5-3) 与式(5-1) 可知，一阶向前差分近似微分的误差项为 $-\dfrac{1}{2}hf''(\xi)$，当 h 趋于零时，误差项和 h 以相同的速率趋于零，记为 $O(h)$，也称截断误差为一阶。

对 $f(x+h)$ 和 $f(x-h)$ 进行泰勒展开：

$$f(x+h) = f(x) + hf'(x) + \frac{1}{2!}h^2 f''(x) + \frac{1}{3!}h^3 f'''(x) + \frac{1}{4!}h^4 f^{\text{IV}}(x) + \cdots \tag{5-4}$$

$$f(x-h) = f(x) - hf'(x) + \frac{1}{2!}h^2 f''(x) - \frac{1}{3!}h^3 f'''(x) + \frac{1}{4!}h^4 f^{\text{IV}}(x) + \cdots \tag{5-5}$$

式(5-4) 减去式(5-3) 得：

$$f(x+h) - f(x-h) = 2hf'(x) + \frac{2}{3!}h^3 f'''(x) + \frac{2}{4!}h^4 f^{\text{IV}}(x) + \cdots \tag{5-6}$$

从而有：

$$f'(x) = \frac{f(x+h) - f(x-h)}{2h} - \frac{1}{3!}h^2 f'''(x) + \frac{1}{4!}h^3 f^{\mathrm{IV}}(x) + \cdots \qquad (5\text{-}7)$$

如果用中心差商 $\dfrac{f(x+h) - f(x-h)}{2h}$ 近似求 $f'(x)$，则误差项为二阶 $O(h^2)$。利用中心差商近似计算导数比向前差商以及向后差商的误差小，误差项提高了一阶。

实际应用中，$(x+h)$ 和 $(x-h)$ 不一定在节点上，此时需结合插值法来计算。

下面编写利用中心差商计算导数的程序，h 由用户指定，$f(x+h)$ 及 $f(x-h)$ 的计算采用三点拉格朗日插值公式。

对任意插值点 x，要利用三点拉格朗日插值，显然应该选择距离最近的三个节点。假设 x 位于节点 x_i 与 x_{i+1} 之间，当 $|x-x_i| \geqslant |x-x_{i+1}|$ 时，应该选择 x_i，x_{i+1}，x_{i+2} 三个节点，否则应该选择 x_{i-1}，x_i，x_{i+1} 三个节点。设置一个选点函数 select，它根据输入的插值点 x_new 选择距离最近的三个节点，并返回第一个点的下标，其程序流程如图 5-1 所示。

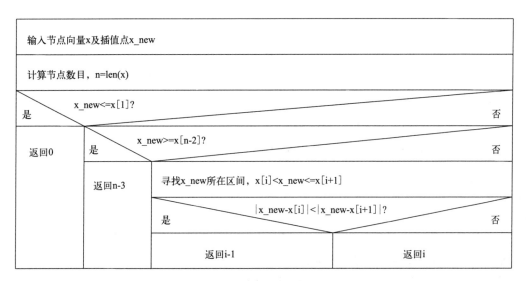

图 5-1　选点函数程序流程

建立 differencial. py 文件，键入数值微分程序如下：

```python
import numpy as np
from lagrange import lagrange
def select(x, x_new):
    n=len(x)
    if x_new<=x[1]:return 0
    elif x_new>=x[n-2]:return n-3
    else:
        i=np.flatnonzero(x<x_new)[-1]
        if np.abs(x_new-x[i])<np.abs(x_new-x[i+1]):return i-1
        else:return i
def differential(x, y, h, x_new):
    x_left=x_new-h
```

```
i=select(x,x_left)
y_left=lagrange(x[i:i+3],y[i:i+3],x_left)
x_right=x_new+h
i=select(x,x_right)
y_right=lagrange(x[i:i+3],y[i:i+3],x_right)
return(y_right-y_left)/2/h
```

【例 5-1】丁二烯的气相二聚反应：

$$2\,C_4H_6 \longrightarrow (C_4H_6)_2$$

实验在一定容积的反应器中进行，326℃时，测得物系的总压力 p 和丁二烯的分压 p_A 与时间的关系如表 5-1 所示，用数值微分法计算各时间节点的反应速率 dp_A/dt。

表 5-1 物系总压及丁二烯分压与时间关系实验数据

t /min	p /mmHg	p_A /mmHg	t /min	p /mmHg	p_A /mmHg
0	632.0	632.0	50	497.0	362.0
5	611.0	590.0	55	490.0	348.0
10	592.0	552.0	60	484.0	336.0
15	573.5	515.0	65	478.5	325.0
20	558.5	485.0	70	473.0	314.0
25	545.0	458.0	75	468.0	304.0
30	533.5	435.0	80	463.0	294.0
35	523.0	414.0	85	458.0	284.0
40	514.0	396.0	90	453.0	274.0
45	505.0	378.0			

解 取步长 h=0.001，编主程序如下：

```
if __name__=='__main__':
    t=np.array([0,5,10,15,20,25,30,35,40,45,50,55,60,
            65,70,75,80,85,90])
    pA=np.array([632,590,552,515,485,458,435,414,396,378,
            362,348,336,325,314,304,294,284,274])
    h=0.001
    print('t dpA/dt')
    for t_new in t:
        dpA=differential(t,pA,h,t_new)
        print(f'{t_new:2d} {dpA:5.2f}')
```

运行结果为：

```
t  dpA/dt
 0  -8.80
 5  -8.00
10  -7.50
```

```
15   -6.70
20   -5.70
25   -5.00
30   -4.40
35   -3.90
40   -3.60
45   -3.40
50   -3.00
55   -2.60
60   -2.30
65   -2.20
70   -2.10
75   -2.00
80   -2.00
85   -2.00
90   -2.00
```

5.1.2　利用三次样条函数求微分

在第四章中我们看到，利用三次样条函数 $S(x)$ 近似列表函数 $f(x)$ 可以取得良好的效果。因此，也可以利用三次样条函数的导数来近似列表函数的导数：

$$f'(x) \approx S'(x) \tag{5-8}$$

由式(4-56) 对 $S(x)$ 表达式求导可得：

$$S'(x) = \frac{(x-x_j)^2}{2h_j}M_{j+1} - \frac{(x_{j+1}-x)^2}{2h_j}M_j + \frac{y_{j+1}-y_j}{h_j} + \frac{h_j}{6}(M_j - M_{j+1}) \tag{5-9}$$

这里我们建立一个 CubicSpline 类，并实现了插值方法 interpolate 和求导数方法 derivative，请扫码阅读。

利用三次样条函数
进行插值和数值微分

5.2　理查森外推

式(5-7) 可以写成更一般的形式：

$$f'(x) = \frac{f(x+h) - f(x-h)}{2h} + a_2h^2 + a_4h^4 + a_6h^6 + \cdots \tag{5-10}$$

当一个数值计算的等式具有这种形式时，可用理查森外推获得更高的准确性。固定 f 和 x，则数值微分值是 h 的函数，记为：

$$\phi(h) = \frac{f(x+h) - f(x-h)}{2h} \tag{5-11}$$

$\phi(h)$ 是 $f'(x)$ 的近似，误差阶为 $O(h^2)$。我们要计算 $f'(x) = \lim_{h \to 0}\phi(h)$，可以先对某个 h 计算 $\phi(h)$，再计算 $\phi(h/2)$，则有：

$$\phi(h) = f'(x) - a_2h^2 - a_4h^4 - a_6h^6 - \cdots \tag{5-12}$$

$$\phi\left(\frac{h}{2}\right) = f'(x) - a_2\left(\frac{h}{2}\right)^2 - a_4\left(\frac{h}{2}\right)^4 - a_6\left(\frac{h}{2}\right)^6 - \cdots \tag{5-13}$$

用简单的代数运算消去误差级数中的主项（即第一项，误差主要由这一项产生），用式(5-12) 减去 4 乘式(5-13) 可得：

$$\phi(h) - 4\phi\left(\frac{h}{2}\right) = -3f'(x) - \frac{3}{4}a_4 h^4 - \frac{15}{16}a_6 h^6 - \cdots \tag{5-14}$$

整理得：

$$\frac{4}{3}\phi\left(\frac{h}{2}\right) - \frac{1}{3}\phi(h) = f'(x) + \frac{1}{4}a_4 h^4 + \frac{5}{16}a_6 h^6 + \cdots \tag{5-15}$$

因此，通过 $\frac{4}{3}\phi\left(\frac{h}{2}\right) - \frac{1}{3}\phi(h)$ 来近似 $f'(x)$，精度提高为 $O(h^4)$，这一过程可以反复进行从而消去误差中次数越来越高的项，这就是理查森外推。

对更一般的情况：

$$\phi(h) = L - \sum_{k=1}^{\infty} a_{2k} h^{2k} \tag{5-16}$$

目的是用 ϕ 来逼近 L，假定对任何 h 可算出 $\phi(h)$，先取一个适当的 h 并计算下面的数：

$$D(n,0) = \phi\left(\frac{h}{2^n}\right), n = 0,1,2,\cdots \tag{5-17}$$

然后利用理查森外推公式计算：

$$D(n,m) = \frac{4^m}{4^m - 1}D(n,m-1) - \frac{1}{4^m - 1}D(n-1,m-1), m,n = 1,2,\cdots \tag{5-18}$$

实际使用时，可将这些量排成一个二维的三角数组：

$$
\begin{array}{ccccc}
D(0,0) & & & & \\
D(1,0) & D(1,1) & & & \\
D(2,0) & D(2,1) & D(2,2) & & \\
\vdots & \vdots & \vdots & \ddots & \\
D(n-1,0) & D(n-1,1) & D(n-1,2) & \cdots & D(n-1,n-1)
\end{array}
$$

该数组中每一个值都是对 L 的近似。对任意固定的列，随行数增加 h 值减小，因而误差减小；对任意固定的行，每增加一列，误差项阶数增加 2 阶，因而误差迅速降低。

【例 5-2】利用理查森外推法计算函数 $f(x) = \sin x$ 在 $x_0 = \pi/3$ 的导数。

解 先写出导数的近似式：

$$\phi(h) = \frac{f(x_0 + h) - f(x_0 - h)}{2h}$$

取 $n = 5$，$h = 1$ 进行计算，编写程序如下：

```python
import numpy as np
def fai(h):return(np.sin(np.pi/3+h)-np.sin(np.pi/3-h))/2/h
n,h=5,1
d=np.empty((n,n))
d[0:n,0]=fai(h/2**np.arange(n))
m=1
for j in np.arange(1,n):
    m*=4
    d[j:n,j]=m/(m-1)*d[j:n,j-1]-1/(m-1)*d[j-1:n-1,j-1]
anal=np.cos(np.pi/3)
```

```
err=d-anal
print('The numerical derivative is:')
for i in range(len(d)):print(d[i,:i+1])
print('The error is:')
for i in range(len(err)):print(err[i,:i+1])
```

输出结果为:

```
The numerical derivative is:
[0.42073549]
[0.47942554 0.49898889]
[0.49480792 0.49993538 0.49999848]
[0.49869893 0.49999594 0.49999998 0.5        ]
[0.49967454 0.49999975 0.5         0.5          0.5        ]
The error is:
[-0.07926451]
[-0.02057446-0.00101111]
[-5.19208149e-03-6.46215227e-05-1.52211336e-06]
[-1.30106646e-03-4.06144847e-06-2.41101873e-08-3.32359251e-10]
[-3.25457261e-04-2.54194915e-07-3.78011067e-10-1.30989664e-12-1.17128529e-14]
```

可以看到，随数组中行数的增加，误差在减小，随列数的增加，误差在迅速减小。

5.3 数值积分

在微积分中，计算连续函数 $f(x)$ 在区间 $[a, b]$ 上的积分是通过求 $f(x)$ 的原函数 $F(x)$，然后利用牛顿-莱布尼茨公式得到，即：

$$\int_a^b f(x) = F(b) - F(a) \tag{5-19}$$

但有时候找原函数很困难，如 $\int_0^1 \frac{\sin x}{x} dx$，$\int_0^1 \exp(-x^2)dx$，其原函数不能用初等函数来表示。另外，工程问题中的列表函数也无法用求原函数的方法解决，这时需要采用数值积分。

5.3.1 下和与上和

函数 $f(x)$ 在闭区间 $[a, b]$ 上的积分可理解为 f 图像下方的面积，设 P 是区间 $[a, b]$ 的一个分割，由式(5-20)给出：

$$P = \{a = x_0 < x_1 < \cdots < x_{n-1} = b\} \tag{5-20}$$

分点 x_0，x_1，$\cdots$，x_{n-1} 将区间 $[a, b]$ 分成 $n-1$ 个子区间 $[x_i, x_{i+1}]$，用 m_i 表示 $f(x)$ 在子区间 $[x_i, x_{i+1}]$ 上的最大下界（"下确界"），记为：

$$m_i = \inf\{f(x) | x_i \leqslant x \leqslant x_{i+1}\} \tag{5-21}$$

同样地，用 M_i 表示 $f(x)$ 在子区间 $[x_i, x_{i+1}]$ 上的最小上界（"上确界"），记为：

$$M_i = \sup\{f(x) | x_i \leqslant x \leqslant x_{i+1}\} \tag{5-22}$$

f 对应于所给分割 P 的下和定义为：

$$L(f;P)=\sum_{i=0}^{n-2} m_i(x_{i+1}-x_i)\tag{5-23}$$

上和定义为：

$$U(f;P)=\sum_{i=0}^{n-2} M_i(x_{i+1}-x_i)\tag{5-24}$$

如果 f 是一个正函数，$L(f;P)$ 和 $U(f;P)$ 都可以理解为曲线 f 下方面积的近似值，如图 5-2 所示。

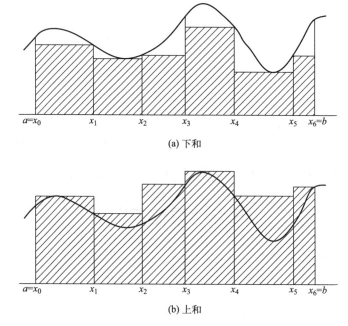

(a) 下和

(b) 上和

图 5-2　下和与上和示意图

从图 5-2 可以看出，下和低估了曲线下方的面积，而上和高估了曲线下方的面积：

$$L(f;P)\leqslant \int_a^b f(x)\mathrm{d}x \leqslant U(f;P)\tag{5-25}$$

因此，对一切分割 P 可以取下和与上和的平均值作为积分的一个近似。

5.3.2　梯形法则

(1) 梯形法则原理

梯形法则采用梯形来估计曲线下方的面积。首先将区间 $[a,b]$ 按照分割 P 分成一些子区间：

$$P=\{a=x_0<x_1<\cdots<x_n=b\}\tag{5-26}$$

分割点 x_i 无需均匀配置。对任意子区间 $[x_i,x_{i+1}]$，以线段 $x_i x_{i+1}$ 为底，以 $f(x_i)$ 和 $f(x_{i+1})$ 为两条垂直边，梯形的面积为：

$$A_i=\frac{1}{2}(x_{i+1}-x_i)\big[f(x_i)+f(x_{i+1})\big]\tag{5-27}$$

所有梯形的总面积即为对这个积分的一个估计，记为 $T(f;P)$：

$$T(f;P) = \sum_{i=0}^{n-1} A_i = \frac{1}{2} \sum_{i=0}^{n-1} (x_{i+1} - x_i)[f(x_i) + f(x_{i+1})] \tag{5-28}$$

对均匀间距，有：

$$x_i = a + ih \tag{5-29}$$

这里 $h = (b-a)/n$，$0 \leqslant i \leqslant n$。此时，由于 $x_{i+1} - x_i = h$，则 $T(f;P)$ 得到简化：

$$\begin{aligned}
T(f;P) &= \sum_{i=0}^{n-1} A_i = \frac{h}{2} \sum_{i=0}^{n-1} [f(x_i) + f(x_{i+1})] \\
&= h \sum_{i=1}^{n-1} f(x_i) + \frac{h}{2} [f(x_0) + f(x_n)] \\
&= h \sum_{i=1}^{n-1} f(a+ih) + \frac{h}{2} [f(a) + f(b)]
\end{aligned} \tag{5-30}$$

（2）梯形法则的 Python 实现

梯形法则的程序流程如图 5-3 所示。

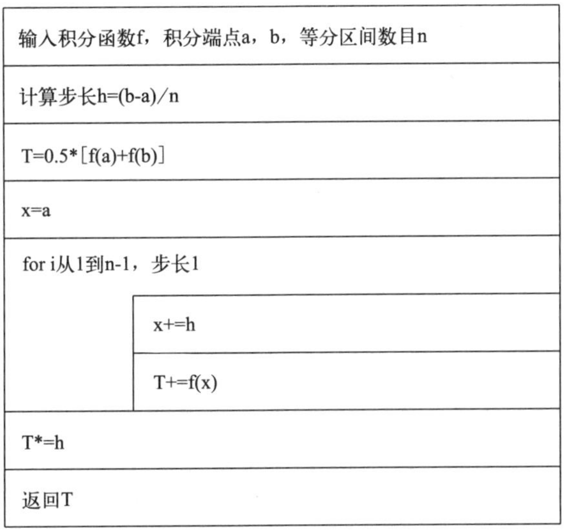

输入积分函数f，积分端点a，b，等分区间数目n	
计算步长h=(b-a)/n	
T=0.5*[f(a)+f(b)]	
x=a	
for i从1到n-1，步长1	
	x+=h
	T+=f(x)
T*=h	
返回T	

图 5-3　梯形法则程序流程

建立 traperzia.py 文件，键入梯形法程序：

```
def traperzia(f,a,b,n,args=()):
    h=(b-a)/n
    T=0.5*(f(a,*args)+ f(b,*args))
    x=a
    for i in range(1,n):
        x+=h
        T+=f(x)
    T*=h
    return T
```

【**例 5-3**】计算 $\int_0^1 \exp(-x^2)\mathrm{d}x$，将区间等分为 60 份。

解 编写主程序如下：

```
import numpy as np
if __name__ == '__main__':
    def f(x):return np.exp(-x*x)
    a,b=0,1
    n=60
    res=traperzia(f,a,b,n)
    print("The integration is:",res)
```

运行结果为：

```
The integration is: 0.7468071011991204
```

(3) 梯形法则的误差

梯形法则的精度定理：如果在区间 $[a, b]$ 上 f'' 存在且连续，并使用均匀间距 h 的梯形法则 T 来估计积分 $I = \int_a^b f(x)\mathrm{d}x$，则存在 (a, b) 中某个 ξ，使得：

$$I - T = -\frac{1}{12}(b-a)h^2 f''(\xi) = O(h^2) \tag{5-31}$$

【**例 5-4**】用梯形法则计算 $\int_0^1 \exp(-x^2)\mathrm{d}x$，要求误差 $\leqslant 0.5 \times 10^{-4}$，应该用多少个区间？

解 误差公式为 $-\frac{1}{12}(b-a)h^2 f''(\xi)$，由于 $f(x) = \exp(-x^2)$，因此：

$$f'(x) = -2x\exp(-x^2)$$
$$f''(x) = (4x^2 - 2)\exp(-x^2)$$

$f''(x)$ 在 $[0, 1]$ 区间上升，从 $-2 \sim 2/e$，于是 $|f''(x)| \leqslant 2$，因此，误差：

$$\left| -\frac{1}{12}(b-a)h^2 f''(\xi) \right| \leqslant \frac{1}{6}h^2$$

要使 $\frac{1}{6}h^2 \leqslant 0.5 \times 10^{-4}$，$h \leqslant 0.01732$。又由于 $h = 1/n$，$n \geqslant 57.7$，即 $n \geqslant 58$ 即可。

(4) 2^n 个相等子区间的递推梯形公式

由式(5-30)的等间距梯形法则公式：

$$T(f;P) = h\sum_{i=1}^{n-1} f(a+ih) + \frac{h}{2}[f(a) + f(b)]$$

当区间被等分为 2^n 份时，以 2^n 代替 n 并利用 $h = (b-a)/2^n$，则有：

$$R(n,0) = T(f;P) = h\sum_{i=1}^{2^n-1} f(a+ih) + \frac{h}{2}[f(a) + f(b)] \tag{5-32}$$

$R(n, 0)$ 表示在 2^n 个相等子区间上应用梯形法则所得结果。在将区间进一步细分时，由 2^n 变为 2^{n+1} 个，此时不再需要计算那些已经计算过的函数值，只需计算新增加的点。下面以 $n=1$ 为例进行说明，如图 5-4 所示，$n=1$ 时，积分区间分为 2 个子区间，有 3 个节点，此时 $h_1 = (b-a)/2$，按梯形积分公式：

$$R(1,0) = T_1 = h_1 f(x_1) + \frac{h_1}{2} [f(a) + f(b)]$$

当 $n=2$ 时，积分区间分为 4 个子区间，有 5 个节点，新增节点为 x_1 和 x_3，下标全部为奇数。此时 $h_2 = (b-a)/4$，并注意到此时的 x_2 即为 $n=1$ 时的 x_1，按梯形积分公式：

$$R(2,0) = T_2 = h_2 \sum_{i=1}^{3} f(x_i) + \frac{h_2}{2} [f(a) + f(b)]$$

$$= \left\{ h_2 f(x_2) + \frac{h_2}{2} [f(a) + f(b)] \right\} + h_2 f(x_1) + h_2 f(x_3)$$

$$= \frac{1}{2} R(1,0) + h_2 \sum_{k=1}^{2} f[a + (2k-1)h_2]$$

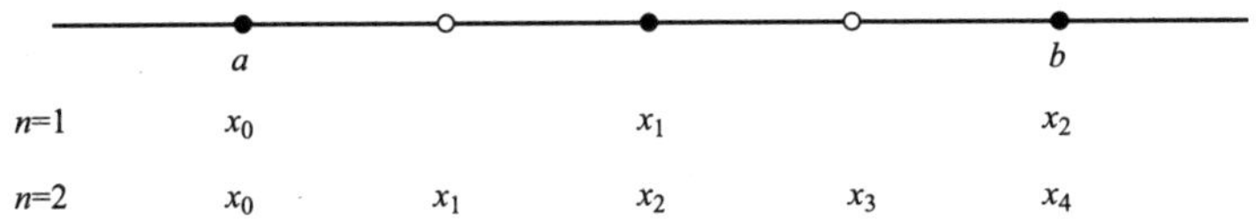

图 5-4　积分区间分为 2 个和 4 个子区间时的节点

对于任意的 n 都可进行类似的推导，因此有递推梯形公式：如果 $R(n,0)$ 已算出，则 $R(n+1,0)$ 可由下式算出：

$$R(n+1,0) = \frac{1}{2} R(n,0) + h \sum_{k=1}^{2^n} f[a + (2k-1)h]$$

这里 $h = (b-a)/2^{n+1}$，$R(0,0)$ 由梯形公式计算：

$$R(0,0) = \frac{1}{2}(b-a)[f(a) + f(b)]$$

5.3.3　龙贝格算法

龙贝格算法利用了理查森外推以快速提高积分的精度，它产生一个三角数组，其中每个数都是对积分 $\int_a^b f(x)\mathrm{d}x$ 的数值估计，这个数组用记号表示如下：

$R(0,0)$

$R(1,0)$ 　　　　$R(1,1)$

$R(2,0)$ 　　　　$R(2,1)$ 　　　　$R(2,2)$

　⋮　　　　　　⋮　　　　　　⋮　　　　　⋱

$R(n-1,0)$ 　$R(n-1,1)$ 　$R(n-1,2)$ 　⋯　$R(n-1,n-1)$

该数组的第 0 列是由递推梯形公式得到的对积分的估计，$R(i,0)$ 表示应用 2^i 个相等子区间的梯形法则得到的结果。数组中第 1 列以及后面的各列由外推公式产生：

$$R(i,j) = R(i,j-1) + \frac{1}{4^j - 1} [R(i,j-1) - R(i-1,j-1)] \tag{5-33}$$

其中，$1 \leqslant i < n$，$1 \leqslant j \leqslant i$。

龙贝格算法程序流程如图 5-5 所示，程序中逐行计算三角数组，对每一行如果最后两个元素之间的差值小于精度要求 eps，则程序结束，不然一直计算到用户设置的最大行数 n，如果仍然未达到精度要求，则输出提示信息。

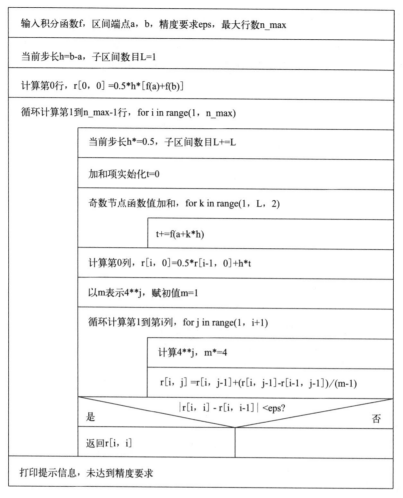

图 5-5 龙贝格算法程序流程

建立 romberg.py 文件，键入如下程序：

```python
import numpy as np
def romberg(f,a,b,args=(),eps=1e-9,n_max=10):
    h=b-a
    L=1
    r=np.empty((n_max,n_max),dtype=float)
    r[0,0]=0.5*h*(f(a,*args)+f(b,*args))
    for i in range(1,n_max):
        h*=0.5
        L+=L
        t=0
        for k in range(1,L,2):
            t+=f(a+k*h,*args)
        r[i,0]=0.5*r[i-1,0]+h*t
        m=1
        for j in range(1,i+1):
```

```
        m* = 4
        r[i,j]=r[i,j-1]+1/(m+1) * (r[i,j-1]-r[i-1,j-1])
    if np.abs(r[i,i]-r[i,i-1])< eps:return r[i,i]
  print('The required accuracy is not achieved,please increase n_max and try again')
```

【例 5-5】用龙贝格算法计算 $\int_0^1 \exp(-x^2)\mathrm{d}x$，精度要求为 eps $=1.0 \times 10^{-12}$。

解　编写主程序如下：

```
if __name__=='__main__':
    def f(x):return np.exp(-x*x)
    res=romberg(f,0,1,eps=1e- 12)
    print('The integration is:',res)
```

运行结果为：

```
The integration is: 0.7468240604627029
```

5.3.4　辛普森法则

考查在分点为 a，$a+h$ 和 $a+2h=b$ 的两个相等子区间上的数值积分 $\int_a^{a+2h} f(x)\mathrm{d}x$，对 $f(a+h)$ 进行泰勒级数展开：

$$f(a+h)=f+hf'+\frac{1}{2!}h^2 f''+\frac{1}{3!}h^3 f'''+\frac{1}{4!}h^4 f^{\mathrm{IV}}+\cdots \qquad (5\text{-}34)$$

右边的 f 及其导数都是在 a 取值。用 $2h$ 代替 h：

$$f(a+2h)=f+2hf'+2h^2 f''+\frac{4}{3}h^3 f'''+\frac{2}{3}h^4 f^{\mathrm{IV}}+\cdots \qquad (5\text{-}35)$$

利用式(5-34)、式(5-35) 得到：

$$f(a)+4f(a+h)+f(a+2h)=6f+6hf'+4h^2 f''+2h^3 f'''+\frac{5}{6}h^4 f^{\mathrm{IV}}+\cdots \qquad (5\text{-}36)$$

因而：

$$\frac{h}{3}[f(a)+4f(a+h)+f(a+2h)]=2hf+2h^2 f'+\frac{4}{3}h^3 f''+\frac{2}{3}h^4 f'''+\frac{5}{18}h^5 f^{\mathrm{IV}}+\cdots \qquad (5\text{-}37)$$

设 f 的原函数为 F，则 $F(x)=\int_a^x f(t)\mathrm{d}t$，由微积分基本定理可得：

$$F(a)=0, F(a+2h)=\int_a^{a+2h} f(x)\mathrm{d}x, F'=f, F''=f', F'''=f'', \cdots$$

再对 $F(a+2h)$ 进行泰勒展开：

$$F(a+2h)=F(a)+2hF'(a)+2h^2 F''(a)+\frac{4}{3}h^3 F'''(a)+\frac{2}{3}h^4 F^{\mathrm{IV}}(a)+\frac{4}{15}h^5 F^{\mathrm{V}}(a)+\cdots$$

即　　$$\int_a^{a+2h} f(x)\mathrm{d}x=2hf+2h^2 f'+\frac{4}{3}h^3 f''+\frac{2}{3}h^4 f'''+\frac{4}{15}h^5 f^{\mathrm{IV}}+\cdots \qquad (5\text{-}38)$$

比较式(5-37) 与式(5-38) 可得：

$$\int_a^{a+2h} f(x)\mathrm{d}x = \frac{h}{3}\left[f(a)+4f(a+h)+f(a+2h)\right] - \frac{1}{90}h^5 f^{\mathrm{IV}} - \cdots \tag{5-39}$$

去掉高阶项，得到辛普森公式：

$$\int_a^{a+2h} f(x)\mathrm{d}x = \frac{h}{3}\left[f(a)+4f(a+h)+f(a+2h)\right] \tag{5-40}$$

误差项为：$-\dfrac{1}{90}h^5 f^{\mathrm{IV}}(\xi)$，误差阶为 $O(h^5)$。

推广到一般情况，将 $[a,b]$ 分为 m（偶数）等份，则

$$\int_{x_0}^{x_2} f(x)\mathrm{d}x = \frac{h}{3}\left[f(x_0)+4f(x_1)+f(x_2)\right]$$

$$\int_{x_2}^{x_4} f(x)\mathrm{d}x = \frac{h}{3}\left[f(x_2)+4f(x_3)+f(x_4)\right]$$

$$\vdots$$

$$\int_{x_{m-2}}^{x_m} f(x)\mathrm{d}x = \frac{h}{3}\left[f(x_{m-2})+4f(x_{m-1})+f(x_m)\right]$$

将以上各式相加：

$$\int_{x_0}^{x_m} f(x)\mathrm{d}x = \frac{h}{3}\left\{f(x_0)+2\sum_{i=1}^{m/2}\left[2f(x_{2i-1})+f(x_{2i})\right]-f(x_m)\right\}$$

$$= \frac{h}{3}\left\{f(a)+2\sum_{i=1}^{m/2}\left[2f(a+(2i-1)h)+f(a+2ih)\right]-f(b)\right\}$$

【例 5-6】用辛普森法则计算表 5-2 中列表函数 $f(x)$ 在 $[0,1]$ 上的积分值。

表 5-2　例题 5-6 中列表函数

x	0	0.1	0.2	0.3	0.4	0.5
$f(x)$	1	1.004971	1.019536	1.042668	1.072707	1.107432
x	0.6	0.7	0.8	0.9	1.0	
$f(x)$	1.144157	1.179859	1.211307	1.235211	1.248375	

解

$$I=\int_0^1 f(x)\mathrm{d}x \approx \frac{h}{3}\{f(0)+4[f(0.1)+f(0.3)+f(0.5)+f(0.7)+f(0.9)]+$$
$$2[f(0.2)+f(0.4)+f(0.6)+f(0.8)+f(1.0)]-f(1.0)\}=1.1141451$$

5.3.5　自适应辛普森法

虽然龙贝格算法是优秀的数值积分方法，但有时候积分函数在整个积分区间上变化趋势并不均匀，比如只在一个小的子区间上变化显著，而在大部分区域变化都比较平缓，例如色谱流出曲线大都属于这种情况。此时，为提高计算精度，在函数变化显著的小区间上应该采用非常细分的网格，而在大部分区间上，过于细分的网格并不会提高多少精度，却浪费了很大的计算量。如果采用龙贝格算法，为了"迁就"一个小的区间，必须在整个区间上对网格进行细分，这是不经济的。而自适应算法正是为了这种情况设计的，它在需要细分的区域细

分，而不需要细分的区域保持较宽的网格，这样既可以保证计算精度，又可以减小计算量。

在自适应过程中，将区间 $[a, b]$ 分成两个相等的子区间，然后再决定是否需要继续细分，这种做法一直进行到在整个区间 $[a, b]$ 上达到了所规定的精度时为止，最终的分割可能是不均匀的。

那如何决定一个子区间是否应该继续细分呢？从 $[a, b]$ 的均匀细分着手，假设 $[a, b]$ 已被分成 $N = 2^r$ 个子区间，每个子区间的长度为 $h_r = (b - a)/N$，分点集 $P = \{a = x_0, x_1, \cdots, x_N = b\}$，则：

$$I \equiv \int_a^b f(x)\mathrm{d}x = \sum_{i=0}^{N-1} \int_{x_i}^{x_{i+1}} f(x)\mathrm{d}x = \sum_{i=0}^{N-1} I_i \tag{5-41}$$

其中：

$$I_i = \int_{x_i}^{x_{i+1}} f(x)\mathrm{d}x \tag{5-42}$$

在区间 $[x_i, x_{i+1}]$ 上应用一次辛普森法则时，将用到中点 $x_{i+\frac{1}{2}} \equiv x_i + \frac{1}{2}h_r$，则：

$$I_i \approx \frac{h_r}{6}(f_i + 4f_{i+\frac{1}{2}} + f_{i+1}) \equiv S_i^{(2)} \tag{5-43}$$

这里，$S_i^{(k)}$ 表示在区间 $[x_i, x_{i+1}]$ 上应用 k 个子区间的辛普森法则所得结果，其中 $f_{i+j} = f(x_i + jh_r)$。在区间 $[x_i, x_{i+1}]$ 上两次应用辛普森法则时需要三个内部点 $x_{i+\frac{1}{4}}$，$x_{i+\frac{1}{2}}$，$x_{i+\frac{3}{4}}$，于是：

$$I_i \approx \frac{h_r}{12}(f_i + 4f_{i+\frac{1}{4}} + f_{i+\frac{1}{2}}) + \frac{h_r}{12}(f_{i+\frac{1}{2}} + 4f_{i+\frac{3}{4}} + f_{i+1}) \equiv S_i^{(4)} \tag{5-44}$$

比较 I_i 的两个近似值 $S_i^{(2)}$ 与 $S_i^{(4)}$ 就可确定 $[x_i, x_{i+1}]$ 区间是否需要继续细分。比较误差项：

$$I_i - S_i^{(2)} = -\frac{1}{90}\left(\frac{h_r}{2}\right)^5 f^{\mathrm{IV}} \tag{5-45}$$

$$I_i - S_i^{(4)} = -\frac{2}{90}\left(\frac{h_r}{4}\right)^5 f^{\mathrm{IV}} \tag{5-46}$$

这里假定 f^{IV} 在 $[x_i, x_{i+1}]$ 上是常数，式(5-45) 减去式(5-46) 得到：

$$S_i^{(4)} - S_i^{(2)} = -15 \cdot \frac{2}{90}\left(\frac{h_r}{4}\right)^5 f^{\mathrm{IV}} = 15(I_i - S_i^{(4)}) \tag{5-47}$$

于是：

$$|I_i - S_i^{(4)}| = \frac{1}{15}|S_i^{(4)} - S_i^{(2)}| \tag{5-48}$$

如果对总的精度要求 ε 按各子区间长度进行均匀分配，则子区间 $[x_i, x_{i+1}]$ 的精度要求为 ε/N。因此，只要

$$\frac{1}{15}|S_i^{(4)} - S_i^{(2)}| < \frac{\varepsilon}{N} \tag{5-49}$$

则

$$|I_i - S_i^{(4)}| < \frac{\varepsilon}{N} \tag{5-50}$$

即用 $S_i^{(4)}$ 作为 I_i 的近似已经达到区间 $[x_i, x_{i+1}]$ 上的精度要求。只要每个区间都达到了自己的精度要求，以 S 表示 N 个子区间 $[x_i, x_{i+1}]$ 上 N 个近似值 $S_i^{(4)}$ 的和，则有：

$$|I-S| \leqslant \sum_{i=0}^{N-1} |I_i - S_i^{(4)}| < \sum_{i=0}^{N-1} \frac{\varepsilon}{N} = \varepsilon$$

即在整个区间 $[a, b]$ 上 $|I-S| < \varepsilon$ 成立。

这样，对每一个子区间建立了一个和整体精度有关的检验标准，即 $\frac{1}{15}|S_i^{(4)} - S_i^{(2)}| < \frac{\varepsilon}{N}$。

称 r 为细分的级，在 r 级有 2^r 个子区间，对 r 级的任何一个区间 $[x_i, x_{i+1}]$，只要它满足了精度要求，我们就不再细分它，并以 $S_i^{(4)}$ 作为该区间的积分值。如果未达到精度要求，则将该区间等分为两份，对每一个子区间，级为 $r+1$，再使用上述过程进行判断。

下面利用递归函数实现自适应辛普森算法，设置函数 simp 计算某区间的积分近似值，并检验其是否达到精度要求，如果达到精度要求，则将积分值返回，如未达到精度要求，则将这一区间分割为两个区间继续计算。simp 函数的程序流程如图 5-6 所示。

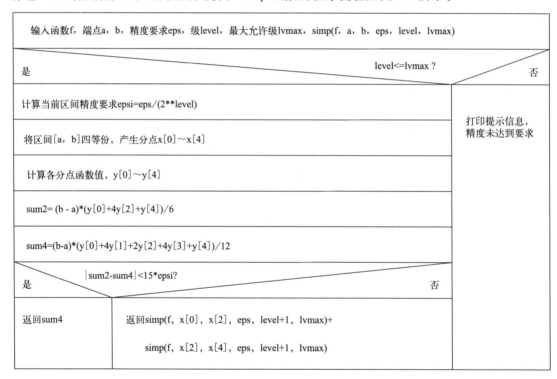

图 5-6　自适应辛普森算法程序流程

建立 simpson.py 文件，键入如下程序：

```python
import numpy as np
def simp(f,a,b,args=(),eps=1e-9,level=0,lvmax=20):
    if level<=lvmax:
        epsi=eps/2**level
        x=np.linspace(a,b,5)
        y=f(x,*args)
        sum2=(b-a)*(y[0]+4*y[2]+y[4])/6
        sum4=(b-a)*(y[0]+4*y[1]+2*y[2]+4*y[3]+y[4])/12
        if np.abs(sum4-sum2)< 15*epsi:return sum4
```

```
        else:
            return(simp(f,x[0],x[2],args,eps,level+1,lvmax)+
                    simp(f,x[2],x[4],args,eps,level+1,lvmax))
    else:print('The interval {} to {} does not meet the accuracy requirement')
```

【例 5-7】用自适应辛普森法计算 $\int_0^{2\pi} \cos(2x)\exp(-x)\mathrm{d}x$，分别要求精度为 0.5×10^{-4} 和 0.5×10^{-9}。

解　编写主程序如下：

```
if __name__=='__main__':
    def f(x):return np.cos(2*x)*np.exp(-x)
    eps1,eps2=0.5e-4,0.5e-9
    res1=simp(f,0,2*np.pi,eps=eps1)
    res2=simp(f,0,2*np.pi,eps=eps2)
    print(f'When eps={eps1},the result is:{res1}')
    print(f'When eps={eps2},the result is:{res2}')
```

运行结果为：

```
When eps=5e-05,the result is:0.19962231172355574
When eps=5e-10,the result is:0.19962651140742682
```

5.3.6　利用 numpy 及 scipy 模块进行数值积分

在 numpy 模块中实现了 trapz 方法，用于梯形法数值积分，在 scipy 中的 intergrate 子模块中实现了多种方法用于数值积分，包括 quad、romberg、simpson 等，下面作一简单介绍。

（1）numpy.trapz 方法

trapz 函数用于对列表函数进行积分，采用梯形法则，其用法：

```
trapz(y,x=None,dx=1.0,axis=-1)
```

主要参数

① y：numpy 数组，函数值；

② x：numpy 数组，与函数值相对应的 x 值，对于非等间距分割 x 必须提供，而对等间距分割，可以不提供 x，即 x＝None（默认值），通过 dx 提供步长；

③ dx：标量，当 x＝None 时提供等间距步长，默认值为 1.0；

④ axis：当 y 为多维数组时，指明积分的方向，默认值为－1。

例如，要求 $\int_0^1 \exp(-x^2)\mathrm{d}x$，可以在交互模式下键入：

```
In[1]:import numpy a s np
In[2]:x=np.linspace(0,1,101)
In[3]:y1=np.exp(-x*x)
```

```
In[4]:np.trapz(y1,x)
Out[4]:0.7468180014679698

In[5]:np.trapz(y1,dx=0.01)
Out[5]:0.74681800146797
```

也可以同时求多个积分，如 $\int_0^1 \exp(-x^2)\mathrm{d}x$ 与 $\int_0^1 \exp(-x)\mathrm{d}x$：

```
In[6]:y2=np.empty((len(x),2))

In[7]:y2[:,0]=np.exp(-x*x)

In[8]:y2[:,1]=np.exp(-x)

In[9]:np.trapz(y2,x,axis=0)
Out[9]:array([0.746818,0.63212583])
```

（2）scipy. integrate. quad 方法

quad 是最常用的数值积分函数之一，它采用 Fortran 库 QUADPACK 计算定积分，其用法如下：

```
quad(func,a,b,args=(),full_output=0,epsabs=1.49e-08,epsrel=1.49e-08,limit=50,
points=None,weight=None,wvar=None,wopts=None,maxp1=50,limlst=50)
```

主要参数

① func：积分函数，其形参如果包括多个，则只对第一个参数进行积分；

② a：积分下限；

③ b：积分上限；

④ args：元组，包含需要传递给 func 的其他参数，默认为空；

⑤ full_output：结果输出，当 full_output 为 0 时，输出两元素元组，包括积分结果及误差估计；如果 full_output 非零，输出元组中还包括一个多种信息的词典；

⑥ epsabs：精度要求，以绝对误差表示；

⑦ epsrel：精度要求，以相对误差表示；

⑧ limit：自适应算法中，允许的最大区间数目。

例如，分别计算 $\int_0^1 \exp(-x^2)\mathrm{d}x$、$\int_0^1 (ax^2+1)\mathrm{d}x$ 在 $a=1$ 和 $a=2$ 的积分值：

```
import numpy a s np
from scipy.integrate import quad
res1=quad(l ambda x:np.exp(-x*x),0,1)
print('res1:',res1)

def f(x,a):return a*x**2+1
res2=quad(f,0,1,args=(1,))
print('res2:',res2)
res3=quad(f,0,1,args=(2,))
print('res3:',res3)
```

运行结果为：

```
res1:(0.7468241328124271,8.291413475940725e-15)
res2:(1.3333333333333333,1.4802973661668752e-14)
res3:(1.6666666666666667,1.8503717077085944e-14)
```

积分限是无穷也是允许的，比如要计算 $\int_{-\infty}^{\infty} \exp(-x^2)\mathrm{d}x$：

```
In[12]:quad(lambda x:np.exp(-x*x),-np.inf,np.inf)
Out[12]:(1.7724538509055159,1.4202636781830878e-08)
```

（3）scipy.integrate.romberg 方法

romberg 方法利用龙贝格算法进行积分，其用法：

```
romberg(function,a,b,args=(),tol=1.48e-08,rtol=1.48e-08,show=False,divmax=10,vec_
func=False)
```

主要参数

① show：布尔值，是否打印中间计算结果，即龙贝格数组，默认为 False；

② divmax：最大外推层数，默认值为 10，只要达到了精度要求就不会继续计算。

例如用 romberg 方法计算 $\int_{0}^{1} \exp(-x^2)\mathrm{d}x$：

```
In[14]:from scipy.integrate import romberg
In[15]:def f(x):return np.exp(-x*x)
In[16]:romberg(f,0,1,divmax=4)
D:\ProgramData\lib\site-packages\scipy\integrate\_quadrature.py:849:Accuracy Warn-
ing:divmax(4)exceeded. Latest difference=1.146128e-07
warnings.warn(
Out[16]:0.7468241330950941

In[17]:romberg(f,0,1,show=True,divmax=8)
Romberg integration of <function vectorize1.<locals>.vfunc at 0x0000017E9DA389D0>
from[0,1]

Steps StepSize Results
    1 1.000000 0.683940
    2 0.500000 0.731370 0.747180
    4 0.250000 0.742984 0.746855 0.746834
    8 0.125000 0.745866 0.746826 0.746824 0.746824
   16 0.062500 0.746585 0.746824 0.746824 0.746824 0.746824
   32 0.031250 0.746764 0.746824 0.746824 0.746824 0.746824 0.746824

The final result is 0.7468241328122438 after 33 function evaluations.
Out[17]:0.7468241328122438
```

（4）scipy.integrate.romb 方法

romb 方法用于对列表函数进行龙贝格积分，其用法：

```
romb(y,dx=1.0,axis=-1,show=False)
```

主要参数

① y：函数值数组，长度必须为 2^k+1，等间距分隔，这是进行理查森外推的必需条件；

② dx：步长，默认值为 1。

应用示例如下：

```
In[18]:from scipy.integrate import romb
In[19]:x=np.linspace(0,1,33)
In[20]:y=np.exp(-x*x)
In[21]:dx=1/32
In[22]:romb(y,dx,show=True)
    Richardson Extrapolation Table for Romberg Integration
====================================================================
0.68394
0.73137 0.74718
0.74298 0.74686 0.74683
0.74587 0.74683 0.74682 0.74682
0.74658 0.74682 0.74682 0.74682 0.74682
0.74676 0.74682 0.74682 0.74682 0.74682 0.74682
====================================================================
Out[22]:0.7468241328122437
```

（5）scipy.integrate.simpson 方法

simpson 方法用于对列表函数进行数值积分，采用辛普森法则，其用法：

```
simpson(y,x= None,dx= 1,axis= - 1,even= 'avg')
```

应用示例如下：

```
In[23]:from scipy.integrate import simpson
In[24]:x,y
Out[24]:
(array([0.      ,0.03125,0.0625 ,0.09375,0.125 ,0.15625,0.1875 ,
        0.21875,0.25 ,0.28125,0.3125 ,0.34375,0.375 ,0.40625,
        0.4375 ,0.46875,0.5 ,0.53125,0.5625 ,0.59375,0.625 ,
        0.65625,0.6875 ,0.71875,0.75 ,0.78125,0.8125 ,0.84375,
        0.875 ,0.90625,0.9375 ,0.96875,1. ]),
 array([1.      ,0.99902391,0.99610137,0.99124945,0.98449644,
        0.97588155,0.96545455,0.95327528,0.93941306,0.92394608,
        0.90696062,0.88855026,0.86881506,0.84786058,0.82579704,
        0.80273827,0.77880078,0.75410281,0.72876333,0.70290111,
        0.67663385,0.65007726,0.62334431,0.59654443,0.56978282,
        0.54315988,0.51677058,0.49070406,0.46504319,0.43986428,
        0.41523683,0.39122339,0.36787944]))
In[25]:simpson(y,x= x)
Out[25]:0.7468241406069851
```

（6） scipy. integrate. dblquad 方法

dblquad 方法用于求二维积分，其用法：

```
dblquad(func,a,b,gfun,hfun,args=(),epsabs=1.49e-08,epsrel=1.49e-08)
```

主要参数

① func：至少包含两个参数的积分函数，在定义 func 时，其参数出现的顺序决定了积分的顺序，前一个参数表示内层积分变量，后一个参数表示外层积分变量；

② a，b：外层积分限，实数；

③ gfun，hfun：内层积分限，可以是外层积分变量的函数或实数。

dblquad 方法输出积分结果及误差估计。

例如要计算：

$$I = \int_0^1 \int_{1-y}^{1+y} xy^2 \, \mathrm{d}x \, \mathrm{d}y = \frac{1}{2}$$

可以定义函数或直接利用 lambda 函数来写：

```
from scipy. integrate import dblquad

def func(x,y):return x*y*y
def l_bound(x):return 1-x
def u_bound(x):return 1+x

res1=dblquad(func,0,1,l_bound,u_bound)
print('res1:',res1)

res2=dblquad(lambda x,y:x*y*y,0,1,lambda x:1-x,lambda x:1+x)
print('res2:',res2)
```

运行结果为：

```
res1:(0.5,2.2060128823111155e-14)
res2:(0.5,2.2060128823111155e-14)
```

另外，tplquad 方法用于计算三维积分，nquad 用于计算 n 维积分，其用法与 dblquad 相似，具体请参见帮助文档。

 习题

5.1 已知函数 $f(x) = 1/(1+x)^2$ 的三个离散点：$f(1.0) = 0.2500$，$f(1.1) = 0.2268$，$f(1.2) = 0.2066$，利用拉格朗日插值计算 f 在 1.0、1.1、1.2 点处的导数。

5.2 已知函数表如下，分别用向前和向后差商计算 f 在 2、4 两个点处的导数。

x	0	2	4	6
$f(x)$	2	1.95	1.83	1.79

5.3 已知列表函数如下表，利用三点拉格朗日插值求 f 在各节点处的微分。

x	0	0.1	0.2	1	2	5
$f(x)$	0	0.0197	0.0392	0.1821	0.3299	0.6361
x	7	10	15	20	25	30
$f(x)$	0.7570	0.8679	0.9621	0.9996	1.000	1.000

5.4 如果 $\phi(h) = L + a_1 h + a_2 h^2 + a_3 h^3 + \cdots$，那么 $\phi(h)$ 和 $\phi(h/2)$ 如何组合可以给出 L 的一个精确估计?

5.5 利用理查森外推法计算函数 $f(x) = \cos x$ 在 $x_0 = \pi/3$ 的导数。

5.6 用梯形法则估计 $\int_0^5 \exp(-x^2)\mathrm{d}x$，要求误差小于 10^{-5}，采用等间距分隔，至少需要多少个区间?

5.7 用梯形法则估计 $\int_0^\pi \sin x \, \mathrm{d}x$，精度要求为 10^{-6}。

5.8 对积分 $\int_0^1 \exp(-x^2)\mathrm{d}x$，计算龙贝格数组中的前 5 行数值。

5.9 利用龙贝格算法计算 $\int_0^\pi \dfrac{\mathrm{d}x}{1+\sin x}$，取精度要求 10^{-9}。

5.10 利用自适应辛普森算法计算 $\int_0^5 \dfrac{\mathrm{d}x}{1+x^2}$，取精度要求 10^{-9}。

5.11 采用自适应辛普森算法和龙贝格算法分别计算积分 $\int_0^{2\pi} \cos(2x)\exp(-x^2)\mathrm{d}x$，取精度要求 10^{-8}。

5.12 利用数值积分计算椭圆 $\dfrac{x^2}{9} + \dfrac{y^2}{25} = 1$ 的面积，并与公式 $S = \pi a b$ 的计算值进行比较。

5.13 利用数值积分计算 $I = \int_0^2 \int_0^1 xy^2 \, \mathrm{d}x \mathrm{d}y$。

5.14 利用数值积分计算 $I = \int_0^1 \int_0^1 (1 - x^2 - y^2)\mathrm{d}x \mathrm{d}y$。

微信扫码，立即获取
课后习题详解

第六章

常微分方程

微分方程是包含未知函数及其导数的关系式，其中导数的最高次数称为微分方程的阶，解微分方程即找出未知函数。微分方程用于描述各种物理量随时间、空间的变化规律，在自然科学及工程学科中获得了广泛应用。

当微分方程中的未知函数为一元函数，即只包含一个自变量的微分方程称为常微分方程。常微分方程的求解需要一些辅助条件，按辅助条件的不同，常微分方程分为初值问题和边值问题，初值问题是在自变量的一端给定附加条件，而边值问题是在自变量的两端给定附加条件，能用解析法求解的常微分方程很少，本章介绍常微分方程的数值解法。

6.1 常微分方程初值问题的数值解

6.1.1 欧拉法

设微分方程

$$y'(x) = f(x,y), a \leqslant x \leqslant b \tag{6-1}$$

初始条件：

$$y(a) = y_0 \tag{6-2}$$

将 y 在 x 点泰勒展开，并去掉高次项：

$$y(x+h) = y(x) + hy'(x) = y(x) + hf(x,y) \tag{6-3}$$

将区间 $[a,b]$ 等分为 n 个小区间，步长：

$$h = (b-a)/n \tag{6-4}$$

$$x_i = a + ih, (i = 0,1,\cdots,n) \tag{6-5}$$

x_i 称为等距节点。则：

$$y_{i+1} = y_i + hf(x_i, y_i) \tag{6-6}$$

得到欧拉法计算公式为：

$$\begin{cases} y_{i+1} = y_i + hf(x_i, y_i) \\ x_i = x_0 + ih \end{cases} \tag{6-7}$$

欧拉法是显式法，即只要初值 y_0 已知，就可由上式一步一步求出 y_1，y_2，$\cdots$。欧拉法的几何意义是用折线（如图 6-1 所示）$P_0 P_1 P_2 \cdots$ 近似 $y(x)$，故欧拉法又称为折线法。

欧拉法单步的截断误差是二阶的 $O(h^2)$，但误差会传递给下一步，可以证明总的误差是一阶的 $O(h)$。由于误差较大，欧拉法在实际中应用较少。

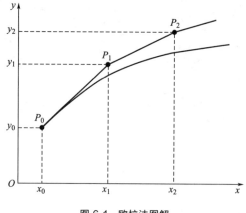

图 6-1 欧拉法图解

6.1.2 改良欧拉法

根据 $y'(x) = f(x, y)$，则有：

$$y(x) = y_0 + \int_{x_0}^{x} f(x,y)\mathrm{d}x \tag{6-8}$$

当 $x = x_1$ 时

$$y(x_1) = y_0 + \int_{x_0}^{x_1} f(x,y)\mathrm{d}x \tag{6-9}$$

上式右边的积分含有未知函数 y，如用矩形公式近似计算这个定积分：

$$\int_{x_0}^{x_1} f(x,y)\mathrm{d}x \approx f(x_0,y_0) \cdot (x_1 - x_0) \tag{6-10}$$

则

$$y(x_1) = y_0 + f(x_0,y_0) \cdot (x_1 - x_0) \tag{6-11}$$

此即欧拉法公式。因此，欧拉法可以看作是用矩形公式近似计算某个相应定积分的方法，故误差较大。如果改用梯形法计算定积分，则有：

$$\int_{x_0}^{x_1} f(x,y)\mathrm{d}x \approx \frac{1}{2}\left[f(x_0,y_0) + f(x_1,y_1)\right] \cdot (x_1 - x_0) \tag{6-12}$$

则

$$y(x_1) = y_1 = y_0 + \frac{1}{2}\left[f(x_0,y_0) + f(x_1,y_1)\right] \cdot (x_1 - x_0) \tag{6-13}$$

一般地有：

$$y_{i+1} = y_i + \frac{1}{2}h\left[f(x_i,y_i) + f(x_{i+1},y_{i+1})\right] \tag{6-14}$$

式(6-14) 右端含有未知的 y_{i+1}，因此这个方程是隐式方程，通常用迭代法求解，可以用欧拉法的结果作为迭代初值，这就是改良欧拉法。其计算公式归纳为：

$$\begin{cases} y_{i+1}^{(0)} = y_i + hf(x_i,y_i) \\ y_{i+1}^{(j+1)} = y_i + \frac{1}{2}h\left[f(x_i,y_i) + f(x_{i+1},y_{i+1}^{(j+1)})\right], (j = 0,1,\cdots) \end{cases} \tag{6-15}$$

式(6-15) 这种类型通常称为预测-校正格式，第一式称为预测公式，第二式叫做校正公式。实践证明，第一次迭代结果与预测值有较大差别，此后每次迭代则差别甚微。通常只需计算一次或两次校正值即可，或采用 ε 作为控制迭代结束的条件：当前后两次的迭代结果之差小于 ε 时，迭代结束：

$$\left| y_{i+1}^{(j+1)} - y_{i+1}^{(j)} \right| < \varepsilon \tag{6-16}$$

改良欧拉法的程序流程如图 6-1 所示。

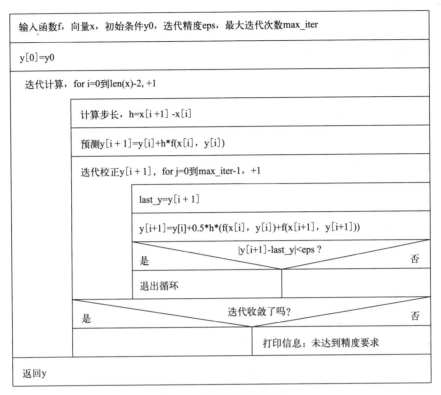

图 6-2 改良欧拉法程序流程

建立 euler.py 文件，键入如下程序：

```python
import numpy as np
def euler(f,x,y0,args=(),eps=1e-6,max_iter=100):
    y=np.zeros_like(x)
    y[0]=y0
    for i in range(len(x)-1):
        h=x[i+1]-x[i]
        y[i+1]=y[i]+h*f(x[i],y[i],*args)
        for j in range(max_iter):
            last_y=y[i+1]
            y[i+1]=y[i]+0.5*h*(f(x[i],y[i],*args)+f(x[i+1],y[i+1],*args))
            if np.abs(y[i+1]-last_y)<eps:break
        else:print('The required acuuracy is not achieved')
    return y
```

【例 6-1】 已知一级化学反应 A →B 的动力学方程式为：

$$-\frac{dc_A}{dt}=kc_A$$

已知 $k=6.35\times10^{-3}\,s^{-1}$，$t=0$ 时，$c_A=1.43\mathrm{mol/L}$，利用改良欧拉法求前 200s 中每隔 20s 的 c_A 值，并与分析解比较误差大小。

解 取步长 $h = 1\mathrm{s}$，编写主程序如下：

```python
if __name__=='__main__':
    x=np.linspace(0,200,num=201)
    y0=1.43
    y=euler(lambda t,c:-6.35e-3*c,x,y0)
    print('time,numerical,  analycal,      err')
    for i in range(len(x)):
        if i%20==0:
            ans=1.43**np.exp(-6.35e-3**x[i])
            err=np.abs(y[i]-ans)
            print(f'{x[i]:4.0f},{y[i]:10.6f},{ans:10.6f},{err:10.2e}')
```

运行结果为：

```
time, numerical,  analycal,      err
   0,  1.430000,  1.430000,  0.00e+00
  20,  1.259449,  1.259449,  5.43e-07
  40,  1.109238,  1.109239,  9.56e-07
  60,  0.976943,  0.976944,  1.26e-06
  80,  0.860426,  0.860428,  1.48e-06
 100,  0.757806,  0.757808,  1.63e-06
 120,  0.667425,  0.667427,  1.73e-06
 140,  0.587823,  0.587825,  1.77e-06
 160,  0.517716,  0.517717,  1.78e-06
 180,  0.455969,  0.455971,  1.77e-06
 200,  0.401587,  0.401589,  1.73e-06
```

6.1.3　龙格-库塔法

欧拉公式是用点 (x_i, y_i) 处的斜率 $f(x_i, y_i)$ 代替区间 $[x_i, x_{i+1}]$ 上的平均斜率，其误差较大，为一阶精度。改进的欧拉公式可看作是用 x_i 与 x_{i+1} 两点处斜率的算术平均值作为区间 $[x_i, x_{i+1}]$ 上的平均斜率，精度提高一阶。这一道理启发我们，是否可以在区间 $[x_i, x_{i+1}]$ 内多取几个点处的斜率值，然后求他们的加权平均值作为区间 $[x_i, x_{i+1}]$ 上的平均斜率，从而构造出精度更高的公式，这就是龙格-库塔法的基本思想。

由于推导较为复杂，下面给出四阶龙格-库塔公式：

$$\begin{cases} y_{i+1} = y_i + \dfrac{1}{6}(k_1 + 2k_2 + 2k_3 + k_4) \\ k_1 = hf(x_i, y_i) \\ k_2 = hf\left(x_i + \dfrac{1}{2}h, y_i + \dfrac{1}{2}k_1\right) \\ k_3 = hf\left(x_i + \dfrac{1}{2}h, y_i + \dfrac{1}{2}k_2\right) \\ k_4 = hf(x_i + h, y_i + k_3) \end{cases} \tag{6-17}$$

四阶龙格-库塔法广泛用于解常微分方程初值问题，其局部截断误差（即单步）为 $O(h^5)$，总误差是四阶精度的。

6.2 常微分方程组初值问题的数值解

若研究体系的自变量只有一个 x，而因变量有 m 个：y_0，y_1，$\cdots$，y_{m-1}，则表达体系某种性质的方程数是 m，这 m 个常微分方程组成一个常微分方程组。

任何一种求解一阶常微分方程的方法均可用于求解一阶常微分方程组。设待求解的常微分方程组为：

$$\begin{cases} y_0' &= f_0(x,y_0,y_1,\cdots,y_{m-1}) \\ y_1' &= f_1(x,y_0,y_1,\cdots,y_{m-1}) \\ \vdots & \quad\vdots \\ y_{m-1}' &= f_{m-1}(x,y_0,y_1,\cdots,y_{m-1}) \end{cases} \tag{6-18}$$

初始条件为：

$$\begin{cases} y_0(x_0) &= y_{00} \\ y_1(x_0) &= y_{01} \\ \vdots & \quad\vdots \\ y_{m-1}(x_0) &= y_{0,m-1} \end{cases} \tag{6-19}$$

求满足条件的常微分方程组的数值解，也就是求与一系列 x 值，即 $[x_1, x_2, \cdots, x_{n-1}]^{\mathrm{T}}$ 相对应的 y 的近似值：

$$\begin{bmatrix} y_{10} & y_{10} & \cdots & y_{1,m-1} \\ y_{20} & y_{20} & \cdots & y_{2,m-1} \\ \vdots & \vdots & & \vdots \\ y_{n-1,0} & y_{n-1,0} & \cdots & y_{n-1,m-1} \end{bmatrix}$$

求解一阶常微分方程组的龙格-库塔公式为：

$$\begin{cases} y_{i+1,j} = y_{i,j} + \dfrac{1}{6}(k_{1j} + 2k_{2j} + 2k_{3j} + k_{4j}) \\ k_{1j} = hf_j(x_i,y_{i,0},y_{i,1},\cdots,y_{i,m-1}) \\ k_{2j} = hf_j\left(x_i + \dfrac{1}{2}h,y_{i,0} + \dfrac{1}{2}k_{10},y_{i,1} + \dfrac{1}{2}k_{11},\cdots,y_{i,m-1} + \dfrac{1}{2}k_{1,m-1}\right) \\ k_{3j} = hf_j\left(x_i + \dfrac{1}{2}h,y_{i,0} + \dfrac{1}{2}k_{20},y_{i,1} + \dfrac{1}{2}k_{21},\cdots,y_{i,m-1} + \dfrac{1}{2}k_{2,m-1}\right) \\ k_{4j} = hf_j(x_i + h,y_{i,0} + k_{30},y_{i,1} + k_{31},\cdots,y_{i,m-1} + k_{3,m-1}) \\ i = 0,1,\cdots,n-2; j = 0,1,\cdots,m-1 \end{cases} \tag{6-20}$$

龙格-库塔法解一阶常微分方程组初始问题的程序流程如图 6-3 所示。

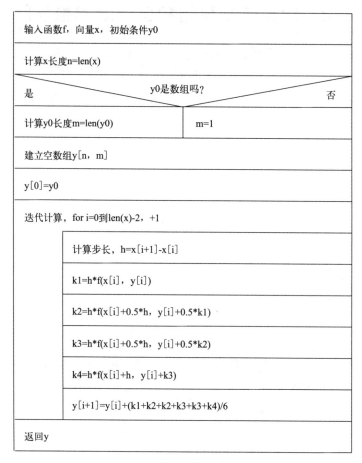

图 6-3　龙格-库塔法程序流程

建立 runge＿kutta.py 文件，键入程序如下：

```python
import numpy as np
defrk(f,x,y0,args=()):
    n=len(x)
    if np.ndim(y0):m=len(y0)
    else:m=1
    y=np.empty((n,m),dtype=float)
    y[0]=y0
    for i in range(n-1):
        h=x[i+1]-x[i]
        k1=h*f(x[i],y[i],*args)
        k2=h*f(x[i]+0.5*h,y[i]+0.5*k1,*args)
        k3=h*f(x[i]+0.5*h,y[i]+0.5*k2,*args)
        k4=h*f(x[i]+h,y[i]+k3,*args)
        y[i+1]=y[i]+(k1+k2+k2+k3+k3+k4)/6
    return y
```

【例 6-2】 利用龙格-库塔算法求解例 6-1 的问题。

解 编写程序如下：

```
if__name__=='__main__':
    x=np. linspace(0,200,num=201)
    y=rk(lambda t,c:-6.35e-3*c,x,1.43)
    print('time,numerical, analycal,     err')
    for i in range(len(x)):
        if i%20==0:
            ans=1.43*np.exp(-6.35e-3*x[i])
            err=np.abs(y[i,0]-ans)
            print(f'{x[i]:4.0f},{y[i,0]:10.6f},{ans:10.6f},{err:10.2e}')
```

运行结果为：

```
time, numerical,  analycal,        err
    0,  1.430000,  1.430000,  0.00e+00
   20,  1.259449,  1.259449,  2.18e-12
   40,  1.109239,  1.109239,  3.84e-12
   60,  0.976944,  0.976944,  5.07e-12
   80,  0.860428,  0.860428,  5.95e-12
  100,  0.757808,  0.757808,  6.55e-12
  120,  0.667427,  0.667427,  6.93e-12
  140,  0.587825,  0.587825,  7.12e-12
  160,  0.517717,  0.517717,  7.16e-12
  180,  0.455971,  0.455971,  7.10e-12
  200,  0.401589,  0.401589,  6.95e-12
```

【例 6-3】 在半径为 $R=2$m 的圆筒形贮槽中（参考图 6-4），开始时加水至 5m，然后用半径 $r_1=0.02$m 的给水管以稳定的流速 $v_1=0.7$m/s 的速度向槽内加水，同时，由位于槽底部半径为 $r_2=0.076$m 的排水管排水。若不考虑排水管压头损失，试求开始排水后前 4min 内，每分钟贮槽内水位高度 y。

解 假定在时刻 t，水位为 y，经过 dt 时间，水位降低 dy，则质量衡算方程：

$$累积量＝进水量－出水量$$
$$\pi R^2 \mathrm{d}y = \pi r_1^2 v_1 \mathrm{d}t - \pi r_2^2 v_2 \mathrm{d}t$$

不考虑排水管压力损失，则

$$v_2 = \sqrt{2gy}$$

故

$$R^2 \mathrm{d}y = (r_1^2 v_1 - r_2^2 \sqrt{2gy})\mathrm{d}t$$
$$\frac{\mathrm{d}y}{\mathrm{d}t} = \frac{r_1^2 v_1 - r_2^2 \sqrt{2gy}}{R^2}$$

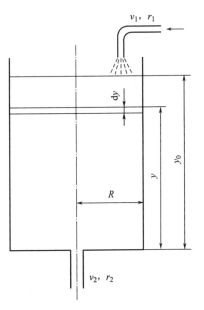

图 6-4 圆筒形贮槽示意图

初始条件：$t=0$，$y=5$。

取步长 $h=3$s，编写主程序如下：

```
import numpy as np
from runge_kutta import rk

def f(t,y):return(0.02**2*0.7-0.076**2*np.sqrt(2*9.81*y))/4
t=np.linspace(0,300,num=101)
y=rk(f,t,5)
print('time/min,height/m')
for i in range(len(t)):
    if i%20==0:print(f'{t[i]/60:6.0f},{y[i,0]:8.6f}')
```

运行结果为：

```
time/min,height/m
    0,    5.000000
    1,    4.182704
    2,    3.438652
    3,    2.767803
    4,    2.170108
    5,    1.645503
```

【例 6-4】 某连续反应：

$$A \xrightarrow{k_1} B \xrightarrow{k_2} C \xrightarrow{k_3} D \xrightarrow{k_4} E$$

体系中各物质的动力学方程分别为：

$$\begin{cases} \dfrac{dc_A}{dt} = -k_1 c_A \\[2mm] \dfrac{dc_B}{dt} = k_1 c_A - k_2 c_B \\[2mm] \dfrac{dc_C}{dt} = k_2 c_B - k_3 c_C \\[2mm] \dfrac{dc_D}{dt} = k_3 c_C - k_4 c_D \\[2mm] \dfrac{dc_E}{dt} = k_4 c_D \end{cases}$$

已知 $k_1 = 0.01\mathrm{s}^{-1}$，$k_2 = 0.2\mathrm{s}^{-1}$，$k_3 = 0.1\mathrm{s}^{-1}$，$k_4 = 0.05\mathrm{s}^{-1}$，反应开始时只有 A 存在，浓度为 $1\mathrm{mol/L}$，试求前 25s 中每隔 5s 时各物质的浓度（取计算步长 0.5s）。

解 编写主程序如下：

```
import numpy as np
from runge_kutta import rk

def f(t,c):return np.array([-0.01*c[0],
                            0.01*c[0]-0.2*c[1],
                            0.2*c[1]-0.1*c[2],
                            0.1*c[2]-0.05*c[3],
                            0.05*c[3]])
```

```
t=np.linspace(0,25,num=51)
y=rk(f,t,[1.,0,0,0,0])
print('time,       cA,        cB,        cC,        cD,        cE')
for i in range(len(t)):
    if i%10==0:print(f'{t[i]:4.0f}',{y[i,0]:10.6f},{y[i,1]:10.6f},',
                     f'{y[i,2]:10.6f},{y[i,3]:10.6f},{y[i,4]:10.6f}')
```

运行结果为：

```
time,       cA,        cB,        cC,        cD,        cE
   0,  1.000000,  0.000000,  0.000000,  0.000000,  0.000000
   5,  0.951229,  0.030703,  0.015194,  0.002690,  0.000184
  10,  0.904837,  0.040500,  0.038324,  0.014223,  0.002115
  15,  0.860708,  0.042680,  0.056324,  0.032433,  0.007855
  20,  0.818731,  0.042127,  0.067611,  0.053006,  0.018525
  25,  0.778801,  0.040635,  0.073556,  0.072726,  0.034283
```

6.3 高阶常微分方程初值问题的数值解

从理论上讲高阶常微分方程均可化为一阶常微分方程组来求解。比如对 m 阶常微分方程：

$$y^{(m)} = f[x,y,y',y'',\cdots,y^{(m-1)}] \tag{6-21}$$

其初始条件为：

$$\begin{cases} y(x_0) & = & y_0 \\ y'(x_0) & = & y'_0 \\ \vdots & & \vdots \\ y^{m-1}(x_0) & = & y_0^{(m-1)} \end{cases} \tag{6-22}$$

可以定义一个新的因变量组，$y_0(x)$，$y_1(x)$，$\cdots$，$y_{m-1}(x)$，将高阶微分方程转化为一阶常微分方程组：

$$\begin{cases} y_0(x) & = & y(x) & & \\ y_1(x) & = & y'(x) & = & y'_0(x) \\ y_2(x) & = & y''(x) & = & y'_1(x) \\ \vdots & & \vdots & & \vdots \\ y_{m-1}(x) & = & y^{m-1}(x) & = & y'_{m-2}(x) \\ & & y^m(x) & = & y'_{m-1}(x) \end{cases} \tag{6-23}$$

【例6-5】 求解以下三阶常微分方程：

$$\frac{\mathrm{d}^3 y}{\mathrm{d}x^3} + 2\frac{\mathrm{d}^2 y}{\mathrm{d}x^2} + 2\frac{\mathrm{d}y}{\mathrm{d}x} + y = 80$$

初始条件：$x=0$，$y=0$，$\mathrm{d}y/\mathrm{d}x=0$，$\mathrm{d}^2y/\mathrm{d}x^2=0$，取步长 $h=0.1$，求 $x=1,2,\cdots,$ 5 时的 y 值。

解 将方程化为三个一阶方程：

$$\begin{cases} y'_0 &= y_1 \\ y'_1 &= y_2 \\ y'_2 &= 80-y_0-2y_1-2y_2 \end{cases}$$

初始条件：$x=0$，$y_0=0$，$y_1=0$，$y_2=0$。编写主程序如下：

```
import numpy as np
from runge_kutta import rk
def f(x,y):return np.array([y[1],y[2],80-y[0]-2*y[1]-2*y[2]])
x=np.linspace(0,5,num=51)
y=rk(f,x,[0,0,0])
print(' x, y')
for i in range(len(x)):
    if i%10==0:print(f'{x[i]:2.0f},{y[i,0]:10.6f}')
```

运行结果为：

```
x,          y
0,      0.000000
1,      7.888996
2,     35.630762
3,     65.357635
4,     82.497176
5,     86.496383
```

6.4 常微分方程边值问题的数值解

设有如下二阶常微分方程边值问题：

$$\begin{cases} y''(x)=f(x,y,y') \\ y(a)=\alpha,\ y(b)=\beta \end{cases} \tag{6-24}$$

下面讨论求解该问题的两种常用方法：打靶法和有限差分法。

6.4.1 打靶法

求解的一种方法是先猜测 $y'(a)$，然后求初值问题，得到 b 处的解 $y(b)$，希望 $y(b)=\beta$，如果达不到预期结果，再回过来修改 $y'(a)$ 的值，这种方法称为打靶法。

假定 $y'(a)=z$，然后求解初值问题得到 $y(b)$，显然 $y(b)$ 是 z 的函数，记作 $\varphi(z)$，换句话说，每取一个 z 值，就得到一个新的 $y(b)$ 值，我们对函数 $\varphi(z)$ 所知甚少，但可以计算它的值。问题转化为求 $\varphi(z)-\beta=0$ 的根，一种做法是对两个猜测值 z_1、z_2 作线性插值：

$$\frac{z_3-z_2}{\beta-\varphi(z_2)}=\frac{z_2-z_1}{\varphi(z_2)-\varphi(z_1)} \tag{6-25}$$

也就是关于函数 $f(z) = \varphi(z) - \beta$ 的割线法：

$$z_3 = z_2 - \frac{f(z_2)}{\dfrac{f(z_2) - f(z_1)}{z_2 - z_1}} = z_2 + \frac{[\beta - \varphi(z_2)](z_2 - z_1)}{\varphi(z_2) - \varphi(z_1)} \tag{6-26}$$

此过程可以继续进行，迭代格式为：

$$z_{n+2} = z_{n+1} + \frac{[\beta - \varphi(z_{n+1})](z_{n+1} - z_n)}{\varphi(z_{n+1}) - \varphi(z_n)} \tag{6-27}$$

当 $|\varphi(z_{n+2}) - \beta|$ 小于指定精度时停止。

【**例 6-6**】 用打靶法解如下二阶常微分方程：

$$y'' = 10y^2 + 3y + y'$$

边界条件：

$$\begin{cases} y(0) = 0 \\ y(1) = 1 \end{cases}$$

绘出 $y \sim x$ 在 $[0, 1]$ 区间的变化曲线。

解 将原方程转换为一阶常微分方程组：

$$\begin{cases} y'_0 = y_1 \\ y'_1 = 10y_0^2 + 3y_0 + y_1 \end{cases}$$

已知初值条件：$y_0(0) = 0$。下面编程序调用割线法求解方程 $\varphi(z) - \beta = 0$，从而确定另一初值条件 $z = y_1(0)$，在其函数中，需要调用龙格库塔法解常微分方程组来得到 $\varphi(z)$。取初值为 $z_0 = 0$，$z_1 = 2$，编程序如下：

```python
import numpy as np
from runge_kutta import rk
from secant import secant
import matplotlib.pyplot as plt

def f(z,x,beta):
    y0=[0,z]
    y=rk(fun,x,y0)
    return y[-1,0]-beta

def fun(x,y):return np.array([y[1],10*y[0]**2+ 3*y[0]+y[1]])

z0,z1=0,2
eps=1e-9
x=np.linspace(0,1,num=1001)
beta=1
d0=secant(f,z0,z1,eps,args=(x,beta))
print('The differential at 0 is:',d0)

y0=[0,d0]
y=rk(fun,x,y0)
plt.plot(x,y[:,0])
plt.xlabel('x')
plt.ylabel('y')
plt.show()
```

运行结果为:

```
The differential at 0 is:  0.26615040225531106
```

解的曲线如图 6-5 所示。

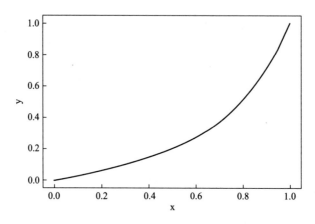

图6-5　例题6-6的解曲线

【**例 6-7**】　解如下线性常微分方程:

$$y'' = 2x + 3y$$

边值条件为:

$$\begin{cases} y(0) = 0 \\ y(1) = 1 \end{cases}$$

并打印 $x = 0.1$, 0.2, …, 1.0 的 y 值。

解　将方程转换为常微分方程组

$$\begin{cases} y'_0 = y_1 \\ y'_1 = 2x + 3y_0 \end{cases}$$

编写程序如下:

```python
import numpy as np
from runge_kutta import rk
from secant import secant

def f(z,x,beta):
    y0=[0,z]
    y=rk(fun,x,y0)
    return y[-1,0]-beta

def fun(x,y):return np.array([y[1],2*x+ 3*y[0]])

z0,z1=0,2
eps=1e-9
x=np.linspace(0,1,num=1001)
beta=1
d0=secant(f,z0,z1,eps,args=(x,beta))
print('The differential at 0 is:',d0)

y0=[0,d0]
```

```
y=rk(fun,x,y0)
print('  x,       y')
for i in range(len(x)):
    if i%100==0:print(f'{x[i]:3.1f},{y[i,0]:10.6f}')
```

运行结果为：

```
The differential at 0 is:  0.3877941930447973
  x,          y
0.0,       0.000000
0.1,       0.039307
0.2,       0.081802
0.3,       0.130767
0.4,       0.189680
0.5,       0.262317
0.6,       0.352868
0.7,       0.466063
0.8,       0.607309
0.9,       0.782859
1.0,       1.000000
```

6.4.2　有限差分法

有限差分法建立在将微分方程直接离散化的基础上，对式(6-24)中的二阶常微分方程：

$$\begin{cases} y''(x)=f(x,y,y') \\ y(a)=\alpha, y(b)=\beta \end{cases}$$

令 $h=(b-a)/n$ 将区间 $[a,b]$ 等分，等分点 $a=x_0, x_1, \cdots, x_n=b$，然后对任一内节点 x_i 应用中心差分公式，则

$$y'_i=\frac{1}{2h}(y_{i+1}-y_{i-1}) \tag{6-28}$$

$$y''_i=\frac{1}{h^2}(y_{i+1}-2y_i+y_{i-1}) \tag{6-29}$$

这样问题转化为：

$$\begin{cases} y_0=\alpha \\ \dfrac{1}{h^2}(y_{i+1}-2y_i+y_{i-1})=f\left[x_i,y_i,\dfrac{1}{2h}(y_{i+1}-y_{i-1})\right] (i=1,2,\cdots,n-1) \\ y_n=\beta \end{cases} \tag{6-30}$$

式(6-30)为包含 $n+1$ 个变量 $y_0, y_1, \cdots, y_n$ 的 $n+1$ 个非线性方程组，由于是非线性的，解起来并不容易，可采用迭代法或牛顿-拉弗森法求解。

当方程组是线性的，即 $f(x,y,y')$ 具有如下形式：

$$f(x,y,y')=u(x)+v(x)\cdot y+w(x)\cdot y' \tag{6-31}$$

令 $u_i=u(x_i)$，$v_i=v(x_i)$，$w_i=w(x_i)$，则方程转化为如下形式：

$$\frac{1}{h^2}(y_{i+1}-2y_i+y_{i-1})=u_i+v_iy_i+w_i\cdot\frac{1}{2h}(y_{i+1}-y_{i-1}) \tag{6-32}$$

整理可得：

$$(2+hw_i)y_{i-1} - (4+2h^2v_i)y_i + (2-hw_i)y_{i+1} = 2h^2u_i \qquad (6\text{-}33)$$

从而得到如下的三对角线方程组：

$$\begin{bmatrix} 1 & & & & \\ 2+hw_1 & -(4+2h^2v_1) & 2-hw_1 & & \\ & \ddots & \ddots & \ddots & \\ & & 2+hw_{n-1} & -(4+2h^2v_{n-1}) & 2-hw_{n-1} \\ & & & & 1 \end{bmatrix} \begin{bmatrix} y_0 \\ y_1 \\ \vdots \\ y_{n-1} \\ y_n \end{bmatrix} = \begin{bmatrix} \alpha \\ 2h^2u_1 \\ \vdots \\ 2h^2u_{n-1} \\ \beta \end{bmatrix}$$

可以用 Thomas 算法解此方程组得到 y_0，y_1，$\cdots$，y_n。

【例 6-8】 用有限差分法求解例 6-7 的线性常微分方程：

$$y'' = 2x + 3y$$

边值条件为：

$$\begin{cases} y(0) = 0 \\ y(1) = 1 \end{cases}$$

解 由题目可得 $u(x) = 2x$，$v(x) = 3$，$w(x) = 0$，$\alpha = 0$，$\beta = 1$。将区间等分为 1000 份，编写程序如下：

```python
import numpy as np
from thomas import thomas

num=1001
h=1/(num-1)
x=np.linspace(0,1,num=num)
alpha,beta=0,1
u,v=2*x,3
d,b,a,c=np.empty(num),np.empty(num),np.empty(num-1),np.empty(num-1)
d[0],c[0],b[0]=1,0,alpha
a[-1],d[-1],b[-1]=0,1,beta
a[0:-1]=2
d[1:-1]=-(4+2*h*h*v)
c[1:]=2
b[1:-1]=2*h*h*u[1:-1]
y=thomas(d,a,c,b)
print(' x,      y')
for i in range(len(x)):
    if i%100==0:print(f'{x[i]:3.1f},{y[i]:10.6f}')
```

运行结果为：

```
    x,       y
 0.0,    0.000000
 0.1,    0.039307
 0.2,    0.081802
 0.3,    0.130767
 0.4,    0.189680
 0.5,    0.262317
 0.6,    0.352868
```

```
0.7,    0.466063
0.8,    0.607309
0.9,    0.782860
1.0,    1.000000
```

比较可知，有限差分法所得到的结果与例 6-7 中采用打靶法所得结果一致。

6.5　利用 scipy 模块求解常微分方程

在 scipy 中的 integrate 子模块中实现了多种方法用于求解常微分方程，包括 solve_ivp、solve_bvp、odeint 等，下面做一简单介绍。

（1）scipy. integrate. solve_ivp 方法

solve_ivp 用于求解常微分方程（组）的初值问题：

$$dy/dt = f(t, y)$$
$$y(t0) = y0$$

其用法为：

```
solve_ivp(fun, t_span, y0, method='RK45', t_eval=None, dense_output=False,
events=None, vectorized=False,args=None,**options)
```

主要参数

① fun：右端函数，格式为 fun (t, y)，此处 t 为标量，y 为 numpy 数组；

② t_span：积分区间，包含两个元素的元组 (t0, tf)；

③ y0：初值；

④ method：字符串或 OdeSolver 实例，求解方法，可选方法包括：(a) RK45，显式五（四）阶龙格-库塔方法，默认值；(b) RK23，显式三（二）阶龙格-库塔法；(c) DOP853，显式八阶龙格-库塔法；(d) Radau，隐式五阶龙格-库塔法；(e) BDF，隐式多步可变阶（一到五）解法，利用向后差分近似微分；(f) LSODA，带有自动刚性检测及切换的 Adams/BDF 法。对于非刚性系统应该使用显式龙格-库塔法（RK45、RK23 及 DOP853），对刚性问题应使用隐式方法（Radau 及 BDF）。如果不确定，建议先使用 RK45，如果迭代次数过多、发散甚至得不到解，那么系统可能是刚性的，应该尝试 Radau 或 BDF。LSODA 也是一个不错的选择，但其使用可能不太方便，它使用的是老的 Fortran 代码；

⑤ t_eval：求解过程中需要保存结果的自变量点，其值必须介于 t_span 范围之内，如果为 None，则求解器自行决定哪些点处的结果需要保存；

⑥ dense_output：布尔值，是否输出连续解，默认为 False；

⑦ args：元组，需要传递给 fun 函数的额外参数；

⑧ options：其他可选参数，包括：(a) first_step，实数或 None，初始步长。默认 None 表示由算法选择步长；(b) max_step，实数，允许的最大步长，默认为 np.inf，即由算法决定；(c) rtol，实数或数组，相对误差限；(d) atol，实数或数组，绝对误差限；(e) jac，右端函数对 y 求导的雅可比矩阵，其形状为 (n, n)，其元素 (i, j) 等于 df_i/dy_j。在 Radau、BDF 和 LSODA 解法中需要雅可比矩阵。如果 jac 为函数，其输入参数应包括 t，即 jac (t, y)。jac 默认值为 None，此时算法会自行利用有限差分来近似雅可比矩阵，但对于需要 jac 的求解算

法，建议提供 jac；(f) min_step，实数，LSODA 解法中的最小允许步长，默认值为 0。

solve_ivp 返回一个 OdeResult 对象实例，其主要属性包括

① t：时间点，numpy 数组，形状为（n_points,）；

② y：与 t 相对应的解，numpy 数组，形状为（n，n_points）；

③ nfev：整数，调用右端函数的次数；

④ njev：整数，调用雅可比矩阵的次数；

⑤ message：字符串，算法结束原因；

⑥ success：布尔值，True 表示算法成功，False 表示求解失败。

例如利用 solve_ivp 求解例 6-1 中的常微分方程：

```
from scipy. integrate import solve_ivp

sol=solve_ivp(lambda t,c:-6. 35e-3* c,(0,200),[1. 43])
print(sol. t)
print(sol. y)
```

运行结果为：

```
[   0.        0. 27510974 3. 02620719 30. 53718169 176. 41488837   200.      ]
[[1. 43        1. 42750405 1. 40278287 1. 17793552 0. 46679985 0. 4018726 ]]
```

输出时间点是由求解器决定的。如果要控制输出点，通过设置 t_eval 参数实现，如下面的程序所示：

```
import numpy as np
from scipy. integrate import solve_ivp

sol=solve_ivp(lambda t,c:-6. 35e-3* c,(0,200),[1. 43],
        t_eval=np. linspace(0,200,6))
print(sol. t)
print(sol. y)
```

运行结果为：

```
[   0.    40.    80. 120. 160. 200. ]
[[1. 43        1. 10919297 0. 85990036 0. 66704174 0. 51795785 0. 4018726 ]]
```

利用 solve_ivp 求解例 6-4 中的常微分方程组：

```
import numpy as np
from scipy. integrate import solve_ivp

def f(t,c):return np. array([-0. 01*c[0],
                0. 01*c[0]-0. 2*c[1],
                0. 2*c[1]-0. 1*c[2],
                0. 1*c[2]-0. 05*c[3],
                0. 05*c[3]])

sol=solve_ivp(f,(0,25),[1. ,0,0,0,0],t_eval=[0,5,10,15,20,25])
print('time,         cA,         cB,         cC,         cD,         cE')
for i in range(len(sol. t)):
```

```
print(f'{sol.t[i]:4.0f},{sol.y[0,i]:10.6f},{sol.y[1,i]:10.6f},' +
    f'{sol.y[2,i]:10.6f},{sol.y[3,i]:10.6f},{sol.y[4,i]:10.6f}')
```

运行结果为：

```
time,     cA,       cB,       cC,       cD,       cE
  0,    1.000000, 0.000000, 0.000000, 0.000000, 0.000000
  5,    0.951229, 0.030703, 0.015194, 0.002690, 0.000184
 10,    0.904837, 0.040501, 0.038323, 0.014224, 0.002115
 15,    0.860708, 0.042681, 0.056322, 0.032433, 0.007855
 20,    0.818731, 0.042121, 0.067623, 0.053000, 0.018526
 25,    0.778801, 0.040632, 0.073560, 0.072724, 0.034283
```

【例 6-9】　一个反应系统中进行如下连串反应：

$$A \xrightarrow{k_1} B \xrightarrow{k_2} C$$

已知 $k_1 = 0.1 \text{s}^{-1}$，$k_2 = 10^4 \text{s}^{-1}$。反应开始时 A 的浓度为 1mol/L，B 的浓度为 0。求 A 与 B 浓度随时间的变化关系。

解　建立物料衡算方程

$$\begin{cases} \dfrac{\mathrm{d}c_A}{\mathrm{d}t} = -k_1 c_A \\[2mm] \dfrac{\mathrm{d}c_B}{\mathrm{d}t} = k_1 c_A - k_2 c_B \end{cases}$$

利用 solve_ivp 求解，采用默认的 RK45 解法，打印求解时间。同时，由于该方程组存在解析解：

$$\begin{cases} c_A = c_{A0} \exp(-k_1 t) \\[2mm] c_B = \dfrac{k_1 c_{A0}}{k_1 - k_2} [\exp(-k_2 t) - \exp(-k_1 t)] \end{cases}$$

将解析解与数值解同时画图输出：

```
import numpy as np
from scipy.integrate import solve_ivp
import matplotlib.pyplot as plt
import time

start_time=time.time()
def f(t,y):return np.array([-0.1*y[0],0.1*y[0]-1e4*y[1]])
sol=solve_ivp(f,(0,100),[1,0],t_eval=np.linspace(0,100,101))
print('Time used:',time.time()-start_time)
ca=np.exp(-0.1*sol.t)
cb=0.1/(0.1-1e4)*(np.exp(-1e4*sol.t)-np.exp(-0.1*sol.t))
fig,(ax1,ax2)=plt.subplots(nrows=1,ncols=2,constrained_layout=True)
ax1.plot(sol.t,sol.y[0,:],'*',sol.t,ca,'-')
ax1.set(xlabel='t',ylabel='cA')
ax1.legend(['numerical','analysis'])
ax2.plot(sol.t,sol.y[1,:],'*',sol.t,cb,'-')
ax2.set(xlabel='t',ylabel='cB')
```

```
ax2.legend(['numerical','analysis'])
plt.show()
```

运行结果为：

```
Time used:  29.976747751235962
```

程序输出浓度随时间变化曲线如图 6-6 所示。可以看到，RK45 算法不仅求解时间长，而且结果发生震荡。造成这种现象的原因就是该微分方程组的刚性。

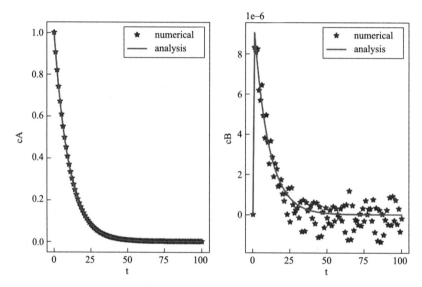

图 6-6 RK45 方法求解例 6-9 输出的浓度随时间变化曲线

常微分方程的刚性问题在航空航天、热核反应、化学反应动力学等研究领域经常出现，它是由于系统中同时存在快速变化分量及慢速变化分量造成的。比如从上面连串反应的解析解可以看出，c_A 与 c_B 随时间的变化受两个分量影响：$g_1 = \exp(-k_1 t)$，$g_2 = \exp(-k_2 t)$，由于 $k_2 \gg k_1$，因此 g_2 衰变得很快，而 g_1 衰变较慢。

对于一般的常系数线性常微分方程组初值问题：

$$\begin{cases} \dfrac{\mathrm{d}\boldsymbol{Y}}{\mathrm{d}t} = \boldsymbol{A}\boldsymbol{Y} + \boldsymbol{B} \\ \boldsymbol{Y}(t_0) = \boldsymbol{Y}_0 \end{cases}$$

其中 $\boldsymbol{Y} = [y_0, y_1, \cdots, y_{m-1}]^{\mathrm{T}}$。若系数矩阵 $\boldsymbol{A}$ 的特征值 λ_j 实部小于 0，即：

$$Re\lambda_j < 0, \quad j = 0, 1, \cdots, m-1$$

且 $\max\limits_{j} |Re\lambda_j| \gg \min\limits_{j} |Re\lambda_j|$，则称方程组为刚性方程组。

对于本例题而言：

$$\boldsymbol{A} = \begin{bmatrix} -0.1 & 0 \\ 0.1 & 10000 \end{bmatrix}$$

其两个特征值分别为 $\lambda_1 = -10000$，$\lambda_2 = -0.1$，显然该方程具有很强的刚性。

在刚性方程组与非刚性方程组之间并不存在严格的界限，$\max\limits_{j} |Re\lambda_j|$ 与 $\min\limits_{j} |Re\lambda_j|$ 之

间的比值称为刚性比，一般刚性比越大则方程组的刚性越强。

在数值计算过程中，快速变化部分要求网格非常精细，即步长 h 要很小才能满足精度要求；而对慢速变化部分，过小的步长不仅造成计算量的增大，而且由于误差的累积反而容易造成震荡甚至求解失败。因此，对于刚性方程组，快速变化部分和慢速变化部分对步长 h 提出了互相矛盾的需求，导致一些数值计算方法，尤其是显式方法的求解稳定性出现问题。一般来讲，隐式方法具有更好的稳定性，求解刚性方程组应该选用隐式方法，如 Radau、BDF 或 LSODA。

在 solve_ivp 中指定方法为 BDF 再来求解连串反应的浓度变化：

```
sol=solve_ivp(f,(0,100),[1,0],method='BDF',t_eval=np.linspace(0,100,101))
```

运行结果为：

```
Time used: 0.03416037559509277
```

输出浓度变化曲线如图 6-7 所示，可以看到，c_B 曲线得到了稳定的结果。如果选用 Radau 和 LSODA 方法也会获得相似的结果。

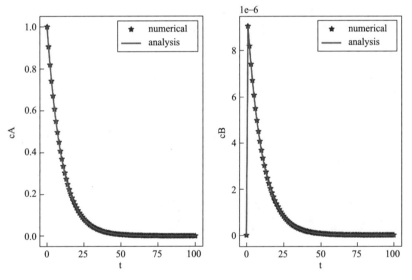

图 6-7　BDF 方法求解例 6-9 输出的浓度随时间变化曲线

（2）scipy. integrate. solve_bvp 方法

solve_bvp 方法利用四阶配置算法求解一阶常微分方程组的两点边值问题：

$$dy/dx = f(x,y), a \leqslant x \leqslant b$$
$$bc(y(a),y(b)) = 0$$

其用法为：

```
solve_bvp(fun,bc,x,y,p=None,S=None,fun_jac=None,bc_jac=None,tol=0.001,max_nodes
=1000,verbose=0,bc_tol=None)
```

主要参数

① fun：右端函数，调用格式为 fun（x，y），其中 x 形状为（m,），y 形状为（n，m），m

为网格点数，n 为因变量数目，y [:, i] 对应 x [i]，函数返回值是形状为（n, m）的数组；

② bc：边界条件函数，调用格式为 bc（ya, yb），其中左边界 ya 与右边界 yb 的形状均为（n,），函数返回值是形状为（n,）的数组。如果是第一类边界条件即给定了边界处的函数值，则用 ya [0] 或 yb [0] 表示、如果是第二类边界条件即给定了边界处的导数值，则用 ya [1] 或 yb [1] 表示，另外注意，bc 中边界条件应以等于 0 的形式给出。例如对于边界 y（x=a）=c，y（x=b）=d，则边界条件应定义为 np. array（[ya[0] - c，yb[0] - d]），对于边界条件 dy/dx（x=a）=c，y（x=b）=d，则边界条件定义为 np. array（[ya[1] - c，yb[0] - d]）；

③ x：形状为（m,）的数组，初始网格，必须严格递增，x [0] =a，x [-1] =b；

④ y：形状为（n, m）的数组，y 的初始猜测值；

⑤ fun_jac：右端函数对 y 求导的雅可比矩阵，调用格式为 fun_jac（x, y），返回值是形状为（n, n）的数组，如果 fun_jac=None（默认值），则算法利用向前差分估算导数值；

⑥ bc_jac：边界值函数对 ya 和 yb 的导数；

⑦ tol：解的精度要求，默认值为 1e-3；

⑧ max_nodes：网格节点的最大允许值，一旦超过该值，算法终止，默认值为 1000。

solve_bvp 函数返回一个 BVPResult 对象，其主要属性包括

① sol：PPoly 三次样条函数实例，用以对任意 x 求解 y 的值；

② x：形状为（m,）的数组，最终网格点；

③ y：形状为（n, m）的数组，网格节点处的解；

④ yp：形状为（n, m）的数组，网格节点处的 y 的导数；

⑤ niter：迭代次数；

⑥ status：整数，算法终止原因，0 表示算法收敛到要求精度，1 表示网格节点数目超过了最大允许值，2 表示雅可比矩阵奇异因而无法求解；

⑦ message：字符串，算法终止原因；

⑧ success：布尔值，算法是否收敛到满足精度要求（status=0）。

利用 solve_bvp 方法求解例 6-7 的二阶边值问题：

$$y'' = 2x + 3y$$

边值条件为：

$$\begin{cases} y(0)=0 \\ y(1)=1 \end{cases}$$

首先将方程变换为常微分方程组：

$$\begin{cases} y'_0 = y_1 \\ y'_1 = 2x + 3y_0 \end{cases}$$

编写程序如下：

```
import numpy as np
from scipy. integrate import solve_bvp
def fun(x,y):return np. array([y[1],2*x+ 3*y[0]])
def bc(ya,yb):return np. array([ya[0],yb[0]-1])
```

```
x= np. linspace(0,1,11)
y= np. zeros((2,len(x)))
res= solve_bvp(fun,bc,x,y)
print(' x, y')
for x_,y_ in zip(res. x,res. y[0]):print(f'{x_:3.1f},{y_:10.6f}')
```

运行结果为：

```
  x,   y
0.0,  0.000000
0.1,  0.039308
0.2,  0.081802
0.3,  0.130767
0.4,  0.189680
0.5,  0.262317
0.6,  0.352869
0.7,  0.466063
0.8,  0.607309
0.9,  0.782860
1.0,  1.000000
```

结果与例 6-7 一致。还可以打印出左边界处的导数，也与例 6-7 的结果一致：

```
In[2]:res. y[1,0]
Out[2]:0.38779662790009123
```

这里再提供一道例题：利用 solve_bvp 函数求解反应扩散方程，以获得固体催化剂粒子内部浓度分布，请扫码阅读。

最后，在 scipy. integrate 子模块中还提供了 odeint 方法及 ode 类，odeint 利用 Fortran 库中的 LSODA 算法求解一阶常微分方程组的初值问题，对于新编程序，建议使用 solve_ivp 方法。ode 类则以面向对象的方式进行常微分方程组的求解，它们的用法请参考帮助文档。

利用 solve_bvp 函数
求解反应扩散方程

 习题

6.1　用改良欧拉法求解初值问题：

$$\begin{cases} \dfrac{\mathrm{d}y}{\mathrm{d}x} = x + \sqrt{y} \\ y(0) = 1 \end{cases}$$

积分区间为 $0 < x \leqslant 10$，取步长 $h = 0.01$，前后两次迭代误差小于 10^{-6}，求出 $x = 1$、2、…、10 时 y 的值。

6.2　用改良欧拉法和四阶龙格-库塔法求解初值问题：

$$\begin{cases} \dfrac{\mathrm{d}y}{\mathrm{d}x} = y \\ y(0) = 1 \end{cases}$$

取积分区间为 $0 < x \leqslant 1$，步长 $h = 0.001$，并与解析解 $y(x) = \exp(x)$ 比较。

6.3 在间歇反应器中进行一级可逆反应：

$$A \underset{k_2}{\overset{k_1}{\rightleftharpoons}} B$$

反应速率方程为：

$$\frac{dc_A}{dt} = k_2 c_B - k_1 c_A$$

已知反应开始 $c_{A0} = 1.0 \, \text{mol/L}$，$c_{B0} = 0$。 反应速率常数 $k_1 = 0.5 \, \text{min}^{-1}$，$k_2 = 0.1 \, \text{min}^{-1}$，用四阶龙格-库塔法求解 20 min 内每隔 1min 时 A 和 B 的浓度。

6.4 用四阶龙格-库塔法求解如下常微分方程组。

$$\begin{cases} \dfrac{dx}{dt} = x - y + 2t - t^2 - t^3 \\[2mm] \dfrac{dy}{dt} = x + y - 4t^2 + t^3 \end{cases}$$

初始条件为：

$$\begin{cases} x(0) = 1 \\ y(0) = 0 \end{cases}$$

求 $t = 1$ 时 x 和 y 的值，并与如下解析解进行比较。

$$\begin{cases} x(t) = \exp(t)\cos(t) + t^2 \\ y(t) = \exp(t)\sin(t) - t^3 \end{cases}$$

6.5 用龙格-库塔法求解初值问题：

$$\begin{cases} \dfrac{d^3 y}{dx^3} = \dfrac{dy}{dx} - x\dfrac{d^2 y}{dx^2} + y + \ln x \\ y(1) = y'(1) = y''(1) = 1 \end{cases}$$

输出 $x = 2, \ 3, \ 4, \ 5$ 时 y 的值。

6.6 将轨道方程：

$$\begin{cases} x'' + x(x^2 + y^2)^{-3/2} = 0 \\ y'' + y(x^2 + y^2)^{-3/2} = 0 \\ x(0) = 0.5, x'(0) = 0.75, y(0) = 0.25, y'(0) = 1.0 \end{cases}$$

改写为等价的一阶常微分方程组，并用龙格-库塔法求解。

6.7 用打靶法求解二阶常微分方程：

$$yy'' + 1 + (y')^2 = 0$$

边界条件为：

$$\begin{cases} y(0) = 1 \\ y(1) = 2 \end{cases}$$

改写为等价的一阶常微分方程组，并用龙格-库塔法求解。

6.8 分别采用打靶法和有限差分法求解如下二阶常微分方程边值问题：

$$\begin{cases} y'' = \dfrac{(1-x)y + 1}{(1+x)^2} \\ y(0) = 1, y(1) = 0.5 \end{cases}$$

并与解析解 $y = 1/(1+x)$ 比较。

6.9 在等温球形催化剂上进行一级不可逆反应，通过物料衡算得到组分 A 在催化剂颗粒内的浓度分布可用如下的扩散反应方程描述：

$$\frac{d^2 c_A}{dr^2} + \frac{2}{r}\frac{dc_A}{dr} = \frac{k_1}{D_e}c_A$$

边界条件为：

$$\begin{cases} r = 0, \dfrac{dc_A}{dr} = 0 \\ r = R, c_A = c_{AS} \end{cases}$$

已知球形颗粒半径 $R = 5\text{mm}$，颗粒表面浓度 $c_{AS} = 1\text{mol/L}$，反应速率常数 $k_1 = 1.5\text{s}^{-1}$，有效扩散系数 $D_e = 0.02\text{cm}^2/\text{s}$。求解扩散反应方程，并与其解析解进行比较。

$$\frac{c_A}{c_{AS}} = \frac{R\sinh(3\varphi r/R)}{r\sinh(3\varphi)}$$

其中双曲函数形式为：

$$\sinh(x) = \frac{\exp(x) - \exp(-x)}{2}$$

梯尔模数 φ 定义式为：

$$\varphi = \frac{R}{3}\sqrt{\frac{k_1}{D_e}}$$

微信扫码，立即获取
课后习题详解

第七章

偏微分方程

当微分方程中的未知函数为多元函数，即含有两个或更多个独立变量时，相应的微分方程为偏微分方程。由于多元函数比一元函数复杂，所以有些偏微分方程求解可以变成最棘手的数值分析问题。本章讨论三种典型的二阶偏微分方程即抛物型、双曲型、椭圆型方程的数值解的求解方法。

7.1 抛物型方程

对如下的偏微分方程及边界条件：

$$\begin{cases} \dfrac{\partial^2}{\partial x^2}u(x,t) = \dfrac{\partial}{\partial t}u(x,t) \\ u(0,t) = u(1,t) = 0, u(x,0) = \sin\pi x \end{cases} \tag{7-1}$$

例如一维热传导问题即为此类型的方程，所描述的物理现象是：假定有一根单位长度的细杆，其初始温度由函数 $\sin\pi x$ 给定，当两端温度固定为 0 时，细杆的温度 $u(x,t)$ 在 $x \sim t$ 平面内的分布即由上述方程决定，解区域为 $0 \leqslant x \leqslant 1$，$t \geqslant 0$，在该区域的边界上，$u$ 的值是预先给定的。

7.1.1 显式法

求解这类问题数值解的一种基本方法是有限差分法，将解区域划分为矩形网格（如图 7-1 所示），如果采用等间距划分，设沿 x 轴的步长为 h，沿 t 轴的步长为 k，则有：

$$h = x_{i+1} - x_i, i = 0,1,\cdots,n-2 \tag{7-2}$$

$$k = t_{j+1} - t_j, j = 0,1,\cdots \tag{7-3}$$

利用中心差分公式，将方程左侧的二阶偏导项用中心差分代替，而右侧的一阶偏导项用一阶向前差分代替，则偏微分方程变换为如下形式（步长 h 和 k 可以取值不同）：

$$\frac{1}{h^2}[u(x+h,t) - 2u(x,t) + u(x-h,t)]$$

$$= \frac{1}{k}[u(x,t+k) - u(x,t)] \tag{7-4}$$

将式（7-4）改写为：

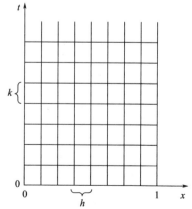

图 7-1 一维热传导方程解区域的矩形网格

$$u(x,t+k) = s \cdot u(x+h,t) + (1-2s) \cdot u(x,t) + s \cdot u(x-h,t) \qquad (7\text{-}5)$$

其中，$s = k/h^2$。式(7-5) 可用作关于变量 t 逐步求解的工具，如果 $u(x, t)$ 在 $0 \leqslant x \leqslant 1$ 和 $0 \leqslant t \leqslant t_0$ 时已知，那么可求得 $t = t_0 + k$ 的解。方程中四点位置如图 7-2 所示。由于解在区域边界上是已知的，反复运用式(7-5) 即可求得区域内部的近似解。该法求解过程很直接，称为显式法。

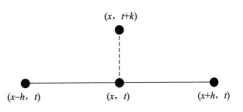

图 7-2 显式差分格式中四点位置

【例 7-1】 利用显式法求解一维热传导方程，取 $h = 0.1$，$k = 0.005$。打印出 $x = 0.5$ 点处，$t = 0.02$，0.04，…，0.1 的解，并与解析解比较。该方程的解析解为：

$$u(x,t) = \exp(-\pi^2 t)\sin\pi x$$

解　编写程序如下：

```python
import numpy as np
def explicit(h,k):
  n,m=int(1/h)+1,int(0.1/k)+1
  u=np.zeros((m,n))
  u[0]=np.sin(np.pi*np.linspace(0,1,n))
  s=k/h/h
  for i in range(1,m):
    u[i,1:n-1]=s*u[i-1,2:n]+ (1-2*s)*u[i-1,1:n-1]+ s*u[i-1,0:n-2]
  return u
h,k=0.1,0.005
u=explicit(h,k)
t_output=np.linspace(0,0.1,6)
u_numerical=u[[i for i in range(21) if i%4==0],int(0.5/h)]
ans=np.exp(-np.pi**2*t_output)*np.sin(np.pi*0.5)
print(' t',' numerical',' analytical','  error')
for t_,u_n,u_a in zip(t_output,u_numerical,ans):
  print(f'{t_:4.2f},{u_n:10.4e},{u_a:10.4e},{abs(u_n-u_a):10.4e}')
```

运行结果为：

```
 t numerical analytical  error
0.00,1.0000e+00,1.0000e+00,0.0000e+00
0.02,8.1814e-01,8.2087e-01,2.7331e-03
0.04,6.6935e-01,6.7383e-01,4.4796e-03
0.06,5.4762e-01,5.5312e-01,5.5065e-03
0.08,4.4802e-01,4.5404e-01,6.0168e-03
0.10,3.6654e-01,3.7271e-01,6.1635e-03
```

然后取 $h = 0.01$，$k = 0.005$ 解同一方程，输出结果为：

```
 t  numerical analytical  error
0.00,1.0000e+00,1.0000e+00,0.0000e+00
0.02,8.1676e-01,8.2087e-01,4.1103e-03
0.04,-1.1259e+02,6.7383e-01,1.1327e+02
```

```
0.06,-1.5830e+11,5.5312e-01,1.5830e+11
0.08,-2.3012e+20,4.5404e-01,2.3012e+20
0.10,-3.4131e+29,3.7271e-01,3.4131e+29
```

可以看到，$h=0.01$ 时，步长虽然小了，但误差却增大了。对显式法的理论分析表明，为了保证计算的稳定性，方程中系数 $(1-2s)$ 应是非负的，不然，上一步的误差就会在下一步中被放大，以致最终得不到解。第一次求解中，$h=0.1$，$k=0.005$，相应地 $s=k/h^2=0.5$，$1-2s=0$，满足非负要求，计算过程是稳定的；而第二次求解中，$h=0.01$，k 不变，此时 $s=50$，$1-2s=-99<0$。因此，虽然 h 减小了，但不满足稳定性要求，导致求解失败。可见，显式差分格式求解虽然方便，但不够稳定。

7.1.2 隐式法

如果用一阶向后差分代替热传导方程右端的一阶偏导项，则得到隐式差分公式：

$$\frac{1}{h^2}\left[u(x+h,t)-2u(x,t)+u(x-h,t)\right]=\frac{1}{k}\left[u(x,t)-u(x,t-k)\right] \quad (7\text{-}6)$$

方程中关联的四个点位置如图 7-3 所示。如果直至变量 t 的某一水平的那些格点 $x=ih$，$t=jk$ 上已得到数值解，那上式支配着 t 的下一水平上的 u 值，可将式(7-6)改写为：

$$-u(x-h,t)+(2+\tau)\cdot u(x,t)-u(x+h,t)=\tau\cdot u(x,t-k)$$

式中，$\tau=h^2/k$。

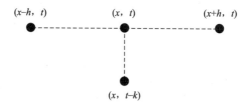

图 7-3 隐式差分格式中四点位置

在 t 水平上，u 是未知的，但在 $(t-k)$ 水平上，u 是已知的，于是可以利用式(7-6)构建三对角线方程组，以求 t 水平上的 u 值。引进变量：

$$u_i=u(ih,t) \quad (7\text{-}7)$$

$$b_{i-1}=\tau\cdot u(ih,t-k) \quad (7\text{-}8)$$

则构成三对角线方程组：

$$\begin{bmatrix} 2+\tau & -1 & & & \\ -1 & 2+\tau & -1 & & \\ & \ddots & \ddots & \ddots & \\ & & -1 & 2+\tau & -1 \\ & & & -1 & 2+\tau \end{bmatrix}\cdot\begin{bmatrix} u_1 \\ u_2 \\ \vdots \\ u_{n-3} \\ u_{n-2} \end{bmatrix}=\begin{bmatrix} b_0 \\ b_1 \\ \vdots \\ b_{n-4} \\ b_{n-3} \end{bmatrix} \quad (7\text{-}9)$$

【例 7-2】 利用隐式法求解热传导问题，取 $k=0.005$，h 分别为 0.1 和 0.01。打印出 $x=0.5$ 点处的解，并与分析解比较。

解 编写程序如下：

```python
import numpy as np
from thomas import thomas
def implicit(h,k):
  n,m=int(1/h)+ 1,int(0.1/k)+ 1
  u=np.zeros((m,n))
  u[0]=np.sin(np.pi*np.linspace(0,1,n))

  tao=h* h/k
  a=c=-np.ones(n-3)
  d=np.ones(n-2)* (2+ tao)
  for i in range(1,m):
    b=tao*u[i-1,1:n-1]
    v=thomas(d.copy(),a,c,b)
    u[i,1:n-1]=v
  return u
h1,h2,k=0.1,0.01,0.005
u1=implicit(h1,k)
u2=implicit(h2,k)

t_output=np.linspace(0,0.1,6)
u1_numerical=u1[[i for i in range(21)if i%4==0],int(0.5/h1)]
u2_numerical=u2[[i for i in range(21)if i%4==0],int(0.5/h2)]
ans=np.exp(-np.pi** 2*t_output)* np.sin(np.pi* 0.5)
print(' t',' num1',' num2','  ana',' error1',' error2')
for t_,u1_n,u2_n,u_a in zip(t_output,u1_numerical,u2_numerical,ans):
  print(f'{t_:4.2f},{u1_n:8.4f},{u2_n:8.4f},{u_a:8.4f},',
    f'{np.abs(u1_n-u_a):8.4f},{np.abs(u2_n-u_a):8.4f}')
```

运行结果为：

```
 t  num1  num2  ana  error1  error2
0.00,1.0000,1.0000,1.0000,0.0000,0.0000
0.02,0.8260,0.8248,0.8209,0.0052,0.0039
0.04,0.6823,0.6802,0.6738,0.0085,0.0064
0.06,0.5636,0.5610,0.5531,0.0105,0.0079
0.08,0.4656,0.4627,0.4540,0.0115,0.0087
0.10,0.3846,0.3816,0.3727,0.0118,0.0089
```

　　可见，两种不同 h 都得到了正确结果，$h=0.01$ 时的误差比 $h=0.1$ 时的误差更小。隐式法每计算一个时间点都需要解一次三对角线方程组，因而计算量较大，但它对步长没有限制，格式是恒稳的，而且是收敛的。

　　显式法与隐式法采用一阶向前或向后差分近似对时间的一阶偏导，二阶中心差分近似对 x 的二阶偏导，因而它们的误差阶都是 $O(k +h^2)$。

7.1.3　克兰克-尼科尔森六点格式

　　显式格式与隐式格式中，关于 t 的一阶偏导数用一阶向前和一阶向后差分近似，所以其误差阶为 $O(k)$，为了减小误差，采用中心差分可将误差阶提高一阶。

在 $\left(x,\ t-\dfrac{1}{2}k\right)$ 点采用中心差分公式近似偏导数，则：

$$\dfrac{\partial^2 u}{\partial x^2}\bigg|_{(x,t-\frac{1}{2}k)}=\dfrac{1}{h^2}\left[u\left(x+h,t-\dfrac{1}{2}k\right)-2u\left(x,t-\dfrac{1}{2}k\right)+u\left(x-h,t-\dfrac{1}{2}k\right)\right]$$

(7-10)

$$\dfrac{\partial u}{\partial t}\bigg|_{(x,t-\frac{1}{2}k)}=\dfrac{1}{k}\left[u(x,t)-u(x,t-k)\right]$$ (7-11)

由于 u 的值仅在 k 的整数倍处是已知的，因此将形如 $u\left(x,\ t-\dfrac{1}{2}k\right)$ 的项都由 u 在上下两个相邻格点的算术平均值代替，即：

$$u\left(x,t-\dfrac{1}{2}k\right)\approx\dfrac{1}{2}\left[u(x,t)+u(x,t-k)\right]$$ (7-12)

代入偏微分方程得到：

$$\dfrac{1}{2h^2}\left[u(x+h,t)+u(x+h,t-k)-2u(x,t)-2u(x,t-k)+u(x-h,t)+u(x-h,t-k)\right]=\dfrac{1}{k}\left[u(x,t)-u(x,t-k)\right]$$

整理得到克拉克-尼科尔森六点格式：

$$\begin{aligned}-u(x-h,t)+2(\tau+1)\cdot u(x,t)-u(x+h,t)\\=u(x-h,t-k)+2(\tau-1)\cdot u(x,t-k)+u(x+h,t-k)\end{aligned}$$ (7-13)

其中，$\tau=h^2/k$。令：

$$u_i=u(ih,t)$$ (7-14)

$$b_{i-1}=u[(i-1)h,t-k]+2(\tau-1)\cdot u(ih,t-k)+u[(i+1)h,t-k]$$ (7-15)

从而得到三对角线方程组：

$$\begin{bmatrix}2(\tau+1)&-1&&&\\-1&2(\tau+1)&-1&&\\&\ddots&\ddots&\ddots&\\&&-1&2(\tau+1)&-1\\&&&-1&2(\tau+1)\end{bmatrix}\cdot\begin{bmatrix}u_1\\u_2\\\vdots\\u_{n-3}\\u_{n-2}\end{bmatrix}=\begin{bmatrix}b_0\\b_1\\\vdots\\b_{n-4}\\b_{n-3}\end{bmatrix}$$ (7-16)

如果 $(t-k)$ 水平上的 u 值是已知的，利用式(7-16) 的三对角线方程组，可求 t 水平上的 u 值，式中六个点位置如图 7-4 所示。

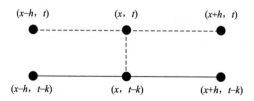

图 7-4 克拉克-尼科尔森格式中六点位置

克拉克-尼科尔森格式的程序与隐式法非常相似，只是把其中 b 与 d 的表达式修改而已。

【例 7-3】 利用克拉克-尼科尔森六点格式求解一维热传导方程，取 $h=0.01$，$k=0.005$，打印出 $x=0.5$ 点处的解，并与分析解比较。

解　编写程序如下：

```
import numpy as np
from thomas import thomas
def crank(h,k):
  n,m=int(1/h)+1,int(0.1/k)+1
  u=np.zeros((m,n))
  u[0]=np.sin(np.pi*np.linspace(0,1,n))

  tao=h*h/k
  a=c=-np.ones(n-3)
  d=np.ones(n-2)*2*(tao+1)
  for i in range(1,m):
    b=u[i-1,:n-2]+2*(tao-1)*u[i-1,1:n-1]+u[i-1,2:n]
    v=thomas(d.copy(),a,c,b)
    u[i,1:n-1]=v
  return u
h,k=0.01,0.005
u=crank(h,k)

t_output=np.linspace(0,0.1,6)
u_numerical=u[[i for i in range(21) if i%4==0],int(0.5/h)]
ans=np.exp(-np.pi**2*t_output)*np.sin(np.pi*0.5)
print(' t',' num',' ana',' error')
for t_,u_n,u_a in zip(t_output,u_numerical,ans):
  print(f'{t_:4.2f},{u_n:10.6f},{u_a:10.6f},{np.abs(u_n-u_a):10.4e}')
```

运行结果为：

```
 t   num      ana      error
0.00,1.000000,1.000000,0.0000e+00
0.02,0.820849,0.820869,1.9560e-05
0.04,0.673793,0.673825,3.2111e-05
0.06,0.553083,0.553122,3.9539e-05
0.08,0.453997,0.454041,4.3274e-05
0.10,0.372663,0.372708,4.4402e-05
```

可以看到，克拉克-尼科尔森六点格式的误差比隐式法要小，其误差阶为 $O(k^2+h^2)$。

7.2　双曲型方程

波方程即为双曲型偏微分方程：

$$\begin{cases} u_{xx}-u_{tt}=0 \\ u(x,0)=f(x) \\ u_t(x,0)=0 \\ u(0,t)=u(1,t)=0 \end{cases} \tag{7-17}$$

其解区域为 $0\leqslant x\leqslant 1$，$t\geqslant 0$ 的带形区域，对解区域用矩形网格离散化（参见图 7-1），对 x 和 t 分别取定步长 h 和 k，利用中心差分近似微分，则有：

$$\frac{1}{h^2}[u(x+h,t)-2u(x,t)+u(x-h,t)]=\frac{1}{k^2}[u(x,t+k)-2u(x,t)+u(x,t-k)]$$

$$\tag{7-18}$$

整理得：

$$u(x,t+k)=\rho u(x+h,t)+2(1-\rho)u(x,t)+\rho u(x-h,t)-u(x,t-k) \quad (7\text{-}19)$$

其中：$\rho=k^2/h^2$。该格式中涉及到五个点的位置如图 7-5 所示。

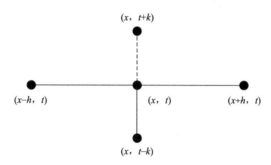

图 7-5　双曲型方程差分解法中的五个点位置

如果用一阶向前差分近似边界条件中对时间的一阶偏导，则边界条件可写为：

$$\begin{cases} u(x,0)=f(x) \\ \dfrac{1}{k}\big[u(x,k)-u(x,0)\big]=0 \\ u(0,t)=u(1,t)=0 \end{cases} \quad (7\text{-}20)$$

于是，利用边界条件可得：

$$u(x,k)=u(x,0)=f(x) \quad (7\text{-}21)$$

这样就有了 $t=0$ 和 $t=k$ 两行的值，然后利用五点格式方程式(7-19) 即可计算后面各行 $t=nk(n\geqslant 2)$ 的值。

上面的处理方法应用了误差阶为 $O(k)$ 的一阶向前差分，因此，解的精度不高。为了采用精度更高的中心差分公式，先假设在 $t=0$ 的下方有一行假格点 $(x,-k)$，在五点格式方程中令 $t=0$，则有：

$$u(x,k)=\rho u(x+h,0)+2(1-\rho)u(x,0)+\rho u(x-h,0)-u(x,-k) \quad (7\text{-}22)$$

而 $u_t(x,0)=0$ 的中心差分近似为：

$$\frac{1}{2k}\big[u(x,k)-u(x,-k)\big]=0$$

$$u(x,-k)=u(x,k) \quad (7\text{-}23)$$

将式(7-23) 代入式(7-22) 可以排除假格点，于是得到：

$$\begin{aligned} u(x,k)&=\frac{\rho}{2}\big[u(x+h,0)+u(x-h,0)\big]+(1-\rho)u(x,0) \\ &=\frac{\rho}{2}\big[f(x+h)+f(x-h)\big]+(1-\rho)f(x) \end{aligned} \quad (7\text{-}24)$$

利用式(7-24) 计算 $t=k$ 一行格点处的 u 值，然后再用五点格式方程式(7-19) 计算 $n\geqslant 2$ 时 $u(x,nk)$ 的值。

【**例 7-4**】 用五点差分格式求解双曲型偏微分方程：

$$\begin{cases} u_{xx} - u_{tt} = 0 \\ u(x, 0) = \sin(\pi x) \\ u_t(x, 0) = 0 \\ u(0, t) = u(1, t) = 0 \end{cases}$$

取 $h = 0.1$，$k = 0.05$，画图比较 $t = 1$ 时的数值解与分析解，分析解为：

$$u(x, t) = \sin(\pi x)\cos(\pi t)$$

解 编写程序如下：

```python
import numpy as np
import matplotlib.pyplot as plt
def f(x):return np.sin(np.pi*x)

h,k=0.1,0.05
m,n=int(1/k)+1,int(1/h)+1
u=np.zeros((m,n))
x=np.linspace(0,1,n)
rou=k*k/h/h
u[0]=f(x)
u[1,1:n-1]=rou/2*(f(x[2:])+f(x[:n-2]))+(1-rou)*f(x[1:n-1])
for i in range(2,m):
  u[i,1:n-1]=rou*u[i-1,2:]+2*(1-rou)*u[i-1,1:n-1]+rou*u[i-1,:n-2]-u[i-2,1:n-1]
x_plot=np.linspace(0,1,101)
ans=np.sin(np.pi*x_plot)*np.cos(np.pi*1)
plt.plot(x_plot,ans,'-',x,u[-1],'o')
plt.legend(['analytical','numerical'],loc='upper center')
plt.xlabel('x')
plt.ylabel('u')
plt.show()
```

程序输出的曲线如图 7-6 所示，可以看到数值解与分析解非常接近。

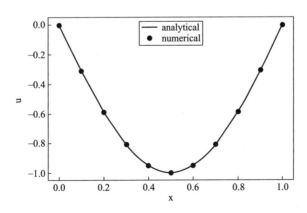

图 7-6 五点格式求解双曲型方程在 $t = 1$ 时刻的数值解与解析解的比较

7.3 椭圆型方程

数学物理和工程技术中一种最重要的偏微分方程是拉普拉斯方程，它在两个变量的情况下形式为：

$$\nabla^2 u \equiv \frac{\partial^2 u}{\partial x^2} + \frac{\partial^2 u}{\partial y^2} = 0 \tag{7-25}$$

与之密切相关的是泊松方程：

$$\nabla^2 u = g(x,y) \tag{7-26}$$

它们都是椭圆型方程。

假设二元函数 $u = u(x,y)$ 是某一问题的解，假定在 $x \sim y$ 平面上的一个给定区域 R 上有：

$$\begin{cases} \nabla^2 u + fu = g \\ u(x,y) \text{ 在 } R \text{ 的边界上已知} \end{cases} \tag{7-27}$$

其中 $f = f(x,y)$ 和 $g = g(x,y)$ 是定义在 R 内给定的连续函数，边值由第三个函数：

$$u(x,y) = q(x,y) \tag{7-28}$$

在 R 的边界上给出。当 f 是常数时，这一偏微分方程称为亥姆霍兹方程。

采用中心差分公式近似偏导数得到五点公式：

$$\nabla^2 u \approx \frac{1}{h^2}[u(x+h,y) + u(x-h,y) + u(x,y+h) + u(x,y-h) - 4u(x,y)]$$

$$\tag{7-29}$$

公式中五个点的位置如图 7-7 所示。

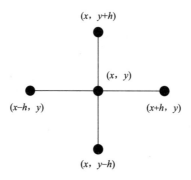

图 7-7　椭圆型方程差分解法中的五点格式

五点格式的误差阶为 $O(h^2)$，对偏导数还可采用其他近似公式，如九点格式：

$$\nabla^2 u \approx \frac{1}{6h^2}[4u(x+h,y) + 4u(x-h,y) + 4u(x,y+h) + 4u(x,y-h) + u(x+h,y+h)$$

$$+ u(x-h,y+h) + u(x+h,y-h) + u(x-h,y-h) - 20u(x,y)]$$

$$\tag{7-30}$$

式(7-30) 的误差阶也是 $O(h^2)$，但当 u 是调和函数（即 u 是拉普拉斯方程的解）时，九点公式是 $O(h^6)$ 阶的。所以，当使用有限差分法求解泊松方程 $\nabla^2 u = g$ 且 g 是调和函数时，九点公式是极为精确的近似式。而对一般的问题，九点公式与五点公式具有相同的误差阶。

用正方形网格点 $x_i = x_0 + ih$，$y_j = y_0 + jh$，$(i, j \geqslant 0)$ 覆盖区域 R，引进符号：

$$u_{ij} = u(x_i, y_j)$$
$$f_{ij} = f(x_i, y_j)$$
$$g_{ij} = g(x_i, y_j)$$

则在 (x_i, y_j) 处的五点公式为：

$$(\nabla^2 u)_{ij} \approx \frac{1}{h^2}(u_{i+1,j} + u_{i-1,j} + u_{i,j+1} + u_{i,j-1} - 4u_{ij}) \tag{7-31}$$

将式(7-31) 代入式(7-27) 的椭圆型偏微分方程，得到：

$$-u_{i+1,j} - u_{i-1,j} - u_{i,j+1} - u_{i,j-1} + (4 - h^2 f_{ij})u_{ij} = -h^2 g_{ij} \tag{7-32}$$

举例来说，假设区域 R 是一个正方形，网格如图 7-8 所示。

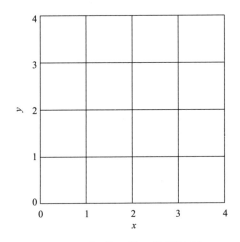

图 7-8　正方形解区域 R 的网格示意

对九个内网格点中的每一点，都列出方程如下：

$i = 1, j = 1$：　$-u_{21} - u_{01} - u_{12} - u_{10} + (4 - h^2 f_{11})u_{11} = -h^2 g_{11}$

$i = 2, j = 1$：　$-u_{31} - u_{11} - u_{22} - u_{20} + (4 - h^2 f_{21})u_{21} = -h^2 g_{21}$

$i = 3, j = 1$：　$-u_{41} - u_{21} - u_{32} - u_{30} + (4 - h^2 f_{31})u_{31} = -h^2 g_{31}$

$i = 1, j = 2$：　$-u_{22} - u_{02} - u_{13} - u_{11} + (4 - h^2 f_{12})u_{12} = -h^2 g_{12}$

$i = 2, j = 2$：　$-u_{32} - u_{12} - u_{23} - u_{21} + (4 - h^2 f_{22})u_{22} = -h^2 g_{22}$

$i = 3, j = 2$：　$-u_{42} - u_{22} - u_{33} - u_{31} + (4 - h^2 f_{32})u_{32} = -h^2 g_{32}$

$i = 1, j = 3$：　$-u_{23} - u_{03} - u_{14} - u_{12} + (4 - h^2 f_{13})u_{13} = -h^2 g_{13}$

$i = 2, j = 3$：　$-u_{33} - u_{13} - u_{24} - u_{22} + (4 - h^2 f_{23})u_{23} = -h^2 g_{23}$

$i = 3, j = 3$：　$-u_{43} - u_{23} - u_{34} - u_{32} + (4 - h^2 f_{33})u_{33} = -h^2 g_{33}$

将上述方程组写为矩阵形式，并将已知项移至右端，将未知向量排列为：

$$u = [u_{11}, u_{21}, u_{31}, u_{12}, u_{22}, u_{32}, u_{13}, u_{23}, u_{33}]^{\mathrm{T}}$$

则系数矩阵为：

$$
\begin{bmatrix}
4-h^2f_{11} & -1 & 0 & -1 & 0 & 0 & 0 & 0 & 0 \\
-1 & 4-h^2f_{21} & -1 & 0 & -1 & 0 & 0 & 0 & 0 \\
0 & -1 & 4-h^2f_{31} & 0 & 0 & -1 & 0 & 0 & 0 \\
-1 & 0 & 0 & 4-h^2f_{12} & -1 & 0 & -1 & 0 & 0 \\
0 & -1 & 0 & -1 & 4-h^2f_{22} & -1 & 0 & -1 & 0 \\
0 & 0 & -1 & 0 & -1 & 4-h^2f_{32} & 0 & 0 & -1 \\
0 & 0 & 0 & -1 & 0 & 0 & 4-h^2f_{13} & -1 & 0 \\
0 & 0 & 0 & 0 & -1 & 0 & -1 & 4-h^2f_{23} & -1 \\
0 & 0 & 0 & 0 & 0 & -1 & 0 & -1 & 4-h^2f_{33}
\end{bmatrix}
$$

右端向量为：

$$
\begin{bmatrix}
-h^2g_{11}+u_{01}+u_{10} \\
-h^2g_{21}+u_{20} \\
-h^2g_{31}+u_{30}+u_{41} \\
-h^2g_{12}+u_{02} \\
-h^2g_{22} \\
-h^2g_{32}+u_{42} \\
-h^2g_{13}+u_{03}+u_{14} \\
-h^2g_{23}+u_{24} \\
-h^2g_{33}+u_{43}+u_{34}
\end{bmatrix}
$$

由于该方程组系数矩阵的稀疏性，虽也可用矩阵求逆的方法求解，但更常用的是迭代法，因为迭代法不破坏其稀疏结构，另外，对于现在要处理的问题，迭代公式已由式(7-32)得到，即：

$$
u_{ij}=\frac{1}{4-h^2f_{ij}}(u_{i+1,j}+u_{i-1,j}+u_{i,j+1}+u_{i,j-1}-h^2g_{ij}) \tag{7-33}
$$

因此可以避免繁琐的输入系数矩阵的工作。

【例 7-5】 求解偏微分方程边值问题：

$$
\begin{cases}
\nabla^2u-25u=0,\text{在单位正方形 } R \text{ 内} \\
u=q(x,y)=\dfrac{[\cosh(5x)+\cosh(5y)]}{2\cosh(5)},\text{在 } R \text{ 的边界上}
\end{cases}
$$

取 $h=0.1$ 及 0.01，分别与解析解比较计算最大绝对误差，并绘制最大误差点处沿 x 方向数值解与解析解的曲线，已知该问题的解析解为 $u=q$。

解 对于该问题，$f=-25$，$g=0$，因此利用五点差分格式得到迭代公式为：

$$
u_{ij}=\frac{1}{4+25h^2}(u_{i+1,j}+u_{i-1,j}+u_{i,j+1}+u_{i,j-1})
$$

编写程序如下：

```python
import numpy as np
import matplotlib.pyplot as plt

def q(x,y):return(np.cosh(5*x)+np.cosh(5*y))/2/np.cosh(5)

def solve(h,eps=1e-9,max_iter=int(1e9)):
  n=int(1/h)+1
  x,y=np.meshgrid(np.linspace(0,1,n),np.linspace(0,1,n))
  u_ans=q(x,y)
  u0=u_ans.copy()
  u0[1:-1,1:-1]=0
  u=u0.copy()
  for n_iter in range(max_iter):
    u[1:-1,1:-1]=(u[2:,1:-1]+u[:-2,1:-1]+u[1:-1,2:]+u[1:-1,:-2])/(4+25*h*h)
    diff=np.max(np.abs(u[1:-1,1:-1]-u0[1:-1,1:-1]))
    if diff< eps:break
    u0[1:-1,1:-1]=u[1:-1,1:-1]
  else:print('The required accuracy is not achieved')
  return u,u_ans

def output(h):
  u,u_ans=solve(h)
  ind=np.unravel_index(np.argmax(np.abs(u-u_ans)),u.shape)
  print(f'While h is {h},max error occured at:x={ind[1]*h:4.2f},',
    f'y={ind[0]*h:4.2f}')
  print(f'The max error is:{np.abs(u[ind]-u_ans[ind]):10.4e}')
  x_plot=np.linspace(0,1,201)
  u_ansplot=q(x_plot,ind[0]*h)
  plt.plot(np.linspace(0,1,int(1/h)+1),u[ind[0],:],'x',x_plot,u_ansplot,'-')
  plt.legend(['numerical','analytical'])
  plt.title(f'y={ind[0]*h:4.2f}')
  plt.xlabel('x')
  plt.ylabel('u')
  plt.show()

h1,h2=0.1,0.01
output(h1)
output(h2)
```

运行结果为：

```
While h is 0.1,max error occured at:x=0.70,y=0.70
The max error is:2.8508e-03
While h is 0.01,max error occured at:x=0.76,y=0.76
The max error is:2.9750e-05
```

可以看到，当 $h = 0.1$ 时，最大误差点处于 $x = y = 0.7$ 点处，最大误差为 2.85×10^{-3}，在 $y = 0.7$ 沿 x 方向解析解与数值解的对比如图 7-9(a) 所示。$h = 0.01$ 时，最大误差点处于 $x = y = 0.76$ 点处，最大误差为 2.98×10^{-5}，解析解与数值解的对比示于图 7-9(b)。

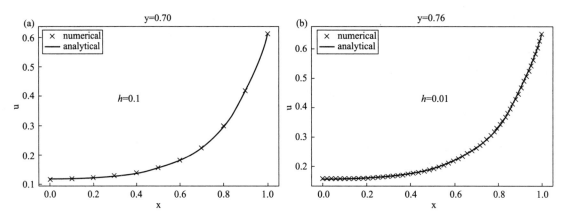

图 7-9　例 7-5 中最大误差点处沿 x 方向解析解与数值解的对比

7.4　直线法

在上面介绍的有限差分法中，对所有自变量的偏导数全部采用有限差分近似。而在直线法（method of lines）中，则对部分自变量进行离散，而剩余且仅剩余一个自变量的导数，于是构成常微分方程组，从而利用第 6 章中介绍的方法求解以得到偏微分方程的近似解。最常用的是对空间自变量进行离散，而余下对时间的导数项，从而构建常微分方程组的初值问题。因此直线法适用于求解抛物型及双曲型方程，而对椭圆型方程，比如拉普拉斯方程，由于它不含有时间自变量，无法利用直线法直接求解。但通过特殊处理，比如拟暂态方法（method of false transient）会在拉普拉斯方程中人为增加对时间的导数项，也可以用直线法求解椭圆型方程。

下面分别以抛物型方程及双曲型方程为例演示直线法的求解过程。

7.4.1　直线法求解抛物型方程

考虑式（7-1）的一维热传导问题：

$$\begin{cases} \dfrac{\partial^2}{\partial x^2} u(x,t) = \dfrac{\partial}{\partial t} u(x,t) \\ u(0,t) = u(1,t) = 0, u(x,0) = \sin\pi x \end{cases}$$

沿 x 方向进行离散，取步长为 h：

$$h = x_{i+1} - x_i, i = 0,1,\cdots,n-2 \tag{7-34}$$

利用中心差分近似 $\partial^2 u/\partial x^2$，并引入符号：

$$u_i(t) = u(x_i,t) \tag{7-35}$$

代入一维热传导方程得到：

$$\frac{\mathrm{d}u_i(t)}{\mathrm{d}t} = \frac{u_{i+1}(t) - 2u_i(t) + u_{i-1}(t)}{h^2} \tag{7-36}$$

由于自变量仅剩下 t，因此方程转变为常微分方程。根据边界条件可得：

$$u_0(t) = u_{n-1}(t) = 0 \tag{7-37}$$

因此，实际需要求解的变量为 $u_1(t)$，$u_2(t)$，$\cdots$，$u_{n-2}(t)$。同时，对 $u_1(t)$ 及 $u_{n-2}(t)$，其差分格式利用边界条件进行修正为：

$$\frac{du_1(t)}{dt} = \frac{u_2(t) - 2u_1(t)}{h^2} \tag{7-38}$$

$$\frac{du_{n-2}(t)}{dt} = \frac{-2u_{n-2}(t) + u_{n-3}(t)}{h^2} \tag{7-39}$$

初值由初始条件可得：

$$u_i(0) = \sin(i\pi h), i = 1, 2, \cdots, n-2 \tag{7-40}$$

其求解程序为：

```python
import numpy as np
import matplotlib.pyplot as plt
from scipy.integrate import solve_ivp
def fun(t,y,h):
    deriv=np.empty_like(y)
    h2=h*h
    deriv[0]=(y[1]-2*y[0])/h2
    deriv[-1]=(-2*y[-1]+y[-2])/h2
    deriv[1:-1]=(y[2:]-2*y[1:-1]+y[:-2])/h2
    return deriv

h=0.1
n=int(1/h)+1
y0=np.sin(np.pi*h*np.arange(1,n-1))
t_eval=np.linspace(0,0.1,3)
res=solve_ivp(fun,(0,0.1),y0,t_eval=t_eval,args=(h,))
u=np.vstack([np.zeros_like(t_eval),res.y,np.zeros_like(t_eval)])

y_eval=np.linspace(0,1,101)
t,y=np.meshgrid(t_eval,y_eval)
u_ans=np.exp(-np.pi**2*t)*np.sin(np.pi*y)
plt.plot(y_eval,u_ans[:,1],y_eval,u_ans[:,2])
plt.plot(np.arange(n)*h,u[:,1],'*',np.arange(n)*h,u[:,2],'o')
plt.legend(['ans,t=0.05','ans,t=0.1','num,t=0.05','num,t=0.1'])
plt.xlabel('x')
plt.ylabel('u')
plt.show()
```

输出结果见图 7-10。

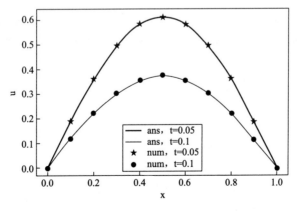

图 7-10　直线法求解一维热传导方程数值解与解析解对比

7.4.2 直线法求解双曲型方程

考虑如下的双曲型方程：

$$\begin{cases} u_{xx} - u_{tt} = 0 \\ u(x,0) = \sin(\pi x) \\ u_t(x,0) = 0 \\ u(0,t) = u(1,t) = 0 \end{cases} \tag{7-41}$$

沿 x 方向进行离散，步长为 h，利用中心差分近似 u_{xx}，则有：

$$\frac{\mathrm{d}^2 u_i(t)}{\mathrm{d}t^2} = \frac{u_{i+1}(t) - 2u_i(t) + u_{i-1}(t)}{h^2} \tag{7-42}$$

其中 $i = 0, 1, \cdots, n-1$，这样原偏微分方程转变为二阶常微分方程组。利用边界条件可得：

$$u_0(t) = u_{n-1}(t) = 0 \tag{7-43}$$

因此只需要求解 $u_1(t)$，$u_2(t)$，$\cdots$，$u_{n-2}(t)$。再进行变量替换：$y_i = \mathrm{d}u_i/\mathrm{d}t$，将二阶常微分方程转变为一阶：

$$\begin{cases} \dfrac{\mathrm{d}u_i(t)}{\mathrm{d}t} = y_i(t) \\ \dfrac{\mathrm{d}y_i(t)}{\mathrm{d}t} = \dfrac{u_{i+1}(t) - 2u_i(t) + u_{i-1}(t)}{h^2} \end{cases} \tag{7-44}$$

其中 $i = 1, 2, \cdots, n-2$。对于 $i = 1$ 及 $n-2$，利用边界条件将式(7-44)修正为：

$$\frac{\mathrm{d}y_1(t)}{\mathrm{d}t} = \frac{u_2(t) - 2u_1(t)}{h^2} \tag{7-45}$$

$$\frac{\mathrm{d}y_{n-2}(t)}{\mathrm{d}t} = \frac{-2u_{n-2}(t) + u_{n-3}(t)}{h^2} \tag{7-46}$$

初始条件为：

$$\begin{cases} u_i(0) = \sin(i\pi h) \\ y_i(0) = 0 \end{cases} \tag{7-47}$$

在编程序的时候，需要将 u_i 与 y_i 组合为一个向量，其组合方式并不会影响最终的结果，可以组合为 $[u_1, \cdots, u_{n-2}, y_1, \cdots, y_{n-2}]$，也可以组合为 $[u_1, y_1, \cdots, u_{n-2}, y_{n-2}]$，但实际上不同的组合会影响其雅可比矩阵中非零元素的分布状况，从而影响到求解的效率。

求解程序为：

```python
import numpy as np
import matplotlib.pyplot as plt
from scipy.integrate import solve_ivp

def fun(t,y,h):
    deriv=np.empty_like(y)
    n=np.size(y)//2
    h2=h*h
    deriv[:n]=y[n:]
```

```
    deriv[n]=(y[1]-2*y[0])/h2
    deriv[-1]=(-2*y[n-1]+y[n-2])/h2
    deriv[n+1:-1]=(y[2:n]-2*y[1:n-1]+y[:n-2])/h2
return deriv

h=0.1
n=int(1/h)+1
y0=np.sin(np.pi*h*np.arange(1,n-1))
y0=np.hstack([y0,np.zeros(n-2)])
t_eval=np.linspace(0,2,3)
res=solve_ivp(fun,(0,2),y0,t_eval=t_eval,args=(h,))
u=np.vstack([np.zeros_like(t_eval),res.y[:n-2,:],np.zeros_like(t_eval)])

y_eval=np.linspace(0,1,101)
t,y=np.meshgrid(t_eval,y_eval)
u_ans=np.sin(np.pi*y)*np.cos(np.pi*t)
plt.plot(y_eval,u_ans[:,1],y_eval,u_ans[:,2])
plt.plot(np.arange(n)*h,u[:,1],'*',np.arange(n)*h,u[:,2],'o')
plt.legend(['ans,t=1','ans,t=2','num,t=1','num,t=2'])
plt.xlabel('x')
plt.ylabel('u')
plt.show()
```

输出结果图形见图 7-11。

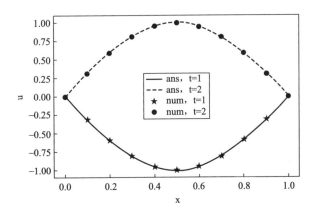

图 7-11　直线法求解波动方程数值解与解析解对比

从上面的两个例子中可以看出，直线法求解偏微分方程具有一定的普适性，它不仅可用于求解 1 维问题，也可以求解二维、三维问题，对不同类型的边界条件也有很强的适用性。因此，直线法求解偏微分方程在近几十年获得了广泛的应用。

7.5　紧致差分算法

上面的有限差分方法，采用一阶向前、一阶向后及二阶中心差分来近似导数，其实可以构造更高阶的差分来近似导数，但需要用到更多节点处的函数值，比如利用 x_{i-2}、x_{i-1}、……、x_{i+2} 五个点的函数值可以构造四阶精度的中心差分格式如式(7-48)、式(7-49) 所示，其推导过程可扫码阅读。

$$u'_i \approx \frac{u_{i-2} - 8u_{i-1} + 8u_{i+1} - u_{i+2}}{12h} \tag{7-48}$$

$$u''_i \approx \frac{-u_{i-2} + 16u_{i-1} - 30u_i + 16u_{i+1} - u_{i+2}}{12h^2} \tag{7-49}$$

从式(7-48)、式(7-49)可以看出，四阶精度的差分近似式需要用到 5 个节点处的函数值，而二阶精度的差分式则只需 3 个节点处的函数值。如果将四阶精度的差分式代入微分方程中，虽然可以得到高精度的算法，但最终的求解方程将变得结构复杂，不再是三对角线方程组，而采用紧致差分格式则可以解决这个问题，它通过与原始控制方程结合，仅利用较少节点处的函数值，也可以构造出高精度的差分格式。

待定系数法构造四阶精度的差分格式

下面以热传导方程式(7-1)为例来建立紧致差分格式。为了方便，先将热传导方程改写为如下形式：

$$\frac{\partial^2 u(x,t)}{\partial x^2} = f(x,t) \tag{7-50}$$

沿 x 方向将解区间离散为 n 份，步长为 $h = 1/n$，节点为 x_0，x_1，$\cdots$，x_n。根据泰勒展开式：

$$u(x_{i+1},t) = u(x_i,t) + h\frac{\partial u(x_i,t)}{\partial x} + \frac{h^2}{2!}\frac{\partial^2 u(x_i,t)}{\partial x^2} + \frac{h^3}{3!}\frac{\partial^3 u(x_i,t)}{\partial x^3}$$
$$+ \frac{h^4}{4!}\frac{\partial^4 u(x_i,t)}{\partial x^4} + \frac{h^5}{5!}\frac{\partial^5 u(x_i,t)}{\partial x^5} + O(h^6) \tag{7-51}$$

$$u(x_{i-1},t) = u(x_i,t) - h\frac{\partial u(x_i,t)}{\partial x} + \frac{h^2}{2!}\frac{\partial^2 u(x_i,t)}{\partial x^2} - \frac{h^3}{3!}\frac{\partial^3 u(x_i,t)}{\partial x^3}$$
$$+ \frac{h^4}{4!}\frac{\partial^4 u(x_i,t)}{\partial x^4} - \frac{h^5}{5!}\frac{\partial^5 u(x_i,t)}{\partial x^5} + O(h^6) \tag{7-52}$$

式(7-51)、式(7-52)相加得到：

$$u(x_{i+1},t) + u(x_{i-1},t) = 2u(x_i,t) + h^2\frac{\partial^2 u(x_i,t)}{\partial x^2} + \frac{2h^4}{4!}\frac{\partial^4 u(x_i,t)}{\partial x^4} + O(h^6) \tag{7-53}$$

则：

$$\frac{\partial^2 u(x_i,t)}{\partial x^2} = \frac{u(x_{i+1},t) - 2u(x_i,t) + u(x_{i-1},t)}{h^2} - \frac{h^2}{12}\frac{\partial^4 u(x_i,t)}{\partial x^4} + O(h^4) \tag{7-54}$$

对控制方程式(7-50)在 x_i 点进行两次微分可得：

$$\frac{\partial^4 u(x_i,t)}{\partial x^4} = \frac{\partial^2 f(x_i,t)}{\partial x^2} \tag{7-55}$$

将式(7-55)右侧的微分以中心差分代替，并考虑到中心差分具有二阶精度，则有：

$$\frac{\partial^4 u(x_i,t)}{\partial x^4} = \frac{f(x_{i+1},t) - 2f(x_i,t) + f(x_{i-1},t)}{h^2} + O(h^2) \tag{7-56}$$

将式(7-56)代入式(7-54)得到：

$$\frac{\partial^2 u(x_i,t)}{\partial x^2} = \frac{u(x_{i+1},t) - 2u(x_i,t) + u(x_{i-1},t)}{h^2} - \frac{f(x_{i+1},t) - 2f(x_i,t) + f(x_{i-1},t)}{12} + O(h^4)$$

$$(7\text{-}57)$$

式(7-57)即为二阶导数的紧致差分格式，具有四阶精度，将其代入控制方程式(7-50)并整理得到：

$$f(x_{i+1},t) + 10f(x_i,t) + f(x_{i-1},t) = \frac{12}{h^2}[u(x_{i+1},t) - 2u(x_i,t) + u(x_{i-1},t)] + O(h^4)$$

$$(7\text{-}58)$$

将 $f(x,t) = \partial u(x,t)/\partial t$ 代入式(7-58)，并略去误差项得到：

$$\frac{\partial u(x_{i+1},t)}{\partial t} + 10\frac{\partial u(x_i,t)}{\partial t} + \frac{\partial u(x_{i-1},t)}{\partial t} = \frac{12}{h^2}[u(x_{i+1},t) - 2u(x_i,t) + u(x_{i-1},t)]$$

$$(7\text{-}59)$$

为了简便，以 $u_i(t)$ 表示 $u(x_i,t)$，则对时间的偏微分转变为常微分，即 $\partial u(x_i, t)/\partial t = \mathrm{d}u_i(t)/\mathrm{d}t$，对式(7-59)整理得到：

$$\frac{\mathrm{d}u_{i-1}(t)}{\mathrm{d}t} + 10\frac{\mathrm{d}u_i(t)}{\mathrm{d}t} + \frac{\mathrm{d}u_{i+1}(t)}{\mathrm{d}t} = \frac{12}{h^2}[u_{i-1}(t) - 2u_i(t) + u_{i+1}(t)] \qquad (7\text{-}60)$$

式(7-60)只适用于内节点 $x_1,x_2,\cdots,x_{n-1}$，对于边界点，由式(7-1)可知：

$$u_0(t) = u_n(t) = 0 \qquad (7\text{-}61)$$

相应地：

$$\frac{\mathrm{d}u_0(t)}{\mathrm{d}t} = \frac{\mathrm{d}u_n(t)}{\mathrm{d}t} = 0 \qquad (7\text{-}62)$$

将式(7-60)展开，并将式(7-61)、式(7-62)代入得到：

$$\boldsymbol{A}\boldsymbol{u}' = \boldsymbol{B}\boldsymbol{u} \qquad (7\text{-}63)$$

其中 $\boldsymbol{u} = [u_1,u_2,\cdots,u_{n-1}]^{\mathrm{T}}$。

$$\boldsymbol{A} = \begin{bmatrix} 10 & 1 & & & \\ 1 & 10 & 1 & & \\ & \ddots & \ddots & \ddots & \\ & & 1 & 10 & 1 \\ & & & 1 & 10 \end{bmatrix} \qquad (7\text{-}64)$$

$$\boldsymbol{B} = \frac{12}{h^2}\begin{bmatrix} -2 & 1 & & & \\ 1 & -2 & 1 & & \\ & \ddots & \ddots & \ddots & \\ & & 1 & -2 & 1 \\ & & & 1 & -2 \end{bmatrix} \qquad (7\text{-}65)$$

显然，矩阵 $\boldsymbol{A}$ 为对角占优矩阵，因而 $\boldsymbol{A}$ 可逆，则：

$$\boldsymbol{u}' = \boldsymbol{A}^{-1}\boldsymbol{B}\boldsymbol{u} \qquad (7\text{-}66)$$

对于常微分方程组式（7-66）可以采用上一章中介绍的方法，如 scipy 中的 solve _ ivp 求解。

下面取 $h=0.1$，利用紧致差分格式求解热传导方程，并绘图比较 $t=0.1$ 时的数值解与分析解。编写程序如下：

```python
import numpy as np
from scipy.integrate import solve_ivp
import matplotlib.pyplot as plt

n=10
h=1/n
A=10.0*np.diag([1]*(n-1))+np.diag([1]*(n-2),k=1)+np.diag([1]*(n-2),k=-1)
B=-2.0*np.diag([1]*(n-1))+np.diag([1]*(n-2),k=1)+np.diag([1]*(n-2),k=-1)
B*=12/h/h
x=np.linspace(1,n-1,n-1)*h
sol=solve_ivp(lambda t,u,A,B:np.dot(np.dot(np.linalg.inv(A),B),u),
              t_span=(0,0.1),
              y0=np.sin(np.pi*x),
              args=(A,B))

x_plot=np.linspace(0,1,1001,endpoint=True)
y_ans=np.exp(-np.pi**2*0.1)*np.sin(np.pi*x_plot)
plt.plot(x_plot,y_ans,'-',x,sol.y[:,-1],'*')
plt.legend(['ans','num'])
plt.xlabel('x')
plt.ylabel('u')
plt.show()
```

输出结果如图 7-12 所示。

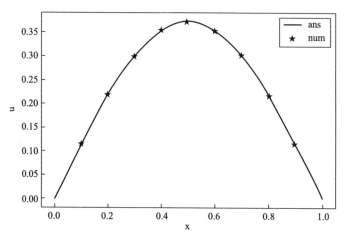

图 7-12　紧致差分算法求解热传导方程数值解与分析解的比较

紧致差分算法虽然可以用较少点构造高精度算法，但需要与原始控制方程结合，而且推导过程非常繁杂，这限制了它的使用场景。

习题

7.1　采用显示差分格式求解方程：

$$\begin{cases} \dfrac{\partial^2 u}{\partial x^2} = \dfrac{\partial u}{\partial t},0 \leqslant x \leqslant 1,t \geqslant 0 \\ u(0,t) = u(1,t) = 0,u(x,0) = 100 \end{cases}$$

取 $\Delta x = 0.2$，Δt 分别取 0.04 和 0.01，计算结果有何不同?输出 $t = 0.2$ 时的结果。

7.2　采用克拉克-尼科尔森六点格式求解习题 7.1 的方程，取 $\Delta x = 0.2$，Δt 取 0.04 和 0.01 时,结果如何?

7.3　利用中心差分近似求解方程：

$$\begin{cases} u_{xx} = u_{tt},0 \leqslant x \leqslant 1,t \geqslant 0 \\ u(x,0) = \sin(\pi x) \\ u_t(x,0) = 0.25\sin(2\pi x) \\ u(0,t) = u(1,t) = 0 \end{cases}$$

绘制出 $t = 1$ 时 u 随 x 变化的关系曲线。

7.4　求解边值问题：

$$\begin{cases} \nabla^2 u + 2u = g,在 R 内 \\ u = 0,在 R 的边界上 \end{cases}$$

其中 $g(x,y) = (xy+1)(xy-x-y)+x^2+y^2$，$R$ 是单位正方形,利用赛德尔迭代法求解,初值取 $u = xy$，并将结果与解析解 $u = 0.5xy(x-1)(y-1)$ 比较。

7.5　采用直线法求解习题 7.1 的方程,取 $\Delta x = 0.01$，绘制出 $t = 0.1$ 和 0.2 时 u 随 x 变化的关系曲线。

第八章

过程最优化

在工程设计中，常常会碰到怎样选择设计参数使设计方案既满足要求又能降低成本的问题，这就是最优化问题。从数学上来说，最优化问题可以归纳为研究如何选择一组参数 x_0，x_1，$\cdots$，x_{n-1}，使目标函数 $f(x_0, x_1, \cdots, x_{n-1})$ 达到极值（极大值或极小值），其中 x_0，x_1，$\cdots$，x_{n-1} 是几个独立的自变量，通常称为决策变量。本章我们重点讨论 f 的极小值问题，对于求 f 的极大值，可以转化为求 $(-f)$ 的极小值。

8.1 单变量函数的最优化

对于简单的一元函数 $f(x)$，通过求其导数，并令 $f'(x)=0$，可得到极值点。但有时 $f(x)$ 很复杂，难以求导，只能用直接法求解。

8.1.1 搜索区间的确定

要求一元函数的极小值，需要预先给定目标函数极小值点所在的一个区间 $[x_a, x_b]$。设一元函数 $f(x)$ 具有极小值点 x_m，且点 $x_0 < x_m$，取初始搜索步长为 h，然后可通过变步长方法确定搜索区间，该方法基于一个朴素的思想：对连续函数，一个区间中若存在一点，其函数值小于两个端点的函数值，则该区间必然包含极小值点。其步骤如下（参考图 8-1）：

① 取点 $x_a = x_0$ 和 $x_c = x_0 + h$，并计算相应的函数值 $f(x_a)$、$f(x_c)$；

② 若 $f(x_a) \leqslant f(x_c)$，则将步长 h 减半，取 $x_b = x_0 + 0.5h$ 并计算 $f(x_b)$；若 $f(x_a) > f(x_b)$，则 $[x_0, x_0 + h]$ 就是一个搜索区间，否则继续将步长减半直至 $f(x_a) > f(x_b)$；

③ 若 $f(x_a) > f(x_c)$，则令 $x_b = x_c$，然后将步长 h 加倍，再计算 $x_c = x_0 + h$ 及 $f(x_c)$；若 $f(x_c) > f(x_b)$，则 $[x_0, x_0 + h]$ 就是一个搜索区间，否则，继续将步长加倍直至函数值上升。

利用变步长法不仅确定出搜索区间 $[x_a, x_c]$，且获得区间内一点 x_b，满足 $x_a < x_b < x_c$、$f(x_a) > f(x_b)$ 及 $f(x_c) > f(x_b)$。

另外应注意一点，如果初值 x_a 大于极小值点，那么无论 h 如何减小，都不能实现 $f(x_b) < f(x_a)$，从而造成死循环，故设置一最小区间宽度 h_{min}，当 $h \leqslant h_{min}$ 时，停止计算并打印提示信息。类似地，如果在 $x > x_a$ 时，函数值一直减小，并不存在极小值点，则 h 如何增大都不能实现 $f(x_b) < f(x_c)$，因此设置一最大区间宽度 h_{max}，当 $h \geqslant h_{max}$ 时，停止计算并打印提示信息。变步长法确定搜索区间算法的程序流程如图 8-2 所示。

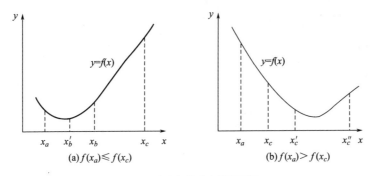

图 8-1　变步长法确定搜索区间

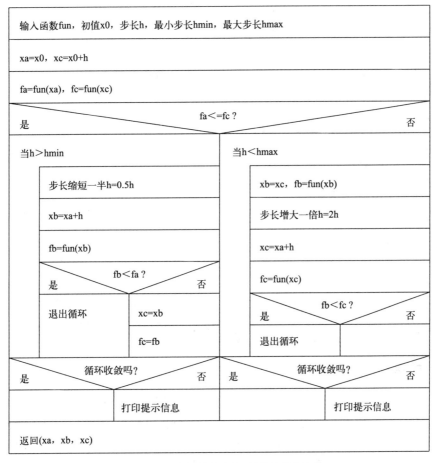

图 8-2　变步长法确定搜索区间算法程序流程

建立 search_region.py 文件，键入如下程序：

```
def search_region(fun,x0,h,args=(),hmin=1e-9,hmax=1e9):
    xa,xc=x0,x0+ h
    fa,fc=fun(xa,*args),fun(xc,*args)
    if fa<=fc:
```

```
        while h>hmin:
            h*=0.5
            xb=xa+h
            fb=fun(xb,*args)
            if fb<fa:break
            else:xc,fc=xb,fb
        else:print('h becomes lower than hmin')
    else:
        while h<hmax:
            xb,fb=xc,fc
            h*=2
            xc=xa+h
            fc=fun(xc,*args)
            if fb<fc:break
        else:print('h becomes larger than hmax')
    return(xa,xb,xc)
```

【例 8-1】 对函数 $f(x)=\exp(x)+\exp(-x)$，取搜索初始点 $x_0=-1.0$，$h=0.2$，求极小值点所在区间。

解 编写程序如下：

```
import numpy as np
if__name__=='__main__':
    def f(x):return np.exp(x)+np.exp(-x)
    xa=-1.0
    h=0.2
    res=search_region(f,xa,h)
    print(f'The region is[{res[0]:5.2f},{res[1]:5.2f},{res[2]:5.2f}]')
```

运行结果为：

```
The region is[-1.00,-0.20,0.60]
```

其中，$x_a=-1.0$，$x_b=-0.2$，$x_c=0.6$。

8.1.2 黄金分割法

要在一个区间 $[a, b]$ 中搜索一个极小值点，可以用一个更小的、确保包含极小值点的区间替代原始区间，重复这样的过程，则区间会不断向着极小值点收敛，当区间宽度小于设定的精度要求时，区间内任意一点都可以视为极小值点的近似值。由于一个区间确保包含极小值点，需要三个点的函数值：即区间内一点的函数值小于两个端点的函数值。那么一个显然的想法是：将区间 $[a, b]$ 三等分，得到两个内部节点 $x=a+(b-a)/3$ 和 $y=a+2(b-a)/3$，比较其函数值，如果 $f(x)<f(y)$，则 $[a, y]$ 作为新的区间，否则 $[x, b]$ 作为新的区间。这样每一轮迭代去掉区间的 $1/3$，并调用 2 次函数，那么有没有效率更高的方法呢？

黄金分割法是我国著名数学家华罗庚教授发明的，其中用到了黄金分割比 r：

$$r=\frac{1}{2}(\sqrt{5}-1)\approx 0.618 \tag{8-1}$$

该数满足方程 $r^2 = 1 - r$。

在迭代过程的每一步，都选用前一步提供的区间 $[a, b]$，这是一个肯定包含极小值点 x^* 的区间，然后用一个也肯定包含 x^* 的更小区间来取代这一区间。取 $[a, b]$ 内两个特定点的值：

$$\begin{cases} x = a + r(b - a) \\ y = a + r^2(b - a) \end{cases} \tag{8-2}$$

并计算其函数值 $u = f(x)$、$v = f(y)$，比较 u 和 v，如果 $u > v$ [参考图 8-3(a)]，假定 f 是单峰的，则 f 的极小值必定位于 $[a, x]$ 内，$[a, x]$ 就是下一步开始时的输入区间。同时注意到，在新的区间 $[a, x]$ 中，已有一点 y 存在，该点恰好相当于新区间中 x 点的位置，为了证明这一点，只需证明：

$$\frac{ay}{ax} = \frac{ax}{ab}$$

由于 $ay = r^2(b - a)$、$ax = r(b - a)$、$ab = (b - a)$，因此：

$$\frac{ay}{ax} = \frac{r^2(b - a)}{r(b - a)} = r = \frac{ax}{ab}$$

于是，进行下述替换：

$$x \rightarrow b, y \rightarrow x, v \rightarrow u$$

然后只需要再计算一个点及其函数值：

$$y = a + r^2(b - a), v = f(y)$$

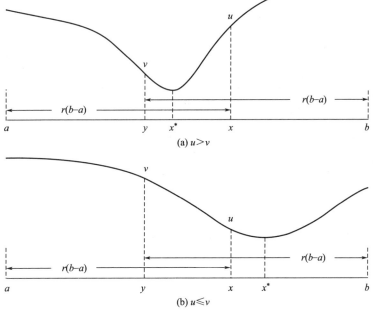

图 8-3 黄金分割法

如果 $u \leqslant v$ [如图 8-3(b)]，类似的，极值点必然位于 $[y, b]$ 内，因而新的区间为 $[y, b]$，而 x 在新区间中恰好位于 y 的位置，做如下替换：

$$y \rightarrow a, x \rightarrow y, u \rightarrow v$$

然后计算 $x=a+r(b-a)$，$u=f(x)$。该过程持续进行，直至最后的区间 $[a,b]$ 小于指定的精度，可取 $x^*=0.5(a+b)$ 作为最终的极小值点。

与将区间三等分的方法相比，黄金分割法每轮迭代去掉区间宽度的 0.382，且只调用一次函数值，因而其效率更高。黄金分割法的程序流程如图 8-4 所示。

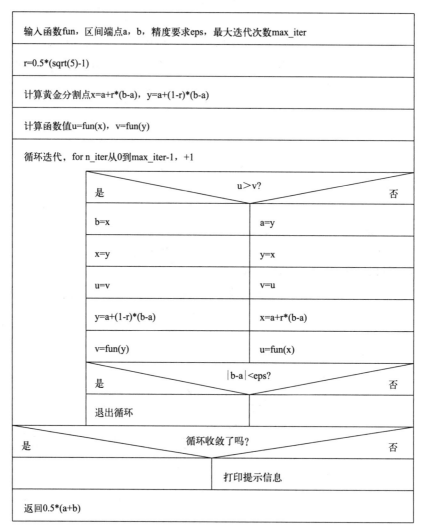

图 8-4　黄金分割法程序流程

建立 golden.py 文件，键入如下程序：

```python
import numpy as np
def golden(fun,a,b,args=(),eps= 1e-9,max_iter=int(1e9)):
    r=0.5*(np.sqrt(5)-1)
    x,y=a+r*(b-a),a+(1-r)*(b-a)
    u,v=fun(x,*args),fun(y,*args)
    for n_iter in range(max_iter):
        if u> v:
            b=x
```

```
        x=y
        u=v
        y=a+(1-r)*(b-a)
        v=fun(y,*args)
    else:
        a=y
        y=x
        v=u
        x=a+r*(b-a)
        u=fun(x,*args)
    if np.abs(b-a)<eps:break
else:print('The required epsilon is not achieved')
return 0.5*(a+b)
```

【例 8-2】 求 $f(x)=x^2+2x+2$ 在区间 $[-10，10]$ 内的极小值点。

解 编写程序如下：

```
if __name__=='__main__':
    def f(x):return x*(x+2)+2
    xa,xb=-10,10
    xmin=golden(f,xa,xb)
    fmin=f(xmin)
    print(f'xmin={xmin:6.4f},fmin={fmin:6.4f}')
```

运行结果为：

```
xmin=-1.0000,fmin=1.0000
```

【例 8-3】 一物质的蒸气压与温度的关系可用安托万方程描述：

$$\ln p^0 = A - \frac{B}{C+T}$$

式中 p^0 为蒸气压，单位为 Pa；T 为温度，单位为 K。实测其蒸气压数据如表 8-1 所示，试确定安托万方程中各参数 A、B、C。

表 8-1 某物质的蒸气压实验数据

T /K	273.15	283.15	293.15	303.15	313.15	323.15
p^0 /kPa	3.51	6.07	10.03	15.91	24.37	36.17
T /K	333.15	343.15	353.15	363.15	373.15	383.15
p^0 /kPa	52.19	73.44	101.01	136.12	180.05	234.16

解 这是一个多参数优化问题，但注意到，当 C 确定时，$\ln p^0$ 与 $1/(C+T)$ 呈线性关系，根据实验数据，利用线性回归可以确定 A 和 B，这样就把三参数优化转化为单参数优化，根据最小二乘法原则，建立优化目标函数：

$$f(C) = \sum_{i=0}^{n-1} \left[\ln p_i^0 - \left(A - \frac{B}{C+T_i}\right)\right]^2$$

C 的搜索区间取为 $[-100，100]$，编写程序如下：

```python
import numpy as np
from golden import golden
from scipy. stats import linregress
def f(C,t,p):
    x=1/(C+ t)
    y=np. log(p)
    r=linregress(x,y)
    A,B=r. intercept,-r. slope
    error=np. sum((y-(A-B*x))**2)
    return error
t=np. array([273. 15,283. 15,293. 15,303. 15,313. 15,323. 15,
            333. 15,343. 15,353. 15,363. 15,373. 15,383. 15])
p=np. array([3. 51,6. 07,10. 03,15. 91,24. 37,36. 17,
            52. 19,73. 44,101. 01,136. 12,180. 05,234. 16])
C=golden(f,-100,100,args=(t,p))
x=1/(C+ t)
y=np. log(p)
r=linregress(x,y)
A,B=r. intercept,-r. slope
print(f'A={A:10. 4f},B={B:10. 4f},C={C:10. 4f}')
```

运行结果为：

```
A=     13. 8787,B=   2784. 5187,C=   - 52. 5562
```

8. 1. 3　插值法

插值法就是将目标函数 $f(x)$ 用一个低次多项式函数 $p(x)$ 来逼近，然后以易于计算的 $p(x)$ 的极小值点近似 $f(x)$ 的极小值点，并通过多次迭代逐步逼近的方法得到满足精度要求的解。常用的插值法有二次插值和三次插值，这里只介绍二次插值法。

设单峰目标函数 $f(x)$ 在区间 $[x_a，x_c]$ 中存在极小值，$f(x)$ 在三点 $x_a < x_b < x_c$ 的函数值分别为 f_a，f_b，f_c，满足 $f_a > f_b < f_c$，利用这三点作二次插值，插值函数为：

$$p(x) = a_0 + a_1 x + a_2 x^2 \tag{8-3}$$

则：

$$\begin{cases} p(x_a) = a_0 + a_1 x_a + a_2 x_a^2 = f_a \\ p(x_b) = a_0 + a_1 x_b + a_2 x_b^2 = f_b \\ p(x_c) = a_0 + a_1 x_c + a_2 x_c^2 = f_c \end{cases} \tag{8-4}$$

由式(8-4) 可解出：

$$\begin{cases} a_1 = \dfrac{(x_b^2 - x_c^2)f_a + (x_c^2 - x_a^2)f_b + (x_a^2 - x_b^2)f_c}{(x_a - x_b)(x_b - x_c)(x_c - x_a)} \\ a_2 = \dfrac{(x_b - x_c)f_a + (x_c - x_a)f_b + (x_a - x_b)f_c}{-(x_a - x_b)(x_b - x_c)(x_c - x_a)} \end{cases} \tag{8-5}$$

函数 $p(x)$ 的极小点应满足：

$$\frac{\mathrm{d}p(x)}{\mathrm{d}x} = a_1 + 2a_2 x = 0 \tag{8-6}$$

因此，极小值点：

$$x_m = -\frac{a_1}{2a_2} = \frac{1}{2} \cdot \frac{(x_b^2 - x_c^2)f_a + (x_c^2 - x_a^2)f_b + (x_a^2 - x_b^2)f_c}{(x_b - x_c)f_a + (x_c - x_a)f_b + (x_a - x_b)f_c} \tag{8-7}$$

通常一次逼近达不到精度要求，需继续迭代。先比较 x_m 与 x_b，然后：

① 如果 $x_m > x_b$，则比较 $f_m = f(x_m)$ 与 f_b，如果 $f_m < f_b$，则以 x_b、x_m、x_c 作为下一轮的三个点，因此进行替换：$x_b \rightarrow x_a$，$x_m \rightarrow x_b$；如果 $f_m \geqslant f_b$，则以 x_a、x_b、x_m 作为下一轮的三个点，进行替换：$x_m \rightarrow x_c$。

② 如果 $x_m \leqslant x_b$，同样再比较 f_m 与 f_b，如果 $f_m < f_b$，则以 x_a、x_m、x_b 作为下一轮的三个点，进行替换：$x_b \rightarrow x_c$，$x_m \rightarrow x_b$；如果 $f_m \geqslant f_b$，则以 x_m、x_b、x_c 作为下一轮的三个点，进行替换：$x_m \rightarrow x_a$。

这个过程反复进行，直至 $|f_m - f_b| < \varepsilon$ 且 $|x_m - x_b| < \varepsilon$，迭代结束，返回 x_m。程序流程如图 8-5 所示。

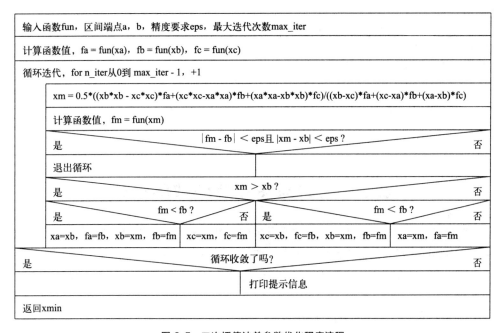

图 8-5　二次插值法单参数优化程序流程

建立 fmin＿by＿interpolation.py 函数，键入如下程序：

```python
import numpy as np
def fmin_by_interpolation(fun,xa,xb,xc,eps=1e-9,max_iter=int(1e9)):
    fa,fb,fc=fun(xa),fun(xb),fun(xc)
    for n_iter in range(max_iter):
        xm=0.5*(((xb*xb-xc*xc)*fa+(xc*xc-xa*xa)*fb+
                (xa*xa-xb*xb)*fc)/((xb-xc)*fa+
```

```
                  (xc-xa) * fb+ (xa-xb) * fc))
          fm=fun(xm)
          if np.abs(fm-fb)<eps and np.abs(xm-xb)<eps:break
          if (xm>xb):
              if fm<fb:xa,fa,xb,fb=xb,fb,xm,fm
              else:xc,fc=xm,fm
          else:
              if fm<fb:xc,fc,xb,fb=xb,fb,xm,fm
              else:xa,fa=xm,fm
      else:print('The required epsilon is not achieved')
      return xm
```

【例 8-4】 利用二次插值法计算函数 $f(x) = \exp(x) + \exp(-x)$ 的极小值点。

解 在程序中，利用 search _ region 函数确定搜索区间，并将其输出传递给 fmin _ by _ interpolation 函数求极小值点，编写程序如下：

```
import numpy as np
from search_region import search_region

if__name__=='__main__':
    def f(x):return np.exp(x)+np.exp(-x)
    three_points=search_region(f,-100,1)
    xmin=fmin_by_interpolation(f,*three_points)
    print(f'xmin:{xmin:10.6f},fmin:{f(xmin):10.6f}')
```

运行结果为：

```
xmin:  0.000000,fmin:  1.000000
```

8.2　无约束多变量函数的优化

对多变量函数，如果可以求导，则可令其各偏导等于零求极小值的解析解，或者通过梯度下降算法、共轭梯度下降算法等得到极小值点。如果目标函数复杂，难以求导，则只能采用直接搜索优化的方法。下面介绍无约束条件的多变量优化方法——单纯形法（simplex method）。

单纯形是指由 n 维空间中 $n+1$ 个点的集合所形成的几何图形，这 $n+1$ 个点叫做单纯形的顶点。例如三角形是二维空间中的单纯形，四面体是三维空间的单纯形。若单纯形任意两个顶点间的距离都相等，则称其为正规单纯形。

利用单纯形法实现最优化的基本思想：从 n 维空间中一个任意形状的初始单纯形出发，先计算其 $n+1$ 个顶点的函数值，并确定其中函数值为最大、次大和最小的点，然后通过反射、扩张、压缩等操作求出一个新的较好点，并用它取代最大函数点构成新的单纯形，或者通过向最小函数点收缩形成新的单纯形，如此反复迭代，单纯形不断更新，逐步向最优点移动，逼近极小值点。

具体步骤如下：

① 给定单纯形的初始点 $\boldsymbol{X}^{(0)} = (x_0^{(0)}, x_1^{(0)}, \cdots, x_{n-1}^{(0)})$ 和边长 l、反射系数 α、压缩系数 β、扩张系数 γ 和允许误差 ε。

形成初始单纯形，构建其 $n+1$ 个顶点：

$$\begin{cases} \boldsymbol{X}^{(0)} = (x_0^{(0)}, x_1^{(0)}, \cdots, x_{n-1}^{(0)}) \\ \boldsymbol{X}^{(1)} = (x_0^{(0)} + p, x_1^{(0)} + q, \cdots, x_{n-1}^{(0)} + q) \\ \boldsymbol{X}^{(2)} = (x_0^{(0)} + q, x_1^{(0)} + p, \cdots, x_{n-1}^{(0)} + q) \\ \vdots \qquad \vdots \quad \vdots \qquad \vdots \\ \boldsymbol{X}^{(n)} = (x_0^{(0)} + q, x_1^{(0)} + q, \cdots, x_{n-1}^{(0)} + p) \end{cases} \tag{8-8}$$

式中：

$$\begin{cases} p = \dfrac{l}{n\sqrt{2}}(\sqrt{n+1} + n - 1) \\ q = \dfrac{l}{n\sqrt{2}}(\sqrt{n+1} - 1) = p - \dfrac{l}{\sqrt{2}} \end{cases} \tag{8-9}$$

② 计算各顶点的函数值 $f(\boldsymbol{X}^{(i)})$，$(i = 0，1，\cdots，n)$，并找出其中函数值为最大、次大和最小的顶点 $\boldsymbol{X}^{(h)}$、$\boldsymbol{X}^{(s)}$、$\boldsymbol{X}^{(l)}$，即：

$$f(\boldsymbol{X}^{(h)}) = \max_{i=0,1,\cdots,n} [f(\boldsymbol{X}^{(i)})] \tag{8-10}$$

$$f(\boldsymbol{X}^{(s)}) = \max_{i=0,1,\cdots,n, i \neq h} [f(\boldsymbol{X}^{(i)})] \tag{8-11}$$

$$f(\boldsymbol{X}^{(l)}) = \min_{i=0,1,\cdots,n} [f(\boldsymbol{X}^{(i)})] \tag{8-12}$$

③ 求反射点，先计算单纯形中除 $\boldsymbol{X}^{(h)}$ 以外 n 个顶点的形心：

$$\boldsymbol{X}_{\text{center}} = \frac{1}{n}\left(\sum_{i=0}^{n} \boldsymbol{X}^{(i)} - \boldsymbol{X}^{(h)}\right) \tag{8-13}$$

然后将 $\boldsymbol{X}^{(h)}$ 通过形心 $\boldsymbol{X}_{\text{center}}$ 进行反射，反射点为：

$$\boldsymbol{X}_{\text{reflect}} = \boldsymbol{X}_{\text{center}} + \alpha \cdot (\boldsymbol{X}_{\text{center}} - \boldsymbol{X}^{(h)}) \tag{8-14}$$

并计算反射点函数值 $f_{\text{reflect}} = f(\boldsymbol{X}_{\text{reflect}})$。

④ 如果 $f_{\text{reflect}} < f(\boldsymbol{X}^{(l)})$，则进行扩张，令：

$$\boldsymbol{X}_{\text{extension}} = \boldsymbol{X}_{\text{center}} + \gamma \cdot (\boldsymbol{X}_{\text{reflect}} - \boldsymbol{X}_{\text{center}}) \tag{8-15}$$

计算其函数值 $f_{\text{extension}} = f(\boldsymbol{X}_{\text{extension}})$。如果 $f_{\text{extension}} < f_{\text{reflect}}$，则置 $\boldsymbol{X}^{(h)} = \boldsymbol{X}_{\text{extension}}$，$f(\boldsymbol{X}^{(h)}) = f_{\text{extension}}$，否则，$\boldsymbol{X}^{(h)} = \boldsymbol{X}_{\text{reflect}}$，$f(\boldsymbol{X}^{(h)}) = f_{\text{reflect}}$，构成新的单纯形，转步骤⑧。

⑤ 如果 $f(\boldsymbol{X}^{(l)}) \leqslant f_{\text{reflect}} \leqslant f(\boldsymbol{X}^{(s)})$，则置 $\boldsymbol{X}^{(h)} = \boldsymbol{X}_{\text{reflect}}$，$f(\boldsymbol{X}^{(h)}) = f_{\text{reflect}}$，转步骤⑧。

⑥ 如果 $f(\boldsymbol{X}^{(s)}) < f_{\text{reflect}} \leqslant f(\boldsymbol{X}^{(h)})$，则进行压缩，令：

$$\boldsymbol{X}_{\text{compression}} = \boldsymbol{X}_{\text{center}} + \beta \cdot (\boldsymbol{X}_{\text{reflect}} - \boldsymbol{X}_{\text{center}}) \tag{8-16}$$

计算 $f_{\text{compression}} = f(\boldsymbol{X}_{\text{compression}})$。如果 $f_{\text{compression}} \leqslant f_{\text{reflect}}$，则置 $\boldsymbol{X}^{(h)} = \boldsymbol{X}_{\text{compression}}$，$f(\boldsymbol{X}^{(h)}) = f_{\text{compression}}$，否则，置 $\boldsymbol{X}^{(h)} = \boldsymbol{X}_{\text{reflect}}$，$f(\boldsymbol{X}^{(h)}) = f_{\text{reflect}}$，转步骤⑧。

⑦ 如果 $f_{\text{reflect}} > f(\boldsymbol{X}^{(h)})$，则进行收缩，令：

$$\boldsymbol{X}^{(i)} = (\boldsymbol{X}^{(i)} + \boldsymbol{X}^{(l)})/2, i = 0, 1, \cdots, n \tag{8-17}$$

并计算 $f(\boldsymbol{X}^{(i)})$，然后转步骤⑧。

⑧ 检验所得单纯形是否满足收敛准则，收敛准则是单纯形 $n+1$ 个顶点与 $n+1$ 个顶点

形心间距离的平方和小于给定的精度 ε ，即：

$$R = \sum_{i=0}^{n}(\boldsymbol{X}^{(i)} - \overline{\boldsymbol{X}})^2 < \varepsilon \tag{8-18}$$

式中：

$$\overline{\boldsymbol{X}} = \frac{1}{n+1}\sum_{i=0}^{n}\boldsymbol{X}^{(i)} \tag{8-19}$$

如果满足收敛准则，则停止计算，并以最好点作为极小点的近似，否则返回步骤②继续下一次迭代。

单纯形法的优点是稳定性好，它不要求目标函数具有连续性，也不必对目标函数求导，计算比较方便，适用范围广；缺点是收敛速度较慢，特别是对于变量较多（如 $n > 10$）的情形。单纯形法程序流程如图 8-6 所示。

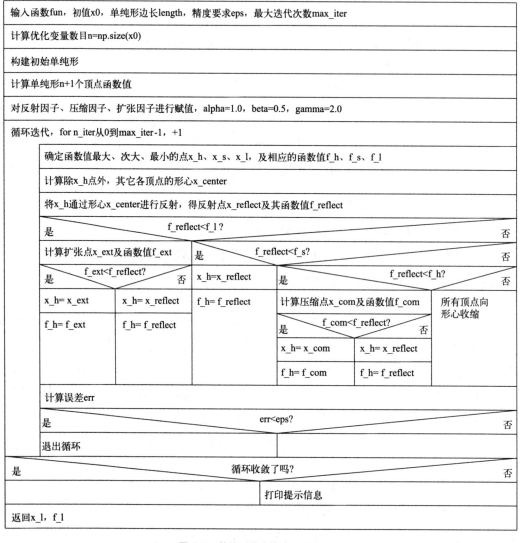

图 8-6 单纯形优化算法程序流程图

建立 simplex.py 文件，键入如下程序：

```python
import numpy as np

def simplex(fun,x0,args=(),length=1,eps=1e-9,max_iter=int(1e9)):
    n=np.size(x0)
    x=np.empty((n+1,n),dtype=float)
    x[0]=x0
    p=(np.sqrt(n+1)+n-1)*length/n/np.sqrt(2)
    q=p-length/np.sqrt(2)
    x[1:]=x0+np.ones((n,n))*q+np.eye(n)*(p-q)
    f=np.empty(n+1,dtype=float)
    for ind,x_ in enumerate(x):f[ind]=fun(x_,*args)
    alpha,beta,gamma=1.0,0.5,2.0

    for n_iter in range(max_iter):
        indices=np.argsort(f)
        l_ind,h_ind,s_ind=indices[0],indices[-1],indices[-2]
        x_center=(np.sum(x,axis=0)-x[h_ind])/n
        x_reflect=x_center+alpha*(x_center-x[h_ind])
        f_reflect=fun(x_reflect,*args)
        if f_reflect< f[l_ind]:
            x_ext=x_center+gamma*(x_reflect-x_center)
            f_ext=fun(x_ext,*args)
            if f_ext<f_reflect:x[h_ind],f[h_ind]=x_ext,f_ext
            else:x[h_ind],f[h_ind]=x_reflect,f_reflect
        elif f_reflect<=f[s_ind]:x[h_ind],f[h_ind]=x_reflect,f_reflect
        elif f_reflect<=f[h_ind]:
            x_com=x_center+beta*(x_reflect-x_center)
            f_com=fun(x_com,*args)
            if f_com<f_reflect:x[h_ind],f[h_ind]=x_com,f_com
            else:x[h_ind],f[h_ind]=x_reflect,f_reflect
        else:
            for ind in[i for i in range(n+1)if i!=l_ind]:
                x[ind]=(x[ind]+x[l_ind])/2
                f[ind]=fun(x[ind],*args)
        x_center=np.average(x,axis=0)
        error=np.sum((x-x_center)**2)
        if error<eps:break
    else:print('The required accuracy is not achieved')
    return x[l_ind],f[l_ind]
```

【**例 8-5**】 求目标函数 $f(x_0,x_1)=(x_0-3)^2+2(x_1+2)^2$ 的极小点 x_{min} 和极小值 f_{min}。取初始点 $X^{(0)}=(0,0)$，单纯形边长为 1，精度要求 $\varepsilon=10^{-8}$。

解 编写程序如下：

```python
if __name__=='__main__':
    def f(x):return (x[0]-3)**2+2*(x[1]+2)**2
    xmin,fmin=simplex(f,(0,0),eps=1e-8)
    print(f'xmin:{xmin},fmin:{fmin}')
```

运行结果为：

```
xmin:[3. 00002881-2. 00001738],fmin:1. 4342839047589952e-09
```

【例 8-6】 利用单纯形法求例 8-3 中的安托万常数 A 、B 、C 。

解 建立目标函数：

$$f(A,B,C) = \sum_{i=0}^{n-1} \left[\ln p_i^0 - \left(A - \frac{B}{C+T_i} \right) \right]^2$$

取初值 $A=B=C=1$，编写程序如下：

```
import numpy as np
from simplex import simplex

def f(x,t,p):return np. sum((x[0]-x[1]/(x[2]+t)- np. log(p))**2)

t=np. array([273. 15,283. 15,293. 15,303. 15,313. 15,323. 15,
            333. 15,343. 15,353. 15,363. 15,373. 15,383. 15])
p=np. array([3. 51,6. 07,10. 03,15. 91,24. 37,36. 17,
            52. 19,73. 44,101. 01,136. 12,180. 05,234. 16])
x0=np. array([1,1,1])
xmin,fmin=simplex(f,x0,args=(t,p))
print('xmin:',xmin)
```

运行结果为：

```
xmin:[   13. 87868876 2784. 51873112   -52. 55622806]
```

8.3 有约束多变量函数的优化

实际工程设计中，变量往往只能在某个可行区域内选择，例如长度、绝对温度都要大于 0，此时的优化问题就成为有约束条件的最优化问题。通常，有约束最优化问题可表示为：

$$\min f(x_0,x_1,\cdots,x_{n-1}) \tag{8-20}$$

满足约束条件：

$$a_i \leqslant x_i \leqslant b_i, i=0,1,\cdots,n-1 \qquad \text{显式约束}$$
$$c_j \leqslant g_j(x_i) \leqslant d_j, j=0,1,\cdots,m-1 \qquad \text{隐式约束}$$

写为向量形式为：

$$\min f(\boldsymbol{X}) \tag{8-21}$$
$$\boldsymbol{A} \leqslant \boldsymbol{X} \leqslant \boldsymbol{B} \tag{8-22}$$
$$\boldsymbol{C} \leqslant \boldsymbol{G}(\boldsymbol{X}) \leqslant \boldsymbol{D} \tag{8-23}$$

其中，n 为独立变量的个数，也是显式约束的个数，m 为隐式约束的个数，a_i 和 b_i 为常数，c_j 和 d_j 可以是常数也可以是变量 x_i 的函数。

求解有约束最优化问题有许多种方法，归纳起来可分为两大类，一类是直接法，即在可行区域内搜索，如 Box 复合形法、随机方向搜索法、可行方向法等，另一类是间接法，即将约束优化问题通过一定的方法转化为无约束优化问题求解，如拉格朗日乘子法、惩罚函数法等。

8.3.1 复合形法

复合形法是由 Box 于 1965 年提出的，是单纯形法应用于约束问题的推广。复合形是由 n 维空间中 $k(k \geqslant n+1)$ 个点的集合形成的几何图形，这 k 个点叫做复合形的顶点。

复合形法的基本思想是在可行区域中取 $k(2n \geqslant k \geqslant n+1)$ 个点构成复合形，判断复合形各顶点目标函数值并去掉最坏点（即函数值最大的点）；将最坏点经过其余 $k-1$ 个点的形心进行反射，用反射点代替最坏点构成新的复合形，此复合形比原复合形更接近最优点，如此反复可求得目标函数的最优值。

复合形法最优化的步骤如下：

① 初始复合形的生成，给定复合形的一个顶点，其余 $k-1$ 个顶点由算法随机产生：

$$\boldsymbol{X}^{(i)} = \boldsymbol{A} + \text{rand}() \times (\boldsymbol{B} - \boldsymbol{A}) \tag{8-24}$$

式中，rand() 为随机数发生器，产生 $0 \sim 1$ 间的随机数，$i = 1, 2, \cdots, k-1$。按顺序产生，对于新产生的每一个顶点，检验其是否满足约束条件，若第 i 个顶点不满足约束条件，则对已经产生的 $0 \sim i-1$ 个顶点求形心：

$$\overline{\boldsymbol{X}} = \frac{1}{i} \sum_{j=0}^{i-1} \boldsymbol{X}^{(j)} \tag{8-25}$$

然后取 $\boldsymbol{X}^{(i)}$ 点与形心连线的中点作为新的 $\boldsymbol{X}^{(i)}$ 点：

$$\boldsymbol{X}^{(i)} = (\boldsymbol{X}^{(i)} + \overline{\boldsymbol{X}})/2 \tag{8-26}$$

对新得出的 $\boldsymbol{X}^{(i)}$ 点同样要进行约束条件的检验。直到 k 个顶点均满足约束条件，这样形成的复合形各顶点都在可行区域内，就可由这个初始复合形出发进行最优点的搜索。

② 计算各顶点的函数值 $f^{(i)} = f(\boldsymbol{X}^{(i)})$，确定出其中函数值最大的点 $\boldsymbol{X}^{(h)}$ 和最小的点 $\boldsymbol{X}^{(l)}$，相应的函数值分别为 $f^{(h)}$ 和 $f^{(l)}$。

③ 求反射点，先计算复合形中除 $\boldsymbol{X}^{(h)}$ 以外的 $k-1$ 个顶点的形心 $\boldsymbol{X}_{\text{center}}$：

$$\boldsymbol{X}_{\text{center}} = \frac{1}{k-1} \left(\sum_{i=0}^{k-1} \boldsymbol{X}^{(i)} - \boldsymbol{X}^{(h)} \right) \tag{8-27}$$

$$f_{\text{center}} = f(\boldsymbol{X}_{\text{center}}) \tag{8-28}$$

然后将 $\boldsymbol{X}^{(h)}$ 通过形心 $\boldsymbol{X}_{\text{center}}$ 进行反射，得反射点：

$$\boldsymbol{X}_{\text{reflect}} = \boldsymbol{X}_{\text{center}} + \alpha (\boldsymbol{X}_{\text{center}} - \boldsymbol{X}^{(h)}) \tag{8-29}$$

$$f_{\text{reflect}} = f(\boldsymbol{X}_{\text{reflect}}) \tag{8-30}$$

式中，α 为反射系数，Box 认为 $\alpha = 1 \sim 1.5$ 较为适宜，一般取 1.3。

④ 对点 $\boldsymbol{X}_{\text{reflect}}$ 进行约束条件的检验，若不满足约束条件则重复使用式(8-31) 直至满足约束条件：

$$\boldsymbol{X}_{\text{reflect}} = (\boldsymbol{X}_{\text{reflect}} + \boldsymbol{X}_{\text{center}})/2 \tag{8-31}$$

如果 $f_{\text{reflect}} \geqslant f^{(h)}$，表示反射点比最坏点没有改进，继续向形心压缩。当 $f_{\text{reflect}} < f^{(h)}$，用 $\boldsymbol{X}_{\text{reflect}}$ 代替 $\boldsymbol{X}^{(h)}$ 构成新的复合形。

⑤ 检验所得到的复合形是否满足收敛准则，收敛准则是复合形 k 个顶点与 k 个顶点的形心间距离的平方和小于某一给定精度 ε，即：

$$E = \sum_{i=0}^{k-1} (\boldsymbol{X}^{(i)} - \overline{\boldsymbol{X}})^2 < \varepsilon \tag{8-32}$$

式中形心：

$$\overline{X} = \frac{1}{k} \sum_{i=0}^{k-1} X^{(i)} \tag{8-33}$$

如果满足精度要求，则将 $X^{(l)}$ 作为最好点返回，否则返回步骤②继续下一次迭代，如此反复直至满足精度要求。

另外，在新产生的顶点及反射点向形心压缩的过程中，如果形心本身不满足约束条件，则可能造成死循环，此时，以当前最优点 $X^{(l)}$ 作为初始点，返回程序的开始重新生成初始复合形。

建立 box_complex.py 文件，键入如下程序：

```python
import numpy as np

def box(fun,check,x0,a,b,args=(),eps=1e-12,max_iter=int(1e9)):
    n=np.size(x0)
    k=n+n
    x=np.empty((k,n),dtype=float)
    f=np.empty(k,dtype=float)
    x[0],f[0]=x0,fun(x0,*args)
    for i in range(1,k):
        x[i]=a+np.random.random(n)*(b-a)
        if not check(x[i],*args):
            x_center=np.mean(x[:i],axis=0)
            if not check(x_center,*args):
                l_ind=np.argmin(f[:i])
                print('reconstructing the complex')
                return box(fun,check,x[l_ind],a,b,args,eps,max_iter)
            else:
                x[i]=(x[i]+x_center)/2
                while not check(x[i],*args):x[i]=(x[i]+x_center)/2
        f[i]=fun(x[i],*args)
    alpha=1.3
    for n_iter in range(max_iter):
        indices=np.argsort(f)
        l_ind,h_ind=indices[0],indices[-1]
        x_center=(np.sum(x,axis=0)-x[h_ind])/(k-1)
        f_center=fun(x_center,*args)
        x_reflect=x_center+alpha*(x_center-x[h_ind])
        f_reflect=fun(x_reflect,*args)
        if not check(x_reflect,*args)or f_reflect>=f[h_ind]:
            if not check(x_center,*args)or f_center>=f[h_ind]:
                print('reconstructing the complex')
                return box(fun,check,x[l_ind],a,b,args,eps,max_iter)
            else:
                x_reflect=(x_reflect+x_center)/2
                f_reflect=fun(x_reflect,*args)
                while not check(x_reflect,*args)or f_reflect>=f[h_ind]:
                    x_reflect=(x_reflect+x_center)/2
                    f_reflect=fun(x_reflect,*args)
        x[h_ind]=x_reflect
```

```
        f[h_ind]=f_reflect
        x_center=np.mean(x,axis=0)
        error=np.sum((x-x_center)**2)
        if error<eps:break
    else:print('The required accuracy is not achieved')
    return x[l_ind],f[l_ind]
```

【例 8-7】 利用 Box 复合形法求 $f(x,y) = -x-y$ 的极小值点，约束条件: $x \leqslant 1$, $y \geqslant 0$, $x^2 + y^2 \leqslant 1$。

解 取初值为 $x = y = 0$，编写程序如下:

```
if__name__=='__main__':
    def f(x):return - np.sum(x)
    def check(x):return all(x>=0) and all(x<=1) and x[0]**2+x[1]**2<=1
    a=np.zeros(2,dtype=float)
    b=np.ones(2,dtype=float)
    x0=np.zeros(2,dtype=float)
    xmin,fmin=box(f,check,x0,a,b)
    print(f'xmin:{xmin},fmin:{fmin}')
```

运行结果为:

```
xmin:[0.70710431 0.70710925],fmin:-1.4142135623619296
```

在利用 Box 复合形法优化约束问题时，如果可行区域为凸区域，则可行区域内若干点的形心也一定在可行区域内，因此不会出现重构复合形的情况，程序一定会收敛到一个极小值点。但如果可行区域是凹区域，那么形心有可能会落在可行区域以外，从而发生复合形的重构。下面看一个凹区域优化的例子。

【例 8-8】 求函数 $f(x,y) = (x-3)^2 + y^2$ 的最小值，可行区域为: $2 \geqslant x \geqslant 0, 2 \geqslant y \geqslant 0$, $(x-0.5)^2 + (y-1.5)^2 \leqslant 0.25$ 或 $(x-1.5)^2 + (y-0.5)^2 \leqslant 0.25$。

解 该优化问题解的可行区域为图 8-7 中阴影部分，即两个圆 C_1 和 C_2 内，最小值点位于圆 C_2 内，同时在 C_1 中存在一个局部极小值点。

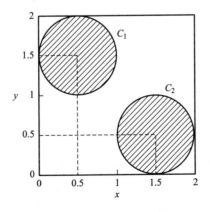

图 8-7 例 8-8 的可行区域

取位于 C_1 中的初值，如（0.5，1.5），编写程序如下：

```python
import numpy as np
from box_complex import box

def f(x):return (x[0]-3)**2+x[1]**2
def check(x):return all(x>=0)and all(x<=2)and (
            (x[0]-1.5)**2+(x[1]-0.5)**2<=0.25 or
            (x[0]-0.5)**2+(x[1]-1.5)**2<=0.25)
a=np.zeros(2,dtype=float)
b=np.ones(2,dtype=float)*2
x0=np.array([0.5,1.5])
xmin,fmin=box(f,check,x0,a,b,eps=1e-16)
print(f'xmin:{xmin},fmin:{fmin}')
```

运行结果为：

```
reconstructing the complex
reconstructing the complex
xmin:[1.97434165 0.34188612],fmin:1.1688611699158105
```

可以看到，程序发生了复合形的重构，但还是收敛到了最小值点。由于初始复合形构造中的随机性，每次运行程序的结果不尽相同，有时会收敛到局部极小值点：

```
xmin:[0.92874646 1.24275212],fmin:5.83452405257735
```

但如果选取初值在 C_2 内，如（1.5，0.5）点，虽然也会发生复合形的重构现象，但全部都可以收敛到正确的最小值点。因此，对于凹区域的约束优化问题，算法不一定能给出正确的解，因此提供一个好的初值是非常重要的。

【例 8-9】 某厂蒸汽管外侧温度 T 为 723K，环境温度 t 为 303 K，将蒸汽管包上两层保温材料（如图 8-8），内层导热系数为 $\lambda_1=0.07$ W/(m·K)，外层导热系数为 $\lambda_2=0.05$ W/(m·K)，两种材料的价格分别为 2500 元/m^3（内层）和 2000 元/m^3（外层），保温材料的外侧与环境空气间对流传热系数 $\alpha=11.6$ W/(m^2·K)，蒸汽管外径为 $d_0=300$mm，热价为 6 元/10^6kJ。求两保温层厚度分别为多少时，单位长度管路的年运转费用最小。要求外保温层厚度不大于内保温层厚度，保温层年折旧率取 0.125，年工作时间 7200h。

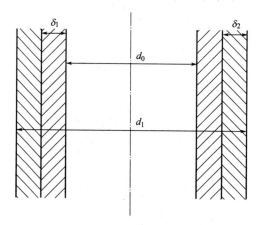

图 8-8 蒸汽管保温层示意图

解　显然保温层厚度增加，热损失减少但投资增大；反之，保温层厚度减小，热损失增大但投资减少。因此，存在一最佳的保温层厚度使热损失费用和投资费用之和最小。

以保温层外表面为基准计算传热通量为：

$$q = \frac{Q}{A} = \frac{T-t}{\dfrac{\delta_1}{\lambda_1} + \dfrac{\delta_2}{\lambda_2} + \dfrac{1}{\alpha}}$$

式中，Q 为传热速率，单位 J/s；δ_1、δ_2 为两保温层厚度，单位 m；A 为单位长度蒸汽管的保温层外表面积，单位 m^2；$A = \pi d_1$，$d_1 = d_0 + 2\delta_1 + 2\delta_2$。每年单位长度蒸汽管路的热损失费用为：

$$6 \times 10^{-6} \frac{\text{元}}{\text{kJ}} \times Q\,\frac{\text{J}}{\text{s}} \times 7200\text{h} \times \frac{3600\text{s}}{1\text{h}} \times \frac{1\text{kJ}}{1000\text{J}} = 0.15552Q\ \text{元}$$

保温材料的年投资费用为保温层体积、价格、年折旧率的乘积，即：

$$\frac{\pi}{4}\left[(d_0 + 2\delta_1)^2 - d_0^2\right] \times 2000 \times 0.125 + \frac{\pi}{4}\left[(d_0 + 2\delta_1 + 2\delta_2)^2 - (d_0 + 2\delta_1)^2\right] \times 2500 \times 0.125$$

$$= 250\pi(d_0 + \delta_1)\delta_1 + 312.5\pi(d_0 + 2\delta_1 + \delta_2)\delta_2$$

该问题的优化目标函数为：

$$\min F(\delta_1, \delta_2) = 0.15552Q + 250\pi(d_0 + \delta_1)\delta_1 + 312.5\pi(d_0 + 2\delta_1 + \delta_2)\delta_2$$

由于保温层厚度必定大于或等于零，而没有上限值，所以可取上限为一较大的数，比如取 100 m，则目标函数的显式约束条件为：

$$0 \leqslant \delta_1 \leqslant 100\ ,\ 0 \leqslant \delta_2 \leqslant 100$$

另外，题目中规定，外保温层厚度不应大于内保温层厚度，因此，隐式约束条件为：

$$\delta_2 \leqslant \delta_1$$

编写程序如下：

```python
import numpy as np
from box_complex import box

def f(x,alpha,lamda1,lamda2,d0):
    d1=d0+2*(x[0]+x[1])
    Q=np.pi*d1*(723-303)/(x[0]/lamda1+x[1]/lamda2+1/alpha)
    s=(0.15552*Q+250*np.pi*(d0+x[0])*x[0]+
        312.5*np.pi*(d0+2*x[0]+x[1])*x[1])
    return s
def check(x,alpha,lamda1,lamda2,d0):
    return all(x>=0) and all(x<=100) and (x[0]>=x[1])

a=np.zeros(2,dtype=float)
b=np.ones(2,dtype=float)*100
alpha=11.6
lamda1,lamda2=0.07,0.05
d0=0.3
args=(alpha,lamda1,lamda2,d0)
x0=np.array([0.1,0.1])
xmin,fmin=box(f,check,x0,a,b,eps=1e-16,args=args)
print(f'xmin:{xmin},fmin:{fmin}')
```

运行结果为：

```
xmin:[0.04270245 0.04270245],fmin:91.7598617720755
```

复合形法收敛速度较慢，特别当维数高或约束条件多时，计算量大，但无需求导，程序简单、使用方便，因而也获得了广泛的应用。

8.3.2 惩罚函数法

惩罚函数法在优化目标函数中对约束条件增加惩罚项，从而将约束问题转化为无约束问题，例如要求 $x_0 \geqslant 0$，则一旦 $x_0 < 0$ 就在目标函数中增加一个很大的项，如 $(-kx)$，其中 k 为一个很大的值，比如 10^6，这相当于在可行区域外侧筑起一道很高的"墙"，从而让搜索过程立刻回到可行区域内。

【例 8-10】 利用惩罚函数法求 $f(x, y) = -x - y$ 的极小值点，约束条件包括：$x \leqslant 1$，$y \geqslant 0$，$x^2 + y^2 \leqslant 1$。

解 通过惩罚函数将其转化为无约束问题，然后利用单纯形法优化，编写程序如下：

```
import numpy as np
from simplex import simplex

def f(x,k):
    punish=(np.sum((x<0)*k*(-x))+
            np.sum((x>1)*k*(x-1))+
            (np.sum(x**2)>1)*k*(np.sum(x**2)-1))
    return-np.sum(x)+punish


x0=np.zeros(2,dtype=float)
punish_coeff=1e6
xmin,fmin=simplex(f,x0,length=0.001,eps=1e-16,args=(punish_coeff,))
print(f'xmin:{xmin},fmin:{fmin}')
```

运行结果为：

```
xmin:[0.70719389 0.70701964],fmin:-1.4142135346544478
```

8.4 利用 scipy 模块进行函数优化

在 scipy.optimize 模块中实现了 minimize 方法用于优化，它既可用于单变量函数也可用于多变量函数，既可用于无约束优化也可用于有约束优化。另外，minimize_scalar 用于单变量函数的最小化。

(1) scipy.optimize.minimize 函数

minimize 函数用法为：

```
minimize(fun,x0,args=(),method=None,jac=None,hess=None,hessp=None,bounds=None,
constraints=(),tol=None,callback=None,options=None)
```

主要参数

① fun：优化目标函数，fun（x，* args），x 是形状为（n,）的数组，n 为优化变量的数目。

② x0：初值，形状为（n,）的数组。

③ method：字符串指明优化方法，可选值包括'Nelder-Mead'、'Powell'、'CG'、'BFGS'、'Newton-CG'、'L-BFGS-B'、'TNC'、'COBYLA'、'SLSQP'、'trust-constr'、'dogleg'、'trust-ncg'、'trust-exact'、'trust-krylov'。默认值为 None，此时依据问题是否包含约束条件从 BFGS、L-BFGS-B、SLSQP 中选择适合的方法。

④ jac：计算梯度向量的方法，可以是返回雅可比矩阵的函数，或字符串'2-point'、'3-point'、'cs'之一，或布尔值。该参数只对 CG、BFGS、Newton-CG、L-BFGS-B、TNC、SLSQP、dogleg、trust-ncg、trust-krylov、trust-exact、trust-constr 有效。当 jac 为函数时，它应该返回形状为（n,）的梯度向量。当 jac＝True 时，fun 函数应该返回元组（f，g），f 为函数值，g 为梯度。对 Newton-CG、trust-ncg、dogleg、trust-exact、trust-krylov 方法必须提供 jac 函数（或由 fun 提供梯度向量）。当 jac＝None 或 False，梯度由二点有限差分估算，或者由'2-point'、'3-point'、'cs'显式指出有限差分估算模式。

⑤ hess：计算海森矩阵的方法，可以是返回海森矩阵的函数，或字符串'2-point'、'3-point'、'cs'之一，或 HessianUpdateStrategy 对象。如果是函数，应该返回形状为（n，n）的海森矩阵。如果'2-point'、'3-point'或'cs'则采用相应的有限差分进行估算。也可以利用一个 HessianUpdateStrategy 对象来近似估算海森矩阵，可采用拟牛顿法（BFGS 或 SR1）。但要注意：如果 jac 是利用有限差分估算的，那么海森矩阵不能再使用'2-point'、'3-point'或'cs'，而是需要用拟牛顿法估算。另外，对 trust-exact 方法，必须提供返回海森矩阵的函数。

⑥ bounds：变量的下界和上界，可以是序列或 Bounds 对象，仅对 Nelder-Mead、L-BFGS-B、TNC、SLSQP、Powell、和 trust-constr 方法有效。有两种方式指定边界：（a）Bounds 类的实例；（b）形如（min，max）的序列。None 表示无界。

⑦ constraints：约束条件，仅对 COBYLA、SLSQP 和 trust-constr 方法有效。对于 trust-constr 方法，约束必须定义为对象或对象列表，可选约束对象包括 LinearConstraint 和 NonlinearConstraint。对 COBYLA 和 SLSQP 方法，约束定义为字典或字典的列表，每一个字典对应一个约束条件，字典需要包括如下键：ⓐtype：约束类型，字符串，'eq'表示等式约束，'ineq'表示不等式约束；ⓑfun：定义约束的函数；ⓒjac：返回梯度向量的函数（仅对 SLSQP 有效）；ⓓargs：需要传递给 fun 和 jac 的额外参数的序列。等式约束写为等于 0 的形式，不等式约束写为大于等于 0 的形式。另外，COBYLA 方法只支持不等式约束。

⑧ callback：每次迭代后要调用的函数。

⑨ options：关于求解器设置的字典，所有方法都接受的设置参数有（a）maxiter：整数，最大迭代次数；（b）disp：布尔值，是否打印收敛信息。

minimize 函数返回一个 OptimizeResult 对象实例。

【例 8-11】 分别利用单纯形法（Nelder-Mead）及拟牛顿法（BFGS）求如下函数极小值：

$$f(x_0, x_1) = (x_0 - 2)^2 + (x_1 + 3)^2$$

并比较对 BFGS 法提供与不提供 jac 函数的区别。

解 编写程序如下：

```
from scipy.optimize import minimize
def f(x):return (x[0]-2)**2+(x[1]+3)**2
def df(x):return[2*(x[0]-2),2*(x[1]+3)]
res=minimize(f,[0,0],method='Nelder-Mead')
print('Using Nelder-Mead')
print(f'x:{res.x},y:{res.fun}')
print('fun evaluated times:',res.nfev)

res=minimize(f,[0,0],method='BFGS')
print('\nUsing BFGS,without jac provided')
print(f'x:{res.x},y:{res.fun}')
print('fun evaluated times:',res.nfev)

res=minimize(f,[0,0],method='BFGS',jac=df)
print('\nUsing BFGS,with jac provided')
print(f'x:{res.x},y:{res.fun}')
print('fun evaluated times:',res.nfev)
```

运行结果为：

```
Using Nelder-Mead
x:[2.00001521-2.99997941],y:6.554109154718912e-10
fun evaluated times:126

Using BFGS,without jac provided
x:[1.99999978-3.00000015],y:6.888828789745692e-14
fun evaluated times:12

Using BFGS,with jac provided
x:[2.-3.],y:0.0
fun evaluated times:4
```

可以看到，三次优化都得到了正确结果，但 Nelder-Mead 调用函数 126 次，不提供 jac 函数的 BFGS 调用函数 12 次，提供 jac 函数的 BFGS 调用函数 4 次。显然 BFGS 比 Nelder-Mead 效率更高，而且提供 jac 函数有利于提高运行效率。

【例 8-12】 利用 COBYLA 方法求解例 8-9 中保温层厚度。

解 在例 8-9 中已得到该问题的优化目标函数，这是一个约束优化问题，包括显式约束 $0 \leqslant \delta_1 \leqslant 100, 0 \leqslant \delta_2 \leqslant 100$ 及隐式约束 $\delta_2 \leqslant \delta_1$，该例题主要演示约束条件的设置，编写程序如下：

```
import numpy as np
from scipy.optimize import minimize
def f(x,alpha,lamda1,lamda2,d0):
    d1=d0+2*(x[0]+x[1])
    Q=np.pi*d1*(723-303)/(x[0]/lamda1+x[1]/lamda2+1/alpha)
    s=(0.15552*Q+250*np.pi*(d0+x[0])*x[0]+
        312.5*np.pi*(d0+2*x[0]+x[1])*x[1])
```

```
    return s

alpha=11.6
lamda1,lamda2=0.07,0.05
d0=0.3
args=(alpha,lamda1,lamda2,d0)

x0=[0.1,0.1]
cons={'type':'ineq',
       'fun':lambda x:np.array([x[0],
                                x[1],
                                100-x[0],
                                100-x[1],
                                x[0]-x[1]]),
       'jac':lambda x:np.array([[1,0],
                                [0,1],
                                [-1,0],
                                [0,-1],
                                [1,-1]])}
res=minimize(f,x0,args=args,method='COBYLA',constraints=cons)
print(f'x:{res.x},y:{res.fun}')
```

运行结果为：

```
x:[0.04278325 0.04278325],y:91.76000847131151
```

（2）scipy. optimize. minimize _ scalar 函数

minimize _ scalar 函数仅用于单变量函数的最小化，其用法为：

```
minimize_scalar(fun,bracket=None,bounds=None,args=(),method='brent',tol=None,
options=None)
```

主要参数

① fun：优化目标函数。

② bracket：初始搜索区间，对于'brent'和'golden'方法有效，bracket 定义了一个区间，或者包含三项（a，b，c）满足 a＜b＜c 且 fun（b）＜fun（a），fun（c）或者包含两项（a，c）。但要注意 bracket 只是初始搜索区间，并不意味着最终求得的解满足 a＜=x＜=c。

③ bounds：搜索边界，包含有两项的序列，对'bounded'方法有效且必须提供。

④ method：优化方法，可选项包括'Brent'、'Bounded'和'Golden'，'Brent'方法结合了二次插值和黄金分割法，为首选方法；'Bounded'为有界优化，采用'Brent'方法求解；'Golden'为黄金分割法。

下面利用 minimize _ scalar 函数求解例 8-2 中的问题，编写程序如下：

```
from scipy.optimize import minimize_scalar
def f(x):return x*(x+2)+2
res=minimize_scalar(f,bounds=[-10,10],method='Bounded')
print(f'x:{res.x},y:{res.fun}')
```

运行结果为：

```
x:-1.0000000000000004,y:1.0
```

由于 minimize 函数综合了多种优化方法，用户可结合具体问题的特性来选择适用的方法。对于无约束优化，Nelder-Mead 和 Powell 法只需用到函数信息，因此简单易用，但其优化效率较低；CG 和 BFGS 需要用到梯度信息，提供准确的 jac 参数可以显著提高优化效率；Newton-CG、trust-ncg、trust-exact、trust-krylov 方法不仅用到函数及梯度信息，还需要用到二阶导数信息，准确提供 hess 参数可进一步提高算法效率。对于有约束优化问题，可选择 COBYLA、SLSQP 及 trust-constr 方法求解，但三种方法中约束条件的提供方式不同：trust-constr 要求约束条件是 LinearConstraint 或 NonlinearConstraint 对象的列表，而 COBYLA 及 SLSQP 则要求约束条件以字典或字典列表的形式提供。更详细的信息请参考帮助文档。

 习题

8.1 利用黄金分割法求 $f(x) = x^3 - 8x^2 + 12x + 2$ 在 $[0,6]$ 范围的极小值点和极大值点。

8.2 欲在铁路干线 MN 上建造一个供油站，以便通过管线分别向 A,B,C,D,E 五家工业用户供油。设每公里输送费用为 F，五家用户的用油量相等。 问供油站位置应选在铁路线何处，才能使输油的总费用最低？ 已知 MN 可用如下三次多项式描述：

$$y = 0.002x^3 - 0.15x^2 + 3.75x - 18.75$$

用户位置坐标如图 8-9 所示。

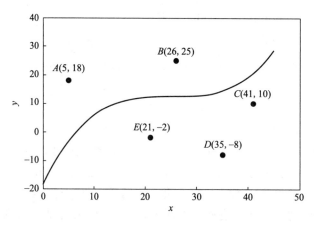

图 8-9 用户位置坐标

8.3 利用单纯形搜索法求 $f(x,y) = x^2 + y^2 + (1-x)^2$ 的极小值点，以 $(0,0)$ 为初值。

8.4 利用复合形法求 $f(x,y) = x^2 + 3y^2$ 的极小值点，满足约束条件 $x + y \geqslant 1$。

8.5 利用惩罚函数法求解习题 8.4 中的约束优化问题。

8.6 圆度误差是评定轴、孔等回转体零件的重要指标，对于判断零件是否合格、寻找误差产生原因都有重要意义。 为评定圆度误差，先检测圆周上 n 个点 (x_i, y_i) 的坐标，假定圆心坐标为 (x_0, y_0)，则可用圆心与圆周上 n 个检测点之间距离的最大值与最小值之差来评定圆度误差，即：

$$\varepsilon = \max_i \sqrt{(x_i - x_0)^2 + (y_i - y_0)^2} - \min_i \sqrt{(x_i - x_0)^2 + (y_i - y_0)^2}$$

其中，圆心坐标通过优化得到。 现已检测到圆周上 46 个点的坐标如下表所示：

i	x_i	y_i	i	x_i	y_i
1	183.3685	22.1254	24	124.7972	-1.0636
2	181.2315	25.4927	25	126.0293	-4.8557
3	178.6932	28.5648	26	127.7262	-8.4633
4	175.7841	31.2935	27	129.8633	-11.8344
5	172.5582	33.6364	28	132.4042	-14.9020
6	169.0641	35.5572	29	135.3124	-17.6318
7	165.3580	37.0253	30	138.5365	-19.9746
8	161.4960	38.0164	31	142.0366	-21.8954
9	157.5423	38.5162	32	145.7364	-23.3632
10	153.5542	38.5161	33	149.5987	-24.3541
11	149.5981	38.0164	34	153.5543	-24.8542
12	145.7362	37.025	35	157.5444	-24.8543
13	142.0322	35.557	36	161.4963	-24.3541
14	138.5361	33.6368	37	165.3587	-23.3634
15	135.3145	31.2935	38	169.0648	-21.8950
16	132.4045	28.5646	39	172.5582	-19.9744
17	129.8633	25.4922	40	175.7842	-17.6313
18	127.7266	22.1251	41	178.6923	-14.9025
19	126.0293	18.5184	42	181.2311	-11.8334
20	124.7972	14.7265	43	183.3683	-8.4635
21	124.0522	10.8177	44	185.0659	-4.8558
22	123.8090	6.8316	45	186.2974	-1.0637
23	124.0521	2.8527	46	187.0443	2.8524

利用单纯形法优化圆心坐标,评定其圆度误差。

微信扫码，立即获取
课后习题详解

第九章

Monte Carlo 模拟

Monte Carlo（蒙特卡罗）位于摩纳哥，是世界著名的赌城。用 Monte Carlo 来命名一种计算方法，是因为这种计算方法和博弈有着共同的随机抽样特征。Monte Carlo 方法的正式得名始于 20 世纪 40 年代，当时正处于第二次世界大战的关键时刻，美国科学家已经论证出制造原子弹的可能性，但在理论上和技术上还有许多极其复杂的问题需要解决，如"中子输运"过程、"辐射输运"过程等。虽然这些过程可以用微分和积分方程描述，但其计算的复杂程度，即使用当时刚问世的电子计算机来求算，也是一件耗时极大的工程，无法解决军事上的急需。科学家最终采用了随机模拟的方法，通过对中子扩散行为的大量抽样观察，得到了所需的参数，顺利解决了用其他方法难以解决的问题。从此以后，学术界就把这种随机抽样方法称为 Monte Carlo 方法。

9.1 随机数

如果落在单位区间 $[0，1]$ 中的一个实数序列 x_0，x_1，… 杂乱地分布于整个区间中，且其排列次序完全无章法可循，那么就称这一序列是随机的。如果一个数列中的数落在区间 $[0，1]$ 的任何一个子集中的比例都不大于这个子集长度占总区间长度的比例，那么称这个数列在区间 $[0，1]$ 中是均匀分布的。特别是，从这个数列抽出的一个元素 x 落在子区间 $[a，a+h]$ 中的概率就是 h，这个概率与数 a 无关。类似地，如果 $p_i = (x_i，y_i)$ 是均匀分布在平面上某个矩形中的一些随机点，那面积为 k 的一个小正方形中的随机点数目仅仅依赖于 k，而与这个正方形在矩形中位于什么位置无关。

产生均匀分布随机数的方法有物理方法和数学方法两种，最简单的物理方法是掷骰子，可以等概率地产生从 1 到 6 均匀分布的随机整数，但物理方法有的不方便，有的费用高，不适合 Monte Carlo 模拟中大规模随机数的产生。现在应用较广的是用数学方法产生随机数，如平方取中法和乘同余法等，常用的计算机高级程序设计语言都带有随机函数，所产生的随机数就是通过数学方法得到的。但应注意一点，计算机程序产生的随机数不可能是真正随机的，因为产生它们的方式是完全确定的，也就是说，实际上不会出现随机因素。但是由这些程序产生的序列看起来是随机的，而且它们确实能通过某些随机性的测试，完全可以满足一般 Monte Carlo 模拟的需要。通常，将这种由计算机程序产生的随机数称为"伪随机数"，但为了简便，我们仍将其称为随机数。

在 Python 中，random 模块及 numpy.random 模块用于产生随机数，后者提供了更为强大的功能，下面简单介绍 numpy.random 模块产生随机数的常用方法。

　　利用 numpy.random 模块生成随机数，一般先创建一个随机数发生器，然后利用随机数发生器的各种方法产生不同特征的随机数。随机数发生器可通过实例化一个 BitGenerator、Generator、PCG64 等对象来产生，更常用的是直接调用 default_rng（）方法产生，其用法如下：

```
default_rng(seed=None)
```

　　参数 seed 用于设置随机数发生器的种子，默认值为 None，此时算法会由操作系统产生新的种子。但有时需要产生完全相同的随机数序列，将 seed 设置为某一固定的整数值即可。下面是利用该方法返回一个随机数发生器 Generator 的实例。

```
In[24]:import numpy as np
In[25]:rng=np.random.default_rng()
In[26]:rng
Out[26]:Generator(PCG64) at 0x2A8727B73C0
```

　　随机数发生器 Generator 包含许多方法以产生各种分布的随机数，主要包括：

　　（1）random 方法用于产生半开区间 [0.0，1.0）内均匀分布的随机小数，其用法为：

```
random(size=None,dtype=np.float64,out=None)
```

　主要参数

　　① size：指定形状，默认值为 None，此时返回一个随机小数，如果 size 为整数 n，则返回长度为 n 的一维 numpy 数组；如果 size 是整数的元组 (m，n)，则返回指定形状的 m 行 n 列的 numpy 数组；

　　② dtype：数据类型，只支持 float64（默认）和 float32；

　　③ out：结果输出的 numpy 数组，它必须是已经存在的，并且形状与数据类型都与产生的结果一致。

　　random 方法返回实数或 numpy 数组，使用实例如下：

```
In[35]:rng.random()
Out[35]:0.9791572980875015
In[36]:a=rng.random((2,3))
In[37]:a
Out[37]:
array([[0.26205212,0.2987797 ,0.08439452],
       [0.75766754,0.13425668,0.35387249]])
```

　　如果要产生指定区间 [a，b) 的随机数，只需要利用 a＋random（）×（b－a）即可：

```
In[38]:a,b=-10,10
In[39]:a+rng.random((2,3))*(b-a)
Out[39]:
array([[8.34033954,-9.97107186,2.59276564],
       [6.37995906,3.20313071,4.4730562 ]])
```

要产生完全相同的两个随机数序列：

```
In[3]:rng1=np.random.default_rng(1)
In[4]:rng2=np.random.default_rng(1)

In[5]:rng1.random(5)
Out[5]:array([0.51182162,0.9504637 ,0.14415961,0.94864945,0.31183145])
In[6]:rng2.random(5)
Out[6]:array([0.51182162,0.9504637 ,0.14415961,0.94864945,0.31183145])
```

（2）integers 方法用于产生均匀分布的随机整数，其用法为：

```
integers(low,high=None,size=None,dtype=np.int64,endpoint=False)
```

主要参数

① low：下限值（包含）；

② high：上限值（默认为不包含，除非 endpoint＝True），high 的默认值为 None，此时 low 值视为 high，0 为 low；

③ endpoint：是否包含右边界，默认为 False，此时产生半开区间 [low，high）中均匀分布的随机整数，如果设置 endpoint＝True，则产生闭区间 [low，high] 中均匀分布随机整数。

```
In[8]:rng.integers(5,10,size=5)
Out[8]:array([7,8,7,5,8],dtype=int64)

In[9]:rng.integers(5,10,size=5,endpoint=True)
Out[9]:array([6,5,9,7,10],dtype=int64)
```

（3）normal 方法用于产生正态（高斯）分布的随机数，如果一个随机变量符合期望值（均值）为 μ、方差为 σ^2 的正态分布，则其概率密度函数为：

$$f(x) = \frac{1}{\sqrt{2\pi}\sigma} \exp\left[-\frac{(x-\mu)^2}{2\sigma^2}\right]$$

正态分布通常记为 $N(\mu，\sigma^2)$，当 $\mu=0$，$\sigma=1$ 时称为标准正态分布。normal 用法为：

```
normal(loc=0.0,scale=1.0,size=None)
```

主要参数

① loc：期望值 μ，默认值为 0.0；

② scale：标准差 σ，默认值为 1.0；

例如要产生 2 行 4 列符合标准正态分布的随机数：

```
In[43]:rng.normal(size=(2,4))
Out[43]:
array([[-0.36978369,0.23161943,0.12656822,0.06332255],
       [1.39546687,-0.57458365,0.4623138 ,0.26243726]])
```

要产生符合 $N(5，4)$ 的 3 个随机数：

```
In[44]:rng.normal(5,4,size=3)
Out[44]:array([4.27263834,8.62683344,3.0857137 ])
```

（4）standard_normal 生成标准正态分布的随机数，等价于 normal（loc＝0.0，scale＝1.0，size）。要产生均值为 mu、标准差为 sigma 的正态分布随机数，可以用 mu＋sigma＊standard_normal（）。除了正态分布以外，还有大量产生特定分布随机数的方法，如 beta（β 分布）、binomial（二项式分布）、chisquare（卡方分布）、exponential（指数分布）、gamma（γ 分布）、geometric（几何分布）、laplace（拉普拉斯分布）、logistic（逻辑分布）、lognormal（对数正态分布）、logseries（对数级数分布）、poisson（泊松分布）、uniform（均匀分布）等，详细内容请参考帮助文档。

（5）choice 方法用于从数组中随机抽样，其用法为：

```
choice(a,size=None,replace=True,p=None,axis=0,shuffle=True)
```

主要参数

① a：抽样数组，可以是整数或序列，如果是整数，则从 np.arange（a）中随机抽样；如果 a 是二维数组，则按行随机抽样，除非设置 axis 不为 0 时，按 axis 维度抽样；

② size：整数或整数的元组，输出的形状；

③ replace：布尔值，采用放回（replace＝True，默认值）抽样，或不放回抽样，如果 replace＝False，则 size 的长度不能大于 len（a）；

④ p：长度为 len（a）的 1 维数组，指定 a 中每个元素的抽样概率，如果为 None（默认值），则按相等概率抽样；

⑤ axis：抽样维度，默认值为 0，即按行抽样；

⑥ shuffle：对于不放回抽样，抽样结果是否打乱次序，默认值为 True。

choice 方法返回 *a* 中单个元素或指定形状的数组，一些实例如下：

```
In[30]:rng.choice(5)
Out[30]:4

In[31]:rng.choice(5,size=5)
Out[31]:array([3,3,2,0,1],dtype=int64)

In[32]:rng.choice(5,size=5,replace=False)
Out[32]:array([0,2,4,1,3],dtype=int64)

In[35]:a=[[1,2,3],[4,5,6]]

In[36]:rng.choice(a)
Out[36]:array([4,5,6])

In[37]:rng.choice(a,axis=1)
Out[37]:array([3,6])
```

（6）shuffle 对数组或序列中元素的顺序进行原位随机打乱，其用法为：

```
shuffle(x,axis=0)
```

输入参数

① x：可以是 numpy 数组或可变序列，shuffle 原位打乱 x 中元素的顺序，且不改变对象类型；

② axis：指定沿哪一个维度打乱顺序，该参数只有当 x 是 numpy 数组时才有效。

shuffle 方法返回 None，这一点要特别注意，shuffle 方法只对可变序列元素顺序进行原位打乱，它并不返回改变次序后的序列。

```
In[42]:a=[[1,2,3],[4,5,6],[7,8,9]]

In[43]:a
Out[43]:[[1,2,3],[4,5,6],[7,8,9]]

In[44]:rng.shuffle(a)

In[45]:a
Out[45]:[[1,2,3],[7,8,9],[4,5,6]]

In[46]:b=np.array(a)

In[47]:b
Out[47]:
array([[1,2,3],
       [7,8,9],
       [4,5,6]])

In[48]:rng.shuffle(b,axis=1)

In[49]:b
Out[49]:
array([[2,1,3],
       [8,7,9],
       [5,4,6]])
```

（7）permutation 也用于打乱数组或序列中元素顺序，并将打乱顺序的序列以 numpy 数组形式返回，其用法为：

```
permutation(x,axis=0)
```

输入参数 x 可以是整数、numpy 数组或可变序列，如为整数则解读为 np.arange（x）。与 shuffle 不同，permutation 不进行原位打乱，它先拷贝 x，并且将打乱顺序的序列以 numpy 数组形式返回，x 本身并不改变。

```
In[8]:rng.permutation(5)
Out[8]:array([3,2,0,4,1])

In[9]:a=[1,2,3,4]

In[10]:b=rng.permutation(a)

In[11]:b
Out[11]:array([4,2,3,1])

In[12]:a
Out[12]:[1,2,3,4]

In[13]:a=[[1,2,3],[4,5,6]]

In[14]:rng.permutation(a,axis=1)
Out[14]:
array([[3,1,2],
       [6,4,5]])
```

（8）permuted 用于随机打乱数组或序列中元素顺序，其用法为：

```
permuted(x,axis=None,out=None)
```

　　与 permutation 相似，permuted 方法也会先拷贝 x 再打乱次序，但与 permutation 不同的是：permutation 对数组按行向量（axis＝0）或列向量（axis＝1）进行打乱，每个行向量或列向量视为一个整体；而 permuted 则沿行（axis＝0）方向对每一个列向量独立打乱其次序，或沿列（axis＝1）方向对每一个行向量独立打乱其次序，如果 axis＝None（默认值），则对整个数组的整体随机打乱，返回同样形状的数组。参数 out 可以指定输出数组，此时打乱后的数组同时赋值给 out 并返回。

```
In[18]:a=np.arange(15).reshape((3,-1))

In[19]:a
Out[19]:
array([[ 0,  1,  2,  3,  4],
       [ 5,  6,  7,  8,  9],
       [10,11,12,13,14]])

In[20]:rng.permutation(a,axis=1)
Out[20]:
array([[ 1,  3,  4,  0,  2],
       [ 6,  8,  9,  5,  7],
       [11,13,14,10,12]])

In[21]:rng.permuted(a,axis=1)
Out[21]:
array([[ 3,  2,  4,  1,  0],
       [ 7,  8,  5,  9,  6],
       [14,10,11,12,13]])

In[22]:rng.permuted(a,axis=0)
Out[22]:
array([[ 0,11,12,  3,  4],
       [ 5,  1,  2,  8,  9],
       [10,  6,  7,13,14]])

In[23]:rng.permuted(a)
Out[23]:
array([[13,10,  0,12,  9],
       [ 1,  4,  5,11,  6],
       [ 7,  3,  8,14,  2]])

In[24]:a
Out[24]:
array([[ 0,  1,  2,  3,  4],
       [ 5,  6,  7,  8,  9],
       [10,11,12,13,14]])
```

【例 9-1】 随机生成 $[0，1)$ 区间的 20 个随机数，并统计有几个落在 $[0，0.5)$ 中。

　　解　编写程序如下：

```
import numpy as np
rng=np.random.default_rng()
a=rng.random(20)
count=np.sum(a<0.5)
print('a:',a)
print('count:',count)
```

运行结果为：

```
a:  [0.65070022 0.17953422 0.69740683 0.03367863 0.88433816 0.22859694
  0.47280881 0.68544399 0.53777202 0.53304668 0.90048087 0.99098647
  0.59975452 0.92723971 0.82308709 0.8055271  0.39767488 0.3182953
  0.05457809 0.03308274]
count:  8
```

由于随机性，每次的输出结果会有所不同。

【例 9-2】 随机产生圆 $x^2 + y^2 = 1$ 中均匀分布的 500 个随机点，并画图展示。

解 有三种不同思路求解该问题。

① 由于圆位于矩形 $-1 \leqslant x \leqslant 1$，$-1 \leqslant y \leqslant 1$ 中，可以在该矩形中产生随机点，然后判断，如果该点位于圆内则成功 1 次，否则将其丢弃，直到成功 500 次即可。程序如下：

```python
import numpy as np
import matplotlib.pyplot as plt

rng=np.random.default_rng()
n=500
points=np.empty((n,2),dtype=float)
success=0
while success<n:
    point=-1+rng.random(2)*2
    if np.sum(point**2)<1:
        points[success]=point
        success+=1
x_plot=np.linspace(-1,1,1001)
y_plot=np.sqrt(1-x_plot**2)
plt.plot(x_plot,y_plot,'r',x_plot,-y_plot,'r')
plt.scatter(points[:,0],points[:,1],marker='.')
plt.text(-1.05,0.95,'a)')
plt.xlabel('x')
plt.ylabel('y')
plt.show()
```

② 第①种方法会产生一些最终被丢弃的点。其实，当 x 确定后，y 的取值范围就确定了，如果先随机产生 x，再按 y 的取值范围随机产生 y，这样每一个点都会落在圆内，其程序如下：

```python
rng=np.random.default_rng()
n=500
x=-1+rng.random(n)*2
y_limit=np.sqrt(1-x**2)
y=-y_limit+rng.random(n)*2*y_limit
x_plot=np.linspace(-1,1,1001)
y_plot=np.sqrt(1-x_plot**2)
plt.plot(x_plot,y_plot,'r',x_plot,-y_plot,'r')
plt.scatter(x,y,marker='.')
plt.text(-1.05,0.95,'b)')
plt.xlabel('x')
plt.ylabel('y')
plt.show()
```

③ 由于用极坐标表示圆很方便，可以随机产生 $0 \leqslant r < 1.0$ 及 $0 \leqslant \theta < 2\pi$ 得到一个圆内的随机点，编写程序如下：

```
rng=np.random.default_rng()
n=500
r=rng.random(n)
theta=rng.random(n)*2*np.pi
theta_plot=np.linspace(0,2*np.pi,1001)
plt.plot(np.cos(theta_plot),np.sin(theta_plot),'r')
plt.scatter(r*np.cos(theta),r*np.sin(theta),marker='.')
plt.text(-1.05,0.95,'c)')
plt.xlabel('x')
plt.ylabel('y')
plt.show()
```

三种方法所绘出随机点分布如图 9-1 所示。

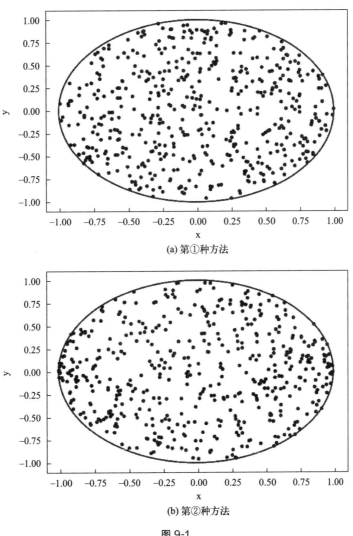

(a) 第①种方法

(b) 第②种方法

图 9-1

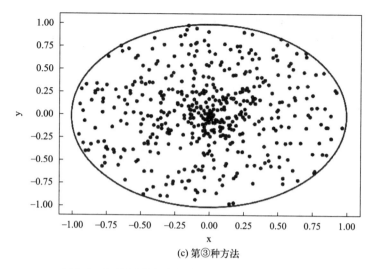

(c) 第③种方法

图 9-1 生成圆内均匀分布随机点的三种方法输出结果

实际上，这三种方法只有第①种方法所产生的随机点是均匀分布的。对第②种方法，由于先随机产生 x，再按 y 的取值范围产生 y，因此它们落在 $0 \leqslant x < 0.5$ 的概率与 $0.5 \leqslant x < 1.0$ 的概率是相同的，然而圆在这两个区域中的面积是不同的。其结果是越接近左右两侧边界，点的密度会越大。而第③种方法所生成的点落在 $0 \leqslant r < 0.5$ 及 $0.5 \leqslant r < 1.0$ 的概率是相同的，而这两个区域的面积也完全不同，因此，越接近于圆心位置，点的密度越大。这些趋势从图 9-1 中也可以看出。

9.2 用 Monte Carlo 法求数值积分

如果有区间 $[0，1]$ 上的 n 个随机数 x_0，x_1，$\cdots$，x_{n-1}，则

$$\int_0^1 f(x) \mathrm{d}x \approx \frac{1}{n} \sum_{i=0}^{n-1} f(x_i)$$

即用 n 个数 $f(x_0)$，$f(x_1)$，$\cdots$，$f(x_{n-1})$ 的平均值来近似这个积分，该近似的误差随取样点数目的增加而减小，误差阶为 $1/\sqrt{n}$，这个误差阶与好的算法（如龙贝格算法）是根本无法匹敌的，然而在多维积分的时候，Monte Carlo 法却有很大的优势，例如：

$$\int_0^1 \int_0^1 \int_0^1 f(x,y,z) \mathrm{d}x \mathrm{d}y \mathrm{d}z \approx \frac{1}{n} \sum_{i=0}^{n-1} f(x_i, y_i, z_i)$$

其中 $(x_i，y_i，z_i)$ 是立方体 $0 \leqslant x < 1$，$0 \leqslant y < 1$，$0 \leqslant z < 1$ 中的均匀分布的随机点。

对于更一般的情况，比如 f 在区间 $[a，b]$ 上的积分，那么 f 在 $[a，b]$ 中 n 个随机点上的平均值是对 $\dfrac{1}{b-a} \int_a^b f(x) \mathrm{d}x$ 的近似，换句话说，用 f 在 $[a，b]$ 中 n 个随机点上的平均值乘以区间宽度即为对 $\int_a^b f(x) \mathrm{d}x$ 积分的近似。类似地，在高维情形，f 在区域上的平均值乘以该区域面积（二维）、体积（三维）或测度即为对 f 在该区域上积分的一个近似。如 f 在由不等式 $0 \leqslant x \leqslant 4$，$1 \leqslant y \leqslant 3$，$-1 \leqslant z \leqslant 2$ 所确定的长方体上的平均值乘以长方体的体积 24 即是对 $\int_{-1}^2 \int_1^3 \int_0^4 f(x，y，z) \mathrm{d}x \mathrm{d}y \mathrm{d}z$ 的近似。因此，要求某一区域的定积分，可以

用该区域上 n 个随机点处 f 的平均值乘以该区域的测度得到，即：

$$\int_A f\mathrm{d}A \approx (A \text{ 的测度})(f \text{ 在 } A \text{ 中 } n \text{ 个随机点上的平均值})$$

【例 9-3】 用 Monte Carlo 法计算定积分 $\displaystyle\int_0^1 f(x)\mathrm{d}x = \int_0^1 \exp(-x^2)\mathrm{d}x$ 。

解：取 $[0, 1]$ 区间上 n 个随机点，计算 $f(x)$ 在 n 个随机点的平均值，然后乘以区间长度即得对该积分的近似值，程序如下：

```python
import numpy as np
def f(x):return np.exp(-x*x)
n=100000
rng=np.random.default_rng()
x=rng.random(n)
y=f(x)
print('The integration is:',np.mean(y))
```

运行结果为：

```
The integration is:0.7468923518054902
```

另外注意到该积分相当于图 9-2 中曲线下方的面积，因此可以在 $0 \leqslant x \leqslant 1, 0 \leqslant y \leqslant 1$ 所决定的正方形中生成 n 个随机点，测试其中有多少点落在曲线的下方，比如为 m 个，由于正方形的面积为 1，则 m/n 即为对该积分的近似。程序如下：

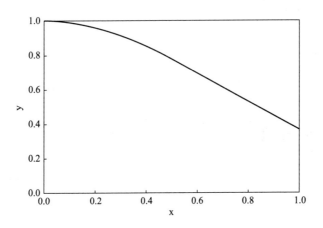

图 9-2　函数 $y = \exp(-x^2)$ 曲线图

```python
import numpy as np
def f(x):return np.exp(-x*x)
n=100000
rng=np.random.default_rng()
points=rng.random((n,2))
m=np.sum(points[:,1]<f(points[:,0]))
print('The integration is:',m/n)
```

运行结果为：

```
The integration is:0.74677
```

两种方法所得结果一致。可见对同一问题，Monte Carlo 解法不是唯一的。

【例 9-4】 用 Monte Carlo 法求积分 $\iint_\Omega \sin \sqrt{\ln(x+y+1)}\,\mathrm{d}x\mathrm{d}y$，积分区域为

$$\Omega = \left\{ (x,y) \,\middle|\, \left(x-\frac{1}{2}\right)^2 + \left(y-\frac{1}{2}\right)^2 \leqslant \frac{1}{4} \right\}$$

所确定的 xy 平面中的圆盘。

解： Ω 所确定的圆盘处在正方形 $0 \leqslant x \leqslant 1$，$0 \leqslant y \leqslant 1$ 之中，先生成该正方形中的随机点，然后去掉那些不落在圆盘中的点，得到圆盘中 n 个随机点 $p_i = (x_i, y_i)$，积分值即可估计为圆盘的面积与 $f(x,y) = \sin \sqrt{\ln(x+y+1)}$ 在 n 个随机点上平均高度的乘积：

$$\iint_\Omega \sin \sqrt{\ln(x+y+1)}\,\mathrm{d}x\mathrm{d}y = \iint_\Omega f(x,y)\,\mathrm{d}x\mathrm{d}y \approx (\pi r^2)\left[\frac{1}{n}\sum_{i=0}^{n-1} f(p_i)\right] = \frac{\pi}{4n}\sum_{i=0}^{n-1} f(p_i)$$

编写程序如下：

```python
import numpy as np
def f(x,y):return np.sin(np.sqrt(np.log(x+y+1)))
n=100000
rng=np.random.default_rng()
points=np.empty((n,2),dtype=float)
success=0
while success<n:
    x,y=rng.random(2)
    if (x-0.5)**2+(y-0.5)**2<=0.25:
        points[success]=[x,y]
        success+=1
average_height=np.mean(f(points[:,0],points[:,1]))
res=average_height*np.pi/4
print('res:',res)
```

运行结果为：

```
res:0.5676248297818498
```

9.3 Monte Carlo 模拟实例

本节介绍两个 Monte Carlo 模拟的典型案例：Buffon 投针问题和中子挡板问题。

(1) Buffon 投针问题

早在 1777 年，法国著名学者 Buffon 在求解 π 值时独辟蹊径，采用了一种随机掷针的方法，这可说是 Monte Carlo 法最早的应用。

设有一根长度为 1 的针落在一张划有间距为 1 的平行线束的纸上（图 9-3），那么，这根针与任何平行线相交的概率是多少？该问题的解析解为 $2/\pi$。

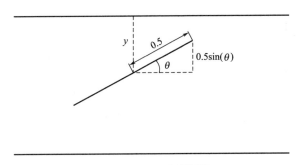

图 9-3　Buffon 投针问题

下面构建该问题的 Monte Carlo 解法。假定针的中心落在这些直线中间的一个随机点上，进一步假定针的倾斜角是另一个随机变量，同时假定这些随机变量是均匀分布的。设针的中心到这两条直线中最近一条的距离是 y，与水平方向的夹角为 θ，这里 y 是 $[0, 0.5]$ 区间的随机变量，θ 是 $[0, 0.5\pi]$ 区间的随机变量，当且仅当 $y \leqslant 0.5\sin(\theta)$ 时，针与一条直线相交。令 $x = 2y$，则 x 是 $[0, 1]$ 区间的随机变量，因此，在 $[0, 1]$ 区间随机生成 x，在 $[0, 0.5\pi]$ 区间随机生成 θ，如果 $x \leqslant \sin(\theta)$，表示成功一次，将此试验重复 n 次，用成功次数比如 m 除以 n 即得针与平行线相交的概率，计算程序如下：

```
import numpy as np
n=1000000
rng=np.random.default_rng()
x=rng.random(n)
theta=rng.random(n)*0.5*np.pi
m=np.sum(x<=np.sin(theta))
prob=m/n
ans=2/np.pi
print(f'The probability is:{prob},the analytical result is:{ans}')
```

运行结果为：

```
The probability is:0.636815,the analytical result is:0.6366197723675814
```

（2）中子挡板问题

考虑中子穿透铅墙的简单模型：假定每个中子以与铅墙成直角的方向进入铅墙并前进一个单位距离，然后撞上一个铅原子并在一个随机方向上被弹回，在撞上另一个铅原子之前，它又前进了一个单位距离，然后又在一个随机方向上被弹回，依此继续下去，假定在 8 次相撞后中子能量耗尽，并假定铅墙在 x 方向的厚度为 5 个单位，而在 y 方向可以认为是无限厚，如图 9-3 所示，要问：有百分之几的中子可以穿透铅墙，在铅墙的另一侧出现？

设 x 是从中子进入的初始表面算起的距离，θ 为中子前进方向与水平方向的夹角，显然 θ 是 $[0, \pi]$ 区间的随机变量。第 1 次相撞发生在 $x = 1$ 处，第 2 次相撞发生在 $x = 1 + \cos\theta_1$ 处，第 3 次相撞发生在 $x = 1 + \cos\theta_1 + \cos\theta_2$ 处，依此类推。在中间任一步相撞后，如果 $x < 0$，则表示中子返回了穿入侧，如果 $x > 5$，则表示中子穿透了铅墙。如果经过 8 次相撞后仍有 $x \leqslant 5$，则铅墙挡住了中子，保护了墙后区域，模拟程序如下：

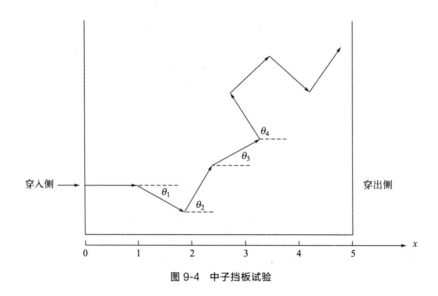

图 9-4 中子挡板试验

```python
import numpy as np

n=10000
rng=np. random. default_rng()
out=0
for i in range(n):
    x=1
    for j in range(7):
        theta=rng. random()*np. pi
        x+=np. cos(theta)
        if x<0:break
        if x>5:
            out+=1
            break
print('Out prob:',out/n)
```

运行结果为：

```
Out prob:0. 019
```

9. 4　Monte Carlo 方法在高分子研究中的应用

9. 4. 1　共聚反应的模拟

　　两种或两种以上单体一起参加反应，生成链结构中含有两种或两种以上单体单元的聚合物，这种聚合物叫做共聚物。两种单体的共聚反应叫做二元共聚，两种以上单体的共聚反应叫做多元共聚。

　　共聚物的物理机械性能取决于分子链中单体单元的性质、组成和链结构的排列方式，可以通过改变聚合反应条件来改变聚合物的组成和链结构，以改进高分子材料的性能。如苯乙烯中引入 15％～30％的丙烯腈共聚后，耐油性、耐热性和抗冲性就大为改善；氯乙烯中引入醋酸乙烯后，加工性能改善。研究共聚物单体性质、共聚物组成和链结构的排列对共聚物材料性能的影响，对新材料设计有重大的指导意义。

考虑单体 1 和单体 2 之间的两元共聚反应，链增长过程存在四个基元反应，它们各自具有相应的反应速率 $R_{i,j}$：

$$\sim M_1 \cdot + M_1 \xrightarrow{k_{11}} \sim M_1 M_1 \cdot \quad R_{11} = k_{11}[M_1 \cdot][M_1]$$

$$\sim M_1 \cdot + M_2 \xrightarrow{k_{12}} \sim M_1 M_2 \cdot \quad R_{12} = k_{12}[M_1 \cdot][M_2]$$

$$\sim M_2 \cdot + M_1 \xrightarrow{k_{21}} \sim M_2 M_1 \cdot \quad R_{21} = k_{21}[M_2 \cdot][M_1]$$

$$\sim M_2 \cdot + M_2 \xrightarrow{k_{22}} \sim M_2 M_2 \cdot \quad R_{22} = k_{22}[M_2 \cdot][M_2]$$

式中，$\sim M_i \cdot$ 为增长中的长链自由基，$k_{i,j}$ 为反应速率常数，$R_{i,j}$ 为反应速率。

单体的竞聚率：

$$r_1 = \frac{k_{11}}{k_{12}}, r_2 = \frac{k_{22}}{k_{21}}$$

由上面的反应式可以发现，链自由基 $\sim M_1 \cdot$ 或是同 M_1 反应生成 $\sim M_1 M_1 \cdot$，或是同 M_2 反应生成 $\sim M_1 M_2 \cdot$，形成的概率分别是 p_{11} 和 p_{12}（$p_{i,j}$ 为在末端单体为 i 的条件下和 j 单体反应的概率，即条件概率），显然有：

$$p_{11} = \frac{R_{11}}{R_{11} + R_{12}} = \frac{k_{11}[M_1 \cdot][M_1]}{k_{11}[M_1 \cdot][M_1] + k_{12}[M_1 \cdot][M_2]} = \frac{r_1[M_1]}{r_1[M_1] + [M_2]} = \frac{r_1 f_1}{r_1 f_1 + f_2}$$

$$p_{12} = \frac{R_{12}}{R_{11} + R_{12}} = 1 - p_{11}$$

式中，f_1 与 f_2 为单体 1 和 2 的摩尔分数：

$$f_1 = \frac{[M_1]}{[M_1] + [M_2]}, f_2 = \frac{[M_2]}{[M_1] + [M_2]}$$

类似地，链自由基 $\sim M_2 \cdot$ 同 M_1 反应生成 $\sim M_2 M_1 \cdot$ 的概率为 p_{21}，同 M_2 反应生成 $\sim M_2 M_2 \cdot$ 的概率为 p_{22}：

$$p_{21} = \frac{R_{21}}{R_{21} + R_{22}} = \frac{k_{21}[M_2 \cdot][M_1]}{k_{21}[M_2 \cdot][M_1] + k_{22}[M_2 \cdot][M_2]} = \frac{[M_1]}{[M_1] + r_2[M_2]} = \frac{f_1}{f_1 + r_2 f_2}$$

$$p_{22} = \frac{R_{22}}{R_{21} + R_{22}} = 1 - p_{21}$$

得到条件概率后，就可以用 Monte Carlo 方法来模拟链增长的随机过程，在此之前，再介绍两个概念：平均序列长度 $\overline{L_i}$ 定义为共聚链上的第 i 种单体单元总数与其序列数之比，$\overline{L_i}$ 越大，则该种单体序列的持续性越大，$\overline{L_i} = 1$ 时为交替共聚；轮数 R 定义为每 100 个单体单元中含有的序列数，R 越大，两种单体的交替性越强，R 越小，两种单体的嵌段性越强，$R = 100$ 为完全交替共聚，$R = 2$ 为两嵌段共聚。

在 Monte Carlo 模拟的第一步，先构造 $p_{1,j}$ 和 $p_{2,j}$ 这两个条件概率区间（如图 9-5）：

图 9-5 二元共聚反应的条件概率区间

假设单体 1 首先引发，形成单体 1 的自由基，在其后是接单体 1 还是单体 2 由 $p_{1,j}$ 决定，参考的条件概率区间是 $p_{1,j}$，令程序产生 $[0，1]$ 区间的随机数 ξ_1，如果 $\xi_1 < p_{11}$，即落在 0 到 p_{11} 之间，则接单体 1，此时链的末端仍为单体 1，故下一次参照的概率区间仍为 $p_{1,j}$。如果 $\xi_1 > p_{11}$，即落在 p_{11} 到 1 之间，则接单体 2，此时链的末端变为单体 2，故下一次参照的概率区间为 $p_{2,j}$ 区间。如此反复进行，直到链上的单体数达到预定的数量为止。该 Monte Carlo 模型有一个重要的假设，即它适用于低转化率的情况，该情况下单体浓度可视为常数，如果在高转化率情况下，单体的消耗已达到一定的程度，其相对浓度必将发生变化，因而 Monte Carlo 模型须作相应的修改。

下面的程序完成该过程的模拟，并打印输出轮数、单体 1 的单元数、以及单体 1 和单体 2 的平均链段长度。链长单元数设定为 100，竞聚率 $r_1 = r_2 = 5.0$，单体 1 摩尔分数为 0.5。

```python
import numpy as np
#n:设定的链长;m1:单体1分子数目;r:轮数;n1,n2:单体1,2链段数目
#r1,r2:1,2的竞聚率;f1,f2:1,2摩尔分率;p11,p21:条件概率
rng=np.random.default_rng()

n=100
r1=r2=5.0
f1=f2=0.5
p11=r1*f1/(r1*f1+f2)
p21=f1/(f1+r2*f2)
x=np.empty(100,dtype=str)
x[0]='1'
m1=n1=r=1
n2=0
for i in range(1,n):
    if x[i-1]=='1':
        if rng.random()<p11:
            x[i]='1'
            m1+=1
        else:
            x[i]='2'
            r+=1
            n2+=1
    else:
        if rng.random()<p21:
            x[i]='1'
            r+=1
            m1+=1
            n1+=1
        else:
            x[i]='2'
print('x:',''.join(list(x)))
print('轮数:',r)
print('1的分子数:',m1)
print(f'1的段数:{n1},2的段数:{n2}')
print(f'1的平均段长:{m1/n1},2的平均段长:{(100-m1)/n2}')
```

其中一次运行的输出结果为：

```
x:
1111122222222222221111111112221112222222112211111222122222222222211111221212221111
11122112211121111111111
轮数： 23
1 的分子数： 51
1 的段数:12,2 的段数:11
1 的平均段长:4.25,2 的平均段长:4.454545454545454
```

在程序中可以修改单体 1 的摩尔分数、竞聚率等来模拟出不同情况下的共聚过程。

9.4.2 邻基反应的模拟

高分子链上相邻侧基在一定条件下会发生邻基反应，如聚乙烯醇缩醛化反应（图 9-6）：

假设：

① 高分子链上每一个羟基都有同样的反应概率；

② 缩醛化在两个相邻羟基间发生；

③ 孤立的羟基将不能再反应；

④ 假定缩醛化反应是不可逆的；

⑤ 有足够多的缩醛化试剂，并反应足够长的时间。

邻基反应是一种概率反应，因此聚乙烯醇的缩醛化程度服从统计规律，当反应了充分长时间后，高分子链上会残留一定数量的孤立羟基，孤立羟基的分布是随机的，但

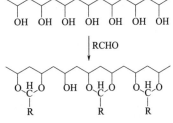

图 9-6 聚乙烯醇缩醛化反应

极限残留率（即极限残留羟基的数量百分比）趋近一个定值，用概率论的方法可得出极限残留率为 e^{-2}。这一问题也可用 Monte Carlo 法来模拟。

设聚乙烯醇链长为 n，有 n 个羟基，将它们依次编号，建立数组 A，初始化为 $A[i]=0$，$i=0，1，\cdots，n-1$。随机产生 $1\sim n-1$ 间的随机整数 a_1，考察 $A[a_1]$ 与 $A[a_1-1]$ 是否同时为 0，若是，则令 $A[a_1]$ 与 $A[a_1-1]$ 同时为 1，表示发生了缩醛化反应；若否，则继续产生随机整数 a_2，考察 $A[a_2]$ 与 $A[a_2-1]$ 是否同时为 0，如此反复。检查数组 A，如不再有相邻两个元素 $A[i]$ 和 $A[i-1]$ 同时为 0，表示缩醛化反应已至极限，统计 0 的数目，求出缩醛化率。

下面的程序完成该过程的模拟，取链长 $n=100$：

```python
import numpy as np
rng=np.random.default_rng()
n=100
a=np.zeros(n,dtype=bool)
unfinished=True
while unfinished:
    k=rng.integers(1,n)
    if all(a[k-1:k+1]==0):a[k-1:k+1]=1
    for i in range(1,n):
        if a[i]==a[i-1]==0:break
    else:unfinished=False
print('The number of residue OH:',n-np.sum(a))
```

其中一次模拟的输出结果为：

```
The number of residue OH:14
```

9.4.3　降解反应的模拟

线型高分子的降解大多具有无规降解的特点，即高分子链上单体间的键的断裂是随机发生的，亦即每个键的断裂概率相等。设高分子的聚合度为 n ，具有 n 个链节，它们由 $n-1$ 个键相连接，设共断裂 m 次，则得到 $m+1$ 个片断，根据键断裂的随机性，由程序产生 m 个从 1 到 n 之间均匀分布的随机整数 l_i 来表示断裂点的坐标，然后将它们从小到大排列，并在左端添 $l_0=0$ ，右端添 $l_{m+1}=n$ ，得到数组：l_0 ，l_1 ，…，l_{m+1} ，然后两两相减得到各片断的聚合度：

$$x_i=l_{i+1}-l_i$$

然后可以按下面的定义计算降解产物的数均聚合度 $\overline{x}_n$ 、重均聚合度 $\overline{x}_w$ 、分子量多分散系数 d ：

$$\overline{x}_n=\frac{\sum_{i=0}^m x_i}{m+1}$$

$$\overline{x}_w=\frac{\sum_{i=0}^m x_i^2}{\sum_{i=0}^m x_i}$$

$$d=\frac{\overline{x}_w}{\overline{x}_n}$$

下面的程序完成该过程的模拟，取初始链长 $n=1000$ ，断裂次数 $m=10$ ：

```python
import numpy as np
rng=np.random.default_rng()

n=1000
m=10
indices=np.arange(1,n)
position=rng.choice(indices,size=m,replace=False)
position=np.insert(position,0,[0,n])
position=np.sort(position)
x=position[1:]-position[:-1]
xn=np.sum(x)/(m+1)
xw=np.sum(x**2)/np.sum(x)
d=xw/xn
print(f'xn:{xn},xw:{xw},d:{d}')
```

其中一次模拟的输出结果为：

```
xn:90.9090909090909,xw:160.25,d:1.76275
```

从以上讨论可以看出，Monte Carlo 模拟具有如下特点：

① 对问题的模拟是通过大量简单的重复抽样来实现的，因而程序的结构十分简单；

② 收敛速度与一般数值方法相比是比较慢的，因而适合于解精度要求不太高的问题；

③ 其误差主要取决于样本的容量，而与样本中元素所在的空间无关，因而更适合于求解多维问题；

④ 求解过程取决于所构造的概率模型，因而对各种问题的适应性很强；

⑤ 对同一问题可以构造不同的概率模型，因而 Monte Carlo 解法不是唯一的。

Monte Carlo 法已成功应用于许多领域，包括确定性问题（如计算多维积分、求逆矩阵、解线性代数方程组、解积分方程等）和随机性问题（如原子核物理问题、动物的生态竞争、传染病的蔓延、运筹学中的库存问题、随机服务系统中的排队问题等）。在化学化工中，Monte Carlo 也有许多成功的应用，如高分子科学研究、分子模拟计算等。

 ## 习题

9.1　编写程序生成 1000 个随机点，它们均匀分布在圆 $x^2 + y^2 = 1$ 内，并统计有多少个点处于第一象限内。

9.2　用 Monte Carlo 法近似求积分 $\int_{-1}^{1}\int_{-1}^{1}\int_{-1}^{1}(x^2 + y^2 + z^2)\mathrm{d}x\mathrm{d}y\mathrm{d}z$ ，并与正确答案比较。

9.3　在半径为 1 的圆内，随机地取一个点，画出以该点为中点的一条弦，这个弦的长度大于 0.5 的概率是多少？利用 Monte Carlo 法求解。

9.4　随机走动问题。　在一个多风的夜晚，一个醉汉从二维坐标系的原点开始走动，他的步长为 1，并按下列方式随机走动：他向东走一步的概率是 1/8，向北走一步的概率是 1/4，向南走一步的概率是 1/4，向西走一步的概率是 3/8，50 步后他离开原点的距离大于 20 的概率是多少？编写一个程序模拟该问题。

9.5　平面上坐标为整数的那些点称为格点。　一个直径为 1.5 的圆按如下方式落在平面上：圆心是正方形 $0 \leqslant x \leqslant 1, 0 \leqslant y \leqslant 1$ 中的一个均匀分布的随机点。　两个或两个以上格点落在圆内部的概率是多少？试用 Monte Carlo 法给出近似答案。

微信扫码，立即获取
课后习题详解

第十章

智能优化算法

传统优化算法如前面介绍的梯度下降算法、单纯形法、复合形法等，在应用于复杂函数特别是多极值点函数优化时往往表现不佳，例如一维 Girewank 函数 ［式（10-1）］ 及二维 Rastrigin 函数 ［式（10-2）］：

$$G(x) = 1 + \frac{x^2}{4000} - \cos(x) \tag{10-1}$$

$$R(x_1, x_2) = 20 + x_1^2 + x_2^2 - 10\cos(2\pi x_1) - 10\cos(2\pi x_2) \tag{10-2}$$

其函数图像如图 10-1 所示。

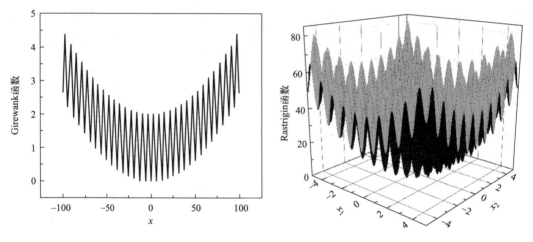

图 10-1　一维 Girewank 函数及二维 Rastrigin 函数图像

Girewank 函数的最小值点在 $x = 0$ 处，Rastrigin 函数的最小值点在 $x = (0，0)$ 位置，但从图 10-1 可以看出，两个函数都存在大量的极值点，如果利用传统优化算法则很容易陷入局部最优点。

针对传统优化算法的不足，人们开发出了很多智能优化方法，如遗传算法、禁忌搜索算法、模拟退火算法、粒子群算法等等，这些方法的思想都来自对某种自然现象的模仿，具有人工智能的特点。另外，大部分算法都起始于一个初始种群，优化过程模拟了种群的进化过程，因此又经常称为进化算法。虽然这些算法仍然不能保证找到全局最优点，但无论是对测试函数还是实际问题中都表现出很强的稳定性，因而获得了广泛的应用。下面我们对遗传算法和粒子群算法进行简单介绍。

10.1 遗传算法

遗传算法（Genetic Algorithm）是由美国密歇根大学的 John H. Holland 教授提出的，为了模拟生物进化的自然选择和遗传学机理而设计的一种优化算法。算法的步骤包括：先随机产生初始种群，对种群中所有个体的适应度进行评估，根据适应度进行选择、交叉、变异操作得到新的个体，由新个体构建新的种群。这个过程可以无限循环下去，一般设置最大迭代次数控制算法的结束，当达到最大迭代次数后，以种群中最优个体作为最优解。

10.1.1 编码方法

种群中的每个个体都对应于解空间中的一个点，为了后续交叉、变异操作的方便，一般将其编码为"染色体"形式。常用的编码方法有二进制编码和实数编码，二进制编码中常用的有自然二进制编码和格雷码，下面以自然二进制编码进行说明。

假设用长度为 l 的二进制数编码一个参数 x，一共有 2^l 个不同的编码，如果 x 取值范围是 $[x_{min}, x_{max}]$，则令编码与参数值的对应关系为：

$$
\begin{aligned}
000\cdots000 &= 0 &&\rightarrow& x_{min} \\
000\cdots001 &= 1 &&\rightarrow& x_{min} + \Delta x \\
\vdots && \vdots &&& \vdots \\
111\cdots111 &= 2^l - 1 &&\rightarrow& x_{max}
\end{aligned}
$$

则二进制编码的精度为：

$$\Delta x = \frac{x_{max} - x_{min}}{2^l - 1} \tag{10-3}$$

如果 x 的精度要求为 eps（如 10^{-6}），则：

$$\frac{x_{max} - x_{min}}{2^l - 1} < \text{eps} \tag{10-4}$$

于是得到编码 x 所需要的二进制数长度为：

$$l \geqslant \log_2 \left(\frac{x_{max} - x_{min}}{\text{eps}} + 1 \right) \tag{10-5}$$

对于任意染色体编码 $b_{l-1} b_{l-2} \cdots b_1 b_0$，其解码公式为：

$$x = x_{min} + \left(\sum_{i=0}^{l-1} b_i 2^i \right) \frac{x_{max} - x_{min}}{2^l - 1} \tag{10-6}$$

如果优化变量有多个，只需要将它们的染色体连接为一个长染色体即可，在解码时按对应位数取出再利用式(10-6)进行解码。

下面编写一个函数 crtbp 用于随机产生初始化种群，输入参数 Nind 为种群中个体数目，Lind 为染色体长度，函数返回染色体矩阵 chrom，其中每一行代表一个个体：

```
import numpy as np
def crtbp(Nind,Lind):
    rng=np.random.default_rng()
```

```
    chrom=rng.integers(0,2,size=(Nind,Lind),dtype=np.int8)
return chrom
if __name__=='__main__':
    Chrom=crtbp(5,10)
    print(Chrom)
```

运行结果为:

```
[[0 0 0 0 0 0 1 1 1 1]
 [1 0 0 0 0 1 1 1 1 0]
 [1 0 0 1 0 0 0 0 0 0]
 [1 1 0 0 1 0 0 1 1 1]]
```

下面再编写一个函数 bs2rv 将染色体矩阵解码为实数,输入参数 chrom 为染色体矩阵,problem 是包含三个元素 length、xmin、xmax 的元组。length、xmin、xmax 均为 numpy 数组,长度与优化变量数目相同,分别表示每个变量的染色体长度、最小值和最大值。函数返回 Phen 为实数表示的种群,每一行为一个实数向量,代表一个个体。

```
def bs2rv(chrom,problem):
    Nind,Lind=np.shape(chrom)
    length,xmin,xmax=problem
    Nvar=np.size(length)
    Phen=np.empty((Nind,Nvar),dtype='float64')
    right=np.cumsum(length)
    left=np.cumsum(np.insert(length,0,0))
    for i in range(Nvar):
        Phen[:,i]=chrom[:,left[i]:right[i]]@(2**np.arange(length[i],dtype=float)[::-1])
        Phen[:,i]=xmin[i]+Phen[:,i]*(xmax[i]-xmin[i])/(2**float(length[i])-1)
return Phen
if __name__=='__main__':
    Chrom=np.array([[0,0,0,0,0,0,1,1,1,1],
                    [1,0,0,0,0,1,1,1,1,0],
                    [1,0,0,1,0,0,0,0,0,0],
                    [1,1,0,0,1,0,0,1,1,1]],dtype=np.int8)
    length=np.array([4,6])
    xmin=np.array([0,0])
    xmax=np.array([10,10])
    problem=(length,xmin,xmax)
    Phen=bs2rv(Chrom,problem)
    print(Phen)
```

运行结果为:

```
[[0.          2.38095238]
 [5.33333333 4.76190476]
 [6.          0.        ]
 [8.          6.19047619]]
```

上面的程序中将 2 的指数转变为实数是为了避免整数溢出。

10.1.2 适应度评估

按照生物进化中物竞天择、适者生存的原理，对环境越适应的生物越有机会延续下去。在遗传算法中也是如此，每个个体的适应度代表了其"优良"程度，适应度越高的个体越容易被选择进行后续交叉操作，从而将其染色体遗传给下一代。

对于函数优化问题而言，适应度应该根据其函数值确定。在对染色体矩阵进行解码后，就可以将每个个体对应的实数向量代入优化函数中获得函数值，函数值越小的个体适应度应该越高。为了后续遗传操作的方便，适应度值应该是非负的，但函数值却未必，因此需要在函数值与适应度之间建立一个变换关系。

一种常用的变换方法是直接根据函数值进行线性变换：

$$F(x_i) = C_{max} - f(x_i) \tag{10-7}$$

其中 C_{max} 可以是预先指定的一个较大的数（大于所有函数值），或者取当前种群中最大的函数值。但这种按函数值线性变换的方法存在一定的风险，比如算法开始的染色体矩阵是随机产生的，于是个体的函数值之间相差很大，以至于少数几个个体的适应度非常高，导致后代全部由它们产生，这不利于维持种群的多样性，易于过早收敛、陷入局部最优，这种情况一般称为早熟现象。

为了避免早熟现象，另一种常用的变换方法是利用函数值排序线性分配适应度：

$$F(x_i) = C - \frac{C}{N-1}\text{argsort}[f(x_i)] \tag{10-7a}$$

式中 C 为选择压差，即将适应度压缩到 $[0, C]$ 的范围，通常取 $C=2$。N 为种群中个体数目。$\text{argsort}[f(x_i)]$ 表示按函数值 $f(x_i)$ 从小到大排序个体 x_i 的序号，取值为 $[0, N-1]$。显然对于函数值最小的个体，其 $\text{argsort}[f(x_i)]=0$，相应地 $F(x_i)=C$；函数值最大的个体，其 $\text{argsort}[f(x_i)] = N-1, F(x_i) = 0$。另外，有时可能出现不同个体的函数值相等的情况，显然它们应该具有相同的适应度，但按照排序它们会处在相连的不同位置，得到不同的适应度，这是不合理的，解决方法是将它们的适应度进行平均后分配给这几个个体。

下面编写 ranking 函数实现适应度评估，采用基于排序的线性分配方法，输入参数 ObjV 为一维向量，储存所有个体的函数值，C 为选择压差。返回 FitnV 为所有个体的适应度。

```
def ranking(ObjV,C=2):
    Nind=np.size(ObjV)
    fitness=C-C*np.arange(Nind)/(Nind-1)
    FitnV=np.empty(Nind,dtype='float64')
    #由于排序不处理 nan,当 ObjV 中存在 nan 时将其设置为 inf
    if np.any(np.isnan(ObjV)):
        #要对 ObjV 进行修改,先进行拷贝
        ObjV=ObjV.copy()
        ObjV[np.isnan(ObjV).nonzero()]=np.inf
    #从小到大排序
    SortedInd=np.argsort(ObjV)
    SortedObj=ObjV[SortedInd]
```

```
#利用 fitness 对适应度进行赋值,注意,Obj 相同的基因其适应度应该相同
i=0
FitnV=np.zeros(Nind,dtype='float64')
for j in np.append(np.nonzero(SortedObj[:-1]!=SortedObj[1:]),Nind-1):
    FitnV[i:j+1]=sum(fitness[i:j+1])/(j-i+1)
    i=j+1
FitnV=FitnV[np.argsort(SortedInd)]
return FitnV
if __name__=='__main__':
    ObjV=np.array([2,4,1,5,3])
    print(ranking(ObjV))
```

运行结果为:

```
[1.5 0.5 2.   0.   1. ]
```

10.1.3 选择

选择操作即按照个体适应度从种群中选择出一定数量的个体进行后续的交叉及变异操作,以产生下一代染色体。通常采用比例选择或称轮盘赌选择方法,这样个体被选择的概率与其适应度成正比。个体 x_i 被选择的概率依据其适应度 $F(x_i)$ 计算:

$$P(x_i)=\frac{F(x_i)}{\sum_{i=0}^{N-1}F(x_i)} \tag{10-8}$$

式中 N 为种群中个体数目。然后计算累积概率 q_i:

$$q_i=\sum_{j=0}^{i}P(x_j) \tag{10-9}$$

最后产生 $[0,1)$ 之间的随机数 r,看它落在累积概率的哪个区间则选择相对应的个体。比如当 $q_i>r\geqslant q_{i-1}$,则选择 x_i;当 $q_0>r\geqslant 0$,选择 x_0。

例如一个种群中包含 5 个染色体,其适应度值分别为 1.5、0.5、2.0、0、1.0。则按照式(10-8)可计算出其选择概率为:

$$P(\boldsymbol{x})=\frac{[1.5,0.5,2.0,0,1.0]}{1.5+0.5+2.0+0+1.0}=[0.3,0.1,0.4,0,0.2]$$

相应地,累积概率为:

$$\boldsymbol{q}=[0.3,0.4,0.8,0.8,1.0]$$

累积概率示意图如图 10-2 所示,当产生的随机数 $r<0.3$ 时选择 x_0,当 r 落在 $[q_{i-1},q_i)$ 区间,则选择 x_i。由于 $q_2=q_3$,x_3 从不会被选择。

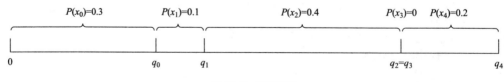

图 10-2 累积概率

采用这种轮盘赌选择策略,适应度越高的个体被选择的概率也会越高,但由于选择中的随机性,适应度最高的个体仍然有可能未被选中,从而造成优良染色体的丢失。为了避免这

种情况，可以设置一个代沟 G_{gap}，即只选择 $G_{gap} \times N$ 个染色体进行交叉及变异产生下一代，并把当前种群中适应度最高的 $(1-G_{gap}) \times N$ 个染色体直接复制到下一代，这样可以保证在迭代过程中，最优个体的函数值单调减小，避免出现震荡现象。同时注意到 G_{gap} 的值不宜设置太低，否则将会降低优化过程效率，增大陷入局部最优的风险，一般 G_{gap} 的值设置在 $0.8 \sim 1$ 之间。

下面编写选择函数 select，其输入参数 Chrom 为染色体矩阵，FitnV 为适应度向量，Ggap 为代沟，返回选择出的染色体矩阵：

```
def select(Chrom,FitnV,Ggap=0.9):
    Nind=np.size(FitnV)
    SelNind=np.round(Nind*Ggap).astype(int)//2*2 #使 SelNind 为偶数
    cumProb=np.cumsum(FitnV)/np.sum(FitnV)
    rng=np.random.default_rng()
    MatProb=np.tile(cumProb,(SelNind,1)).T
    MatRand=np.tile(rng.random(SelNind),(Nind,1))
    SelInd=((MatRand>=np.insert(MatProb,0,0,axis=0)[:-1,:])
            *(MatRand<MatProb)).nonzero()[0]
    SelChrom=Chrom[SelInd]
    return SelChrom

if __name__=='__main__':
    Chrom=np.array([[0,0,0,0],
                    [0,0,0,1],
                    [0,0,1,0],
                    [0,1,0,0],
                    [1,0,0,0]],dtype=np.int8)
    FitnV=np.array([1.5,1.0,0.5,2.0,0.0])
    print(select(Chrom,FitnV))
```

运行结果为：

```
[[0 0 0 1]
 [0 0 1 0]
 [0 1 0 0]
 [0 1 0 0]]
```

10.1.4 交叉

交叉是遗传算法中产生新个体的主要操作过程，它以一定的概率相互交换两个个体的部分染色体。交叉有单点交叉、多点交叉及洗牌交叉等不同方法，以单点交叉为例，对两条配对的染色体，可以称为父染色体和母染色体，随机产生一个位置，然后对父母染色体中该位置之后的部分进行互换，从而得到两条新的染色体。

下面编写交叉函数 crossover，其输入参数 OldChrom 为待交叉染色体矩阵，CrossRate 为交叉概率，函数返回交叉后的染色体矩阵。

```
def crossover(OldChrom,CrossRate=0.7):
    NewChrom=np.empty_like(OldChrom)
    Nind,Lind=np.shape(OldChrom)
    rng=np.random.default_rng()

    NCross=Nind//2
    DoCross=rng.random(NCross)<CrossRate
    father=np.arange(0,Nind-1,2)
    mother=np.arange(1,Nind,2)
    #Mask矩阵指定交叉位置,False不交叉,True交叉
    Mask=np.tile(np.arange(Lind),(NCross,1))
    crosspoint=np.tile(rng.random(size=(NCross,1))*(Lind-1),(1,Lind))
    Mask=(Mask>=crosspoint)*np.tile(DoCross.reshape(-1,1),(1,Lind))
    #交叉
    NewChrom[father,:]=OldChrom[father,:]*(~Mask)+OldChrom[mother,:]*Mask
    NewChrom[mother,:]=OldChrom[father,:]*Mask+OldChrom[mother,:]*(~Mask)
    if Nind>2*NCross:NewChrom[-1]=OldChrom[-1]
    return NewChrom
if __name__=='__main__':
    Chrom=np.array([[0,0,0,0],
                    [0,0,0,1],
                    [0,0,1,0],
                    [1,0,0,0]],dtype=np.int8)
    print(crossover(Chrom))
```

运行结果为:

```
[[0 0 0 1]
 [0 0 0 0]
 [0 0 0 0]
 [1 0 1 0]]
```

10.1.5 变异

变异就是将染色体中某些位置的基因进行改变,对二进制编码而言,即 0 翻转为 1 或 1 翻转为 0。虽然交叉是产生新个体的主要方式,但新个体的基因都是从上一代遗传而来,而变异操作可以实现基因的突变,有利增强种群的多样性。变异在自然界中也是普遍存在的,但依据统计规律,大部分变异都将产生不利的结果,比如疾病,但正是极少数有利的变异推动着物种由低到高不断地演化。因此,变异是需要的,但变异率不宜太高,在遗传算法中,通常设置变异率为 $0.0001 \sim 0.1$ 之间。

下面编写变异函数,其输入参数 OldChrom 为染色体矩阵,MutRate 为变异率,返回变异后的染色体矩阵。

```
def mut(OldChrom,MutRate=0.05):
    Nind,Lind=np.shape(OldChrom)
    rng=np.random.default_rng()
    NewChrom=np.remainder(OldChrom+(rng.random(size=(Nind,Lind))<MutRate),
```

```
                        2).astype(np.int8)
    return NewChrom
if __name__=='__main__':
    Chrom=np.array([[0,0,0,0],
                    [0,0,0,1],
                    [0,0,1,0],
                    [1,0,0,0]],dtype=np.int8)
    print(mut(Chrom))
```

运行结果为：

```
[[0 0 0 1]
 [0 0 0 0]
 [0 0 0 0]
 [1 0 1 0]]
```

最后我们编写遗传算法运行的主要函数 run，其输入参数 fun 为优化目标函数；Nvar 为优化变量数目；Xmin 和 Xmax 为优化变量的最小值和最大值，可以是标量或数组；eps 为精度要求；args 收集需要传递给 fun 的其他参数，默认为空元组；Chrom 为染色体矩阵，默认为 None，此时由程序随机产生染色体矩阵。也可以将程序运行的中间结果贮存起来，需要的时候传递给 Chrom 参数以继续优化；Nind 为种群中个体数目；Maxgen 为最大迭代次数；Ggap 为代沟；CrossRate 为交叉概率；MuteRate 为变异概率。函数返回包括四个元素的元组：Y 为优化得到的最小函数值；X 为 Y 所对应的优化变量值；trace 为包含两行数据的数组，其第一行 trace[0,:] 为每一代的最小函数值，第二行 trace[1,:] 为每一代的平均函数值；Chrom 为优化结束时的染色体矩阵，以方便作为初值传递给 run 函数继续优化。

```
def run(fun,Nvar,Xmin,Xmax,Prec=1e-8,args=(),Chrom=None,Nind=20,
        Maxgen=500,Ggap=0.9,CrossRate=0.7,MutRate=0.05):
    if np.isscalar(Xmin):Xmin=np.array([Xmin]*Nvar,dtype=float)
    else:Xmin=np.asarray(Xmin)
    if np.isscalar(Xmax):Xmax=np.array([Xmax]*Nvar,dtype=float)
    else:Xmax=np.asarray(Xmax)
    if np.isscalar(Prec):Prec=np.array([Prec]*Nvar,dtype=float)
    else:Prec=np.asanyarray(Prec)

    length=np.log2((Xmax-Xmin)/Prec+1)
    length=np.ceil(length).astype(int)
    problem=(length,Xmin,Xmax)
    trace=np.empty((2,Maxgen),dtype=float)
    if not Chrom:Chrom=crtbp(Nind,np.sum(length))
    variable=bs2rv(Chrom,problem)
    ObjV=np.empty(Nind,dtype=float)
    for ind,x in enumerate(variable):ObjV[ind]=fun(x,*args)

    for gen in range(Maxgen):
        FitnV=ranking(ObjV)
        SelChrom=select(Chrom,FitnV,Ggap)
        SelChrom=crossover(SelChrom,CrossRate)
```

```
            SelChrom=mut(SelChrom,MutRate)
            Selvariable=bs2rv(SelChrom,problem)
            SelNind=np. shape(Selvariable)[0]
            SelObjV=np. empty(SelNind,dtype=float)
            for ind,x in enumerate(Selvariable):SelObjV[ind]=fun(x,*args)

            NRemain=Nind-SelNind
            IndRemain=np. argsort(ObjV)[:NRemain]
            Chrom=np. vstack((Chrom[IndRemain],SelChrom))
            variable=np. vstack((variable[IndRemain],Selvariable))
            ObjV=np. hstack((ObjV[IndRemain],SelObjV))

            YminInd=np. argmin(ObjV)
            trace[:,gen]=ObjV[YminInd],np. mean(ObjV)
        return ObjV[YminInd],variable[YminInd],trace,Chrom
if __name__=='__main__':
    def g(x):return 1+x*x/4000-np. cos(x)
    Y,X,trace,Chrom=run(g,1,-100,100,Nind=28,Maxgen=200)
print(Y,X)
```

运行结果为：

```
Ymin=0. 0,Xopt=[-2. 91038305e-09]
```

在主程序中，以一维 Girewank 函数为例，利用种群容量为 28 的遗传算法优化其在 [−100，100] 之间的最小值，可以看到，遗传算法找到了全局最优点。

为了程序的完整性，我们将上面所建立的所有函数都放在同一个文件 ga. py 中，其完整代码请扫码阅读。

遗传算法程序 ga. py 的
完整代码

【例 10-1】 利用遗传算法优化二维 Rastrigin 函数即式(10-2) 的最小值点，两个自变量都介于 [−10，10] 之间。

解 编写求解程序如下：

```
import numpy as np
import ga
def r(x):return (20+x[0]*x[0]+x[1]*x[1]-10*np. cos(2*np. pi*x[0])
                -10*np. cos(2*np. pi*x[1]))
Ymin,Xopt,trace,Chrom=ga. run(r,2,-10,10,Nind=28,Maxgen=200)
print(f'Ymin:{Ymin},Xopt:{Xopt}')
```

运行结果为：

```
Ymin:1. 5012879828191217e-10,Xopt:[-5. 91389835e-07   6. 37955964e-07]
```

【例 10-2】 利用遗传算法求解例 8-9 中保温层厚度 δ_1 与 δ_2。

解 在例 8-9 中已经建立优化目标函数：

$$\min F(\delta_1,\delta_2)=0. 15552Q+250\pi(d_0+\delta_1)\delta_1+312. 5\pi(d_0+2\delta_1+\delta_2)\delta_2$$

其中：

$$\frac{Q}{A} = \pi d_1 \frac{723 - 303}{\dfrac{\delta_1}{\lambda_1} + \dfrac{\delta_2}{\lambda_2} + \dfrac{1}{\alpha}}$$

$$d_1 = d_0 + 2(\delta_1 + \delta_2)$$

已知 $d_0 = 0.3\text{m}$，$\alpha = 11.6\text{W/(m}^2 \cdot \text{K)}$，$\lambda_1 = 0.07\text{W/(m} \cdot \text{K)}$，$\lambda_2 = 0.05\text{W/(m} \cdot \text{K)}$。
另外存在一隐式约束条件：

$$\delta_2 \leqslant \delta_1$$

我们利用惩罚函数法将隐式约束写入到目标函数中，即当 $\delta_1 < \delta_2$ 时，在目标函数中增加一项 $10^9(\delta_2 - \delta_1)$，编写求解程序如下：

```
import numpy as np
import ga
def f(x,d0,alpha,lamda1,lamda2):
    d1=d0+2*(x[0]+x[1])
    Q=np.pi*d1*(723-303)/(x[0]/lamda1+x[1]/lamda2+1/alpha)
    s=(0.15552*Q+250*np.pi*(d0+x[0])*x[0]+312.5*np.pi*(d0+
            2*x[0]+x[1])*x[1])+1e9*(x[1]-x[0])*(x[0]<x[1])
    return s

d0=0.3
alpha=11.6
lamda1,lamda2=0.07,0.05
Ymin,Xopt,trace,Chrom=ga.run(f,2,0,10,Prec=1e-9,Nind=100,Maxgen=2000,
                                args=(d0,alpha,lamda1,lamda2))
print(f'Ymin:{Ymin},Xopt:{Xopt}')
```

运行结果为：

```
Ymin:91.759872867713,Xopt:[0.04272461 0.04272461]
```

10.2　粒子群优化算法

粒子群优化（Particl Swarm Optimization）算法是由 James Kennedy 和 Russell Eberhart 在 1995 年提出的，该算法基于对鸟群觅食行为的观察，人们认为在鸟群觅食过程中，个体会受益于其他个体的经验，体现出很强的社会性行为。受此启发，在粒子群优化算法中，粒子的移动也会受到群体经验的影响。

对于函数优化问题而言，一个粒子即为优化空间中的一个点，假设有 D 个变量需要优化，则粒子即为 D 维空间中的点。在优化搜索过程中，粒子会根据个体经验及群体经验调整其位置和速度，假设在第 n 次迭代中粒子 m 的位置和速度分别以 $P_m^n = [p_{m,0}^n, \ p_{m,1}^n, \ \cdots,$ $p_{m,D-1}^n]$ 和 $V_m^n = [v_{m,0}^n, \ v_{m,1}^n, \ \cdots, \ v_{m,D-1}^n]$ 表示，粒子 m 的个体历史最优为 $Pb_m = [pb_{m,0}, \ pb_{m,1}, \ \cdots, \ pb_{m,D-1}]$，整个群体的历史最优为 $Gb = [gb_0, \ gb_1, \ \cdots, \ gb_{D-1}]$。在粒子群优化过程中，粒子 m 根据式(10-10)、式(10-11) 调整其速度及位置：

$$V_m^{n+1} = wV_m^n + c_1 r_1 (Pb_m - P_m^n) + c_2 r_2 (Gb - P_m^n) \tag{10-10}$$

$$P_m^{n+1} = P_m^n + V_m^{n+1} \tag{10-11}$$

其中 w 为惯性权重，它体现了当前迭代速度对下一轮迭代速度的影响程度。一般来讲，增大 w 有利于提高算法的全局搜索能力，而减小 w 有利于提高局部搜索性能，通常取 $w=0.8$。c_1 和 c_2 为加速因子，它们体现了个体经验及群体经验的影响程度，增大 c_1 强化向着个体历史最优 Pb_m 的方向搜索，增大 c_2 则强化向着群体历史最优 Gb 的方向搜索，通常取 $c_1=c_2=2.0$。r_1 和 r_2 为 $[0，1)$ 之间的随机数，其目的是增加随机扰动，从而有利于增强群体的多样性。

在粒子群优化算法的开始，随机产生群体中各粒子的位置及速度，然后按式(10-10) 和式(10-11) 不断迭代，一般通过设置最大迭代次数终止算法，其程序流程如图 10-3 所示。

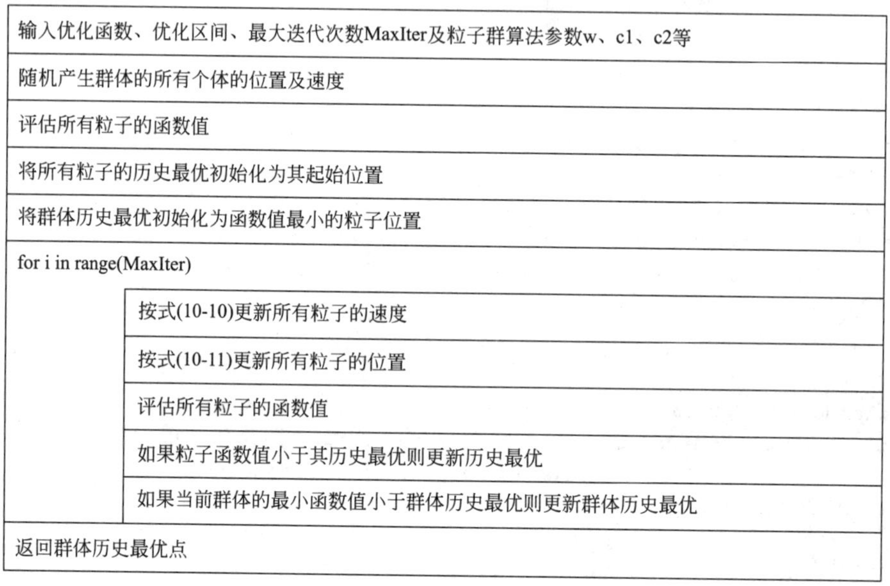

输入优化函数、优化区间、最大迭代次数MaxIter及粒子群算法参数w、c1、c2等
随机产生群体的所有个体的位置及速度
评估所有粒子的函数值
将所有粒子的历史最优初始化为其起始位置
将群体历史最优初始化为函数值最小的粒子位置
for i in range(MaxIter)
按式(10-10)更新所有粒子的速度
按式(10-11)更新所有粒子的位置
评估所有粒子的函数值
如果粒子函数值小于其历史最优则更新历史最优
如果当前群体的最小函数值小于群体历史最优则更新群体历史最优
返回群体历史最优点

图 10-3 粒子群优化算法程序流程

下面编写粒子群优化算法函数，输入参数 fun 为优化目标函数；Nvar 为优化变量数目；Xmin 为最小值；Xmax 为最大值；args 为需要传递到 fun 的额外参数构成的元组；position 为群体位置，默认为 None，此时随机产生初始位置；PopSize 为群体中个体数目；MaxIter 为最大迭代次数；w 为惯性因子，默认值为 0.8；c1 和 c2 为加速因子，默认值为 2.0；punish 为惩罚项因子，由于粒子位置的更新公式并无法保证粒子新位置在可行区域内，因此当粒子位置在可行区域之外时，在函数中增加一个惩罚项。建立 PSO.py 文件，键入如下代码：

```python
import numpy as np
def PSO(fun,Nvar,Xmin,Xmax,args=(),position=None,PopSize=20,
        MaxIter=500,w=0.8,c1=2.0,c2=2.0,punish=1e6):
    if np.isscalar(Xmin):Xmin=np.array([Xmin]*Nvar,dtype=float)
    else:Xmin=np.asarray(Xmin,dtype=float)
    if np.isscalar(Xmax):Xmax=np.array([Xmax]*Nvar,dtype=float)
    else:Xmax=np.array(Xmax,dtype=float)

    interval=Xmax-Xmin
    rng=np.random.default_rng()
```

```
        position=Xmin+interval*rng.random((PopSize,Nvar))
        velocity=(-interval+2*interval*rng.random((PopSize,Nvar)))

        fun_values=np.empty(PopSize,dtype=float)
        for i in range(PopSize):fun_values[i]=fun(position[i],*args)
        pBestX=position.copy()
        pBestY=fun_values.copy()
        best_ind=np.argmin(fun_values)
        gBestX=position[best_ind].copy()
        gBestY=fun_values[best_ind]
        trace=np.empty(MaxIter,dtype=float)

        for i in range(MaxIter):
            velocity=(w*velocity+
                        c1*rng.random((PopSize,Nvar))*(pBestX-position)+
                        c2*rng.random((PopSize,Nvar))*(gBestX-position))
            position+=velocity
            for j in range(PopSize):
                fun_values[j]=(fun(position[j],*args)+
                    punish*np.sum((position[j]<Xmin)*(Xmin-position[j]))+
                    punish*np.sum((position[j]>Xmax)*(position[j]-Xmax)))
            #更新 pBest 和 gBest
            pBestX[fun_values<pBestY]=position[fun_values<pBestY]
            pBestY[fun_values<pBestY]=fun_values[fun_values<pBestY]
            best_ind=np.argmin(pBestY)
            if pBestY[best_ind]<gBestY:
                gBestX[:],gBestY=position[best_ind],pBestY[best_ind]
            trace[i]=gBestY
        return gBestY,gBestX,trace,position
if __name__=='__main__':
    import matplotlib.pyplot as plt
    def r(x):return (20+x[0]*x[0]+x[1]*x[1]-10*np.cos(2*np.pi*x[0])
                    -10*np.cos(2*np.pi*x[1]))
    Y,X,trace,pop=PSO(r,2,-10,10,MaxIter=1000)
    print('Best point:',X)
    print('Ymin:',Y)
    plt.plot(trace)
    plt.xlabel('Iteration')
    plt.ylabel('y')
    plt.show()
```

运行结果为：

```
Best point:[-3.62137098e-09 1.62951061e-09]
Ymin:1.7763568394002505e-15
```

在主程序中，对二维 Rastrigin 函数进行优化，并打印优化函数值随迭代过程的变化情况，输出图形如图 10-4 所示。

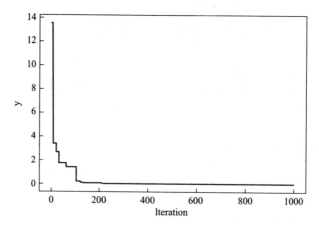

图 10-4　粒子群优化算法优化二维 Rastrigin 函数最小目标函数随迭代次数的变化

【例 10-3】　利用粒子群优化算法优化求例 8-6 中的安托万参数。

解　在例 8-6 中已建立优化目标函数：

$$f(A,B,C) = \sum_{i=0}^{n-1} \left[\ln p_i^0 - \left(A - \frac{B}{C+T_i} \right) \right]^2$$

取 A、B、C 的搜索范围分别为：$A \in [0, 100]$，$B \in [0, 10000]$，$C \in [-100, 100]$，编写程序如下：

```
import numpy as np
from PSO import PSO
def f(x,t,p):
    return np.sum((np.log(p)-x[0]+x[1]/(x[2]+t))**2)
t=np.array([273.15,283.15,293.15,303.15,313.15,323.15,
            333.15,343.15,353.15,363.15,373.15,383.15])
p=np.array([3.51,6.07,10.03,15.91,24.37,36.17,
            52.19,73.44,101.01,136.12,180.05,234.16])
Xmin=np.array([0,0,-100])
Xmax=np.array([100,10000,100])
X,Y,trace,_=PSO(f,3,Xmin,Xmax,args=(t,p),w=0.7,
               PopSize=256,MaxIter=20000)
print('Best point:',X)
print('Ymin:',Y)
```

运行结果为：

```
Best point:[  13.87880183 2784.57950078  -52.55334165]
Ymin:  2.891844656014252e-07
```

10.3　利用 geatpy 模块进行遗传算法优化

geatpy 模块是一个高效的遗传算法工具箱，最初由华南农业大学、暨南大学、华南理工大学的学生团队开发，目前由香港中文大学（深圳校区）维护。

要安装 geatpy 模块，通过在控制台执行如下命令：

```
>pip install geatpy
```

geatpy 模块实现了大量遗传算法函数，下面介绍几个常用的函数：

（1）crtbp 函数用于创建二进制染色体矩阵，其用法为：

```
crtbp(Nind,Lind)
```

主要参数

① Nind 为种群中个体数目。

② Lind 为染色体总长度。

输出参数：染色体矩阵。

（2）bs2ri 函数用于将染色体矩阵解码为实数矩阵，其用法为：

```
bs2ri(Chrom,FieldD)
```

主要参数

① Chrom 为染色体矩阵。

② FieldD 为 numpy 数组，包含［lens，lb，ub，codes，scales，lbin，ubin，varTypes］，其中 lens 为每个优化变量在染色体中所点长度，要求不大于 31；lb 为每个变量的下界；ub 为每个变量的上界；codes 为编码方式，0 为自然二进制编码，1 为格雷码；scales 为子串刻度类型，0 为算术刻度，1 为对数刻度；lbin 与 ubin 指明可行区域是否包含边界，0 表示不包括边界，1 表示包括边界；varTypes 指明变量是连续型还是离散型，0 表示连续，1 表示离散。

输出参数：种群的实数矩阵。

（3）ranking 函数用于适应度评估，其用法为：

```
ranking(ObjV,CV=None,maxormins=None,RM=0,SP=2,Mask=None)
```

主要参数

① ObjV 是保存个体函数值的列向量。

② CV 为个体违反约束程度矩阵。

③ maxormins 为一维 numpy 数组，指明每个优化目标函数是最小化还是最大化，1 表示最小化，-1 表示最大化。

④ RM 为排序方式，0 表示线性排序，1 表示非线性排序。

⑤ SP 为选择压差；

⑥ Mask 用于指定适应度的计算方式，当 Mask 不为 None 时，RM 和 SP 参数将失效。

输出参数：种群中个体适应度的列向量。

（4）selecting 函数用于选择操作，其用法为：

```
selecting(SEL_F,FitnV_N,NSel=None,params2=None,Parallel=False)
```

主要参数

① SEL _ F 为字符串，指出低级选择函数名称，可选值包括'dup '（基于适应度排序的直接复制选择）、'ecs '（精英复制选择）、'etour '（精英保留锦标赛选择）、'otos '（一对一生存者选择）、'rcs '（随机补偿选择）、'rps '（随机排列选择）、'rws '（轮盘赌选择）、'sus '（随机抽样

选择）、'tour'（锦标赛选择）、'urs'（完全随机选择）。

②FitnV_N 有两种可能，当它为 numpy 列向量时表示适应度，当它为整数时，表示种群中个体数，此时默认适应度为 FitnV_N*1 的元素全为 1 的列向量。

③NSel：当 NSel 取值为（0，1）时表示代沟，即选择个体数占种群总数的比例；当 NSel＞1 时表示选择的个体数，默认为 None，此时选择个体数等于种群总数。

输出参数：包含选择个体索引的数组。

（5）recombin 函数用于交叉操作，其用法为：

```
recombin(REC_F,Chrom,RecOpt=0.7)
```

主要参数

①REC_F 为字符串，指出低级交叉函数名称，可选值包括'xovbd'（二项式分布交叉）、'xovdp'（两点交叉）、'xovexp'（指数交叉）、'xovox'（顺序交叉）、'xovpmx'（部分匹配交叉）、'xovsec'（洗牌指数交叉）、'xovsh'（洗牌交叉）、'xovsp'（单点交叉）、'xovud'（均匀分布交叉）。

②Chrom 为用于交叉的染色体矩阵。

③RecOpt 为交叉概率，默认值为 0.7。

输出参数：交叉后的染色体矩阵。

（6）mutate 函数用于变异操作，其用法为：

```
mutate(MUT_F,Encoding,OldChrom)
```

主要参数

①MUT_F 为字符串，指出低级变异函数名称，可选值包括'mutbga'（实值变异算子）、'mutbin'（二进制变异算子）、'mutde'（差分变异算子）、'mutgau'（高斯变异算子）、'mutinv'（染色体片段逆转变异算子）、'mutmove'（染色体片段移位变异算子）、'mutpolyn'（多项式变异算子）、'mutpp'（排列编码种群染色体变异算子）、'mutswap'（染色体两点互换变异算子）、'mutuni'（均匀变异算子）。

②Encoding 为字符串，指明染色体编码方式，可选值包括'BG'（二进制编码包括格雷码）、'RI'（实数编码包括整数编码）、'P'（排列编码）。

③OldChrom 待变异的染色体矩阵。

输出参数：变异后的染色体矩阵。

下面利用 geatpy 模块编写遗传算法程序实现二维 Rastrigin 函数的优化：

```
import numpy as np
import geatpy as ea
def r(x):return (20+x[0]*x[0]+x[1]*x[1]-10*np.cos(2*np.pi*x[0])
                -10*np.cos(2*np.pi*x[1]))
Nvar,MaxGen,Ggap=2,500,0.9
length=np.array([30]*Nvar)
lb=np.array([-10]*Nvar)
ub=np.array([10]*Nvar)
codes=scales=np.array([0]*Nvar)
lbin=ubin=np.array([1]*Nvar)
```

```
varTypes=np.array([0]*Nvar)
FieldD=np.array([length,lb,ub,codes,scales,lbin,ubin,varTypes])
Nind=28
Lind=int(np.sum(length))
Chrom=ea.crtbp(Nind,Lind)
variable=ea.bs2ri(Chrom,FieldD)
ObjV=r(variable.T).reshape(-1,1)
trace=[np.min(ObjV)]

for gen in range(MaxGen):
    FitnV=ea.ranking(ObjV)
    NSel=round(Nind*Ggap)
    SelChrom=Chrom[ea.selecting('rws',FitnV,NSel)]
    SelChrom=ea.recombin('xovdp',SelChrom)
    SelChrom=ea.mutate('mutbin','BG',SelChrom)
    Chrom=np.vstack((Chrom[np.argsort(ObjV.reshape(1,-1)[0])[:Nind-NSel]],SelChrom))
    variable=ea.bs2ri(Chrom,FieldD)
    ObjV=r(variable.T).reshape(-1,1)
    best_ind=np.argmin(ObjV)
    best_X=variable[best_ind]
    best_Y=ObjV[best_ind,0]
    trace.append(best_Y)
print('Best X:',best_X)
print('Ymin:',best_Y)
```

运行结果为：

```
Best X:  [-9.31322575e-09-9.31322575e-09]
Ymin:  3.197442310920451e-14
```

  geatpy 模块不仅可用于单个函数的优化，也可用于多种群、多目标的优化，还可实现并行计算来提高优化过程效率，另外 geatpy 模块还实现了类的封装，可以面向对象的方式进行编程，请参考 http://www.geatpy.com 网站，具有中文帮助文档。

10.4　利用 scikit-opt 模块实现智能优化算法

  scikit-opt 模块中实现了多种智能优化算法，包括遗传算法、粒子群算法、差分进化算法、模拟退火算法、蚁群算法，免疫算法及人工鱼群算法。
  要安装 scikit-opt 模块，在控制台执行下述命令：

```
>pip install scikit-opt
```

10.4.1　scikit-opt 模块中的遗传算法

  要使用遗传算法，先导入遗传算法的类：

```
import sko.GA
```

GA 的构造函数用法如下：

```
GA(func,n_dim,size_pop=50,max_iter=200,prob_mut=0.001,lb=-1,ub=1,constraint_eq=
(),constraint_ueq=(),precision=1e-07)
```

主要参数

① func 为优化目标函数。

② n_dim 为优化变量数目。

③ size_pop 为种群中个体数目。

④ max_iter 为最大迭代次数。

⑤ prob_mut 为变异概率。

⑥ lb、ub 分别为下界和上界。

⑦ constraint_eq、constraint_ueq 为等式及不等式约束条件。

⑧ precision 为精度要求。

GA 的主要方法包括 run（进行遗传算法的优化）、chrom2x（将染色体矩阵转换为实数矩阵）、crossover（交叉算子）、crtbp（创建染色体矩阵）、mutation（变异算子）、ranking（适应度评估）、selection（选择算子）等。

下面利用 scikit-opt 模块进行优化一维 Girewank 及二维 Rastrigin 函数，编写代码如下：

```
import numpy as np
from sko.GA import GA

def g(x):return 1+x[0]*x[0]/4000-np.cos(x[0])
def r(x):return (20+x[0]*x[0]+x[1]*x[1]-10*np.cos(2*np.pi*x[0])
                -10*np.cos(2*np.pi*x[1]))

ga1=GA(g,1,20,200,prob_mut=0.02,lb=-100,ub=100)
ga2=GA(r,2,20,500,prob_mut=0.02,lb=-10,ub=10)
gx,gy=ga1.run()
rx,ry=ga2.run()
print(f'Girewank,Best X:{gx},Ymin:{gy}')
print(f'Rastrigin,,Best X:{rx},Ymin:{ry}')
```

运行结果为：

```
Girewank,Best X:[-4.65661287e-08],Ymin:[1.11022302e-15]
Rastrigin,,Best X:[-3.35276129e-07  2.60770321e-07],Ymin:[3.5791814e-11]
```

注意其中一维 Girewank 函数虽然只有一个优化变量，但也需要写成向量形式。

10.4.2　scikit-opt 模块中的粒子群算法

要使用粒子群算法，先导入粒子群算法的类：

```
from sko.PSO import PSO
```

PSO 的构造函数用法如下：

```
PSO(func,n_dim=None,pop=40,max_iter=150,lb=-100000.0,ub=100000.0,w=0.8,c1=0.5,c2
=0.5,constraint_eq=(),constraint_ueq=())
```

大部分参数都与 GA 类相同，新增参数 w 为惯性权重、c1 和 c2 为加速因子。

PSO 的主要方法是 run，进行迭代优化。下面利用粒子群算法优化二维 Rastrigin 函数，编写代码如下：

```
import numpy as np
from sko.PSO import PSO
def r(x):return (20+x[0]*x[0]+x[1]*x[1]-10*np.cos(2*np.pi*x[0])
                -10*np.cos(2*np.pi*x[1]))
p=PSO(r,2,20,200,lb=-10,ub=10)
x,y=p.run()
print(f'Best X:{x},Ymin:{y}')
```

运行结果为：

```
Best X:[-1.26999841e-09 6.49687977e-10],Ymin:[0.]
```

从上面的实例可以看出，scikit-opt 模块对算法进行比较好的封装，需要用户编写的代码量很少。如果模块提供的函数不能满足要求时，用户可以定义自己的函数，另外还可通过并行计算及 GPU 加速提高运行效率，具体请参考 https://scikit-opt.github.io/scikit-opt/#/zh/。

 习题

10.1　利用遗传算法优化一维 Rastrigin 函数 $R(x)=10+x^2-10\cos(2\pi x)$ 在 $[-5,5]$ 范围内的最小值。

10.2　利用遗传算法优化二维 Girewank 函数在 $|x_i|\leqslant 100$ 范围的最小值：

$$G(x_1,x_2)=1+\frac{x_1^2+x_2^2}{4000}-\cos(x_1)\cos\left(\frac{x_2}{\sqrt{2}}\right)$$

10.3　利用粒子群算法优化习题 10.1 中一维 Rastrigin 函数最小值，取种群规模为 10，迭代次数为 200，惯性因子分别为 0.4 和 0.8，绘制优化过程曲线。

10.4　利用粒子群算法优化二维 Rosenbrock 函数在 $|x_i|\leqslant 30$ 范围的最小值：

$$f(x_1,x_2)=100(x_2-x_1^2)^2+(1-x_1)^2$$

10.5　分别利用遗传算法和粒子群算法优化如下函数在 $x_1\in[0,5]$，$x_2\in[-5,5]$ 范围内的最小值点：

$$f(x_1,x_2)=4x_1^2-2.1x_1^4+x_1^6/3+x_1x_2-4x_2^2+4x_2^4$$

10.6　工厂中对换热网络进行优化可以减少热损失、减少碳排放、增加经济效益。某厂欲利用本厂废热来加热原料，通过建模得到所需要传热面积为：

$$A=\frac{10^5(T_1-100)}{120(300-T_1)}+\frac{10^5(T_2-T_1)}{80(400-T_2)}+\frac{10^5(500-T_2)}{4000}$$

要求 $100\leqslant T_1\leqslant 300,T_1\leqslant T_2\leqslant 400$。试分别利用遗传算法和粒子群算法优化最小传热面积。

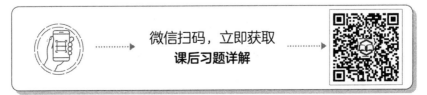
微信扫码，立即获取
课后习题详解

参考文献

[1] 姚传义. 数值分析. 北京：中国轻工业出版社，2009.

[2] 朱开宏，袁渭康. 学术上有深度 应用上有价值——化学反应工程分析课程教学的回顾与思考. 化工高等教育，2004（3）：34-37.

[3] 姚传义. 面向应用提高数值分析课程教学效果. 化工高等教育，2007（2）：39-41.

[4] Lutz M. Python 学习手册：原书第 5 版. 秦鹤，林明，译. 北京：机械工业出版社，2018.

[5] Campbell J，Gries P，Montojo J，et al. Python 编程实践. 唐学韬，等译. 北京：机械工业出版社，2012.

[6] 周志刚. 数值计算方法. 北京：科学出版社，2021.

[7] 罗伯特·约翰逊. Python 科学计算和数据科学应用. 2 版. 黄强，译. 北京：清华大学出版社，2020.

[8] 安妮·戈林鲍姆，蒂莫西 P. 夏蒂埃. 数值方法：设计、分析和算法实现. 吴兆金，王国英，范红军，译. 北京：机械工业出版社，2016.

[9] 同济大学计算数学教研室. 现代数值计算. 2 版. 北京：人民邮电出版社，2014.

[10] 周爱月，李士雨. 化工数学. 3 版. 北京：化学工业出版社，2011.

[11] 钟秦，俞马宏. 化工数值计算. 2 版. 北京：化学工业出版社，2014.

[12] 王明辉，张静源，韩银环. 工科数值分析. 北京：电子工业出版社，2022.

[13] 张韵华，王新茂，陈效群，等. 数值计算方法和算法. 4 版. 北京：科学出版社，2022.

[14] 赵海良. 数值分析. 北京：科学出版社，2022.

[15] 李谦，毛立群，房晓敏. 计算机在化学化工中的应用. 3 版. 北京：化学工业出版社，2018.

[16] 杨玉良，张红东. 高分子科学中的 Monte Carlo 方法. 上海：复旦大学出版社，2001.

[17] 汪定伟，王俊伟，王洪峰，等. 智能优化方法. 北京：高等教育出版社，2007.

[18] 王凌著. 智能优化算法及其应用，北京：清华大学出版社，2001.

[19] 周明，孙树栋. 遗传算法原理及其应用. 北京：国防工业出版社，1999.

[20] 徐晓栋，龚玉玲，龚非，等. 基于单纯形优化算法的圆度误差检测技术研究. 工具技术，2016，50（7）：93-96.

[21] 杨蕊，陈华，张艺丹. 粒子群优化算法在化工过程中的应用. 内蒙古：内蒙古石油化工，2015（14）：24-26.

[22] Kiusalaas J. Numerical Methods in Engineering with MATLAB. Cambridge University Press. 2005.

[23] Thomas J W. Numerical Partial Differential Equations：Finite Difference Methods. Springer-Verlag，1998.

[24] Cutlip M，Shacham M. Problem Solving in Chemical Engineering with Numerical Methods. Prentice Hall PTR，1998.

[25] Dorfman K，Daoutidis P. Numerical Methods with Chemical Engineering Applications. Cambridge University Press，2017.

[26] Jazzbin et al. geatpy：The genetic and evolutionary algorithm toolbox with high performance in python. 2020. http://www.geatpy.com/.